六合文稿 可持续人居丛书

张玉坤 主编

# 生产性城市

郑婕 张玉坤 著

中国建筑工业出版社

**图书在版编目（CIP）数据**

生产性城市 / 郑婕，张玉坤著. —北京：中国建筑工业出版社，2023.2（2024. 4重印）
（六合文稿 / 张玉坤主编. 可持续人居丛书）
ISBN 978-7-112-28357-6

Ⅰ. ①生… Ⅱ. ①郑… ②张… Ⅲ. ①城市规划—研究 Ⅳ. ①TU984

中国国家版本馆CIP数据核字（2023）第026190号

"生产性城市"是以可持续发展为宗旨，有机整合农业生产、工业生产、能源生产、空间生产、文化资本保护与废物利用等多种功能于一体的城市。它是城市可持续发展的策略之一，也是国际最新的设计理念。本书从源起、概念、策略与愿景四个方面建构了生产性城市理论框架，总结国内外最新案例，梳理这一思潮的发展脉络，归纳不同资源与城市空间的整合方式，针对建筑、社区和城市三种尺度提出相应的设计手法与实施策略，以实现城市从资源消费者向资源生产者的转变。

本书适于建筑学、城市设计、城乡规划等相关专业的学生、专家及从业者参考阅读。

责任编辑：杨晓　唐旭
责任校对：孙莹

六合文稿　可持续人居丛书
张玉坤　主编
**生产性城市**
郑婕　张玉坤　著
*
中国建筑工业出版社出版、发行（北京海淀三里河路9号）
各地新华书店、建筑书店经销
北京锋尚制版有限公司制版
北京中科印刷有限公司印刷
*
开本：787 毫米 ×1092 毫米　1/16　印张：16¾　字数：354 千字
2023 年 3 月第一版　2024 年 4 月第二次印刷
定价：**88.00** 元
ISBN 978-7-112-28357-6
（39690）

# 编者按

六合建筑工作室2001年成立，到现在整整20年了。这些年来，工作室将长城·聚落与可持续人居作为并行的两个方向，积累了一些初步的研究成果。在中国建筑工业出版社的大力支持下，工作室先期组织出版了聚落变迁方向的《六合文稿 长城·聚落丛书》（2017-2021，14册），这次出版的《六合文稿 可持续人居丛书》是它的姊妹集。

工作室师生基于十余年传统聚落的研究基础与学术前沿的理论背景，从资源、环境、社会、文化等多个视角，探讨不同区位、不同尺度人居环境的可持续发展问题。尽管研究对象、视角与方法各有不同，但总体而言，均围绕国内外城市未来发展与村落发展智慧两个议题 展开，探索城乡可持续发展之路。

2005年起工作室老师带领硕士生开始对国外生态村（Eco-village）展开研究，对生态村自给自足的可持续理念和建造运营模式有了初步的了解，后来又安排博士生继续研究。国外生态村虽然带有浓郁的乌托邦色彩，但其永续农业（Permaculture，中国台湾译为“朴门”）和可食景观（Edible Landscape）理念对我们的研究颇有启示。一次，笔者在出差路上看到一份报道，浙江绍兴农民正在自家的屋顶上收割水稻，被农民兄弟的智慧深深打动。于是，便动员尚未选题的研究生搜集国内外有关文献，发现所谓的都市农业（Urban Agriculture）已经有许多学术成果和设计实践了，自己还悠然自得，不知有汉。

自古以来，房前屋后，种瓜种豆，在乡下乃至城里都是再自然不过的事情，在现代的城市里出现农业种植不足为奇。学者们善于将朴素的社会实践上升为理论，以期指导当下和将来的社会实践，是一个实践—理论—实践循环往复不断提高的过程。

早在18世纪末到19世纪上半叶，为救济和安抚失地农民及城市劳工，英国城郊就已出现了划成小块廉价出租的份地农园（Allotment Garden），是比较早的都市农业模式。柯布西耶认为，一家一户的份地农园效益低下，微不足道。在1922年的“当代城市”（Ville Contemporaine）方案中，他提出了紧邻城市的大规模农田、集中式社区农园、空中农园，以及公共绿地上的果树、果园等丰富多样的构想——一座60层高、能容300万人的垂直田园城市，来取代霍华德水平向扩展的田园城市。

与柯布西耶不同，赖特提出了城市是否会消失的问题，反对高密度垂直发展的城市模式。他认为汽车交通、电力输送、电话电报通信这些便利条件为城市的分散式布局带来契机，于1935年提出了“广亩城市”（Broadacre City）的新概念。广亩城市为每个家庭成员配置了1英亩的土地种植粮食和蔬菜，居住与农业合而为一，自给自足。赖特晚年出版的《活的城市》收录了他提出的关于都市农业的规划布局模式。

大师们的理论或许被认为是不切实际的乌托邦，或许觉得农业在城市中无足轻重，在以往的城市规划中，他们闪光的思想似乎都被有意无意地屏蔽了，远未引起足够的重视。当现实的环境问题、食物问题迫在眉睫，可持续发展成为当务之急的时候，先前的理论总是再次被思考、被发现。

继花园城市、垂直花园城市、广亩城市之后，先后有日本建筑师黑川纪章的“农业城市”（Agricultural City，1960）、新城市主义者安德雷斯·杜安尼的“农业城市主义”（Agricultural Urbanism，2009）、美国景观建筑学家瓦格纳（Wagner）和格林姆（Grimm）的“食物城市主义”（Food Urbanism，2009）等与农业有关的城市理论出现。2005年，英国布莱顿大学建筑系的安德烈·维尔荣出版《连续生产性城市景观：为可持续城市设计城市农业》（*CPULs: Continues Productive Urban Landscapes*），从景观学角度提出了“生产性”概念。2009年，荷兰建筑师奈尔森（Nels Nelson）在《规划生产性城市》（*Planning the Productive City*）一文中指出：

“城市输入能源、水和食物，给这个星球带来沉重的生态负担。可持续的城市应当改变这种模式——使之成为生产之源而非仅是消费，使城市边界以外的自然得以繁荣，同时提高能源和物质的使用效率。”

同样，加拿大城市发展专家、《21世纪议程》主要倡导者布鲁格曼（Jeb Brugmann）也认为，“我们需要以一种完全不同的方式看待城市和可持续性。与其节约能源，让生活更加省吃俭用，牺牲可持续发展，不如使城市作为生产资源的地方，而不仅仅是消耗它们”（*The Productive City: 9 Billion People Can Thrive on Earth*，2012）。

某种程度上，当代城市从消费向生产的转型已经成为可持续发展的必要条件，“生产性城市”也将成为未来城市发展的新趋势。在城市从消费型向生产型转变过程中，依然需要强调勤俭节约，开源节流，对资源缺乏、人口众多的我国而言尤其如是。除了考虑食物、能源、水的因素之外，生产性城市的建设还需要整体、系统的统筹协调，包括对现有聚落形态、结构和功能的深入解读，以及基于此的综合性调整策略，而非简单地将各种生产性功能植入现有的城市之中。简而言之，生产性城市应当是以可持续发展为宗旨，以绿色生产为主要手段，有机整合农业生产、能源生产、工业生产、空间生产、废物利用、文化资源保护等多种功能于一体的多层次城镇体系。在每个层次的最小范围内，主动挖掘生产潜力，提高资源利用效率，力求最大限度地满足居民的可持续性生存与发展需求。

上述从生态村、都市农业到生产性城市的发展脉络是可持续人居的主要路径，六合工作室循着这条路径做了一些研究工作。可持续人居涉及资源、环境、社会、文化等方方面面，是一个比较复杂的系统工程。面对这一系统工程，仍然有许多知识需要学习，有许多问题需要探索，以往的理论和实践可以给人以启迪。从希腊学者道萨迪亚斯（C. A. Doxiadis）所创立的包括人、社会、自然、建筑、网络五元素的人类聚居学理论（20 世纪 50 年代），到吴良镛先生创建的包括自然系统、社会系统、人类系统、居住系统、支撑系统五大系统的人居环境科学（1996-2004），为整体上把握可持续人居提供了可靠的理论基础。其他学者的相关研究（Antucheviciene et al. 2015；Kaklauskas, Zavadskas 2012；Kaklauskas et al. 2014；Kapliński, Tupenaite 2011），将可持续人居问题进一步明确为解决环境—经济—社会三者关系的问题，并建立了多种类型的可持续建筑环境评价框架（Björnberg 2009；Bentivegna et al. 2002；Morrissey et al. 2012；Siew 2015），为分析可持续人居提供了理论方法与工具。

回望历史，《礼记・王制》中有这样一句有关“人地关系”的话：

“凡居民，量地以制邑，度地以居民，地、邑、民、居必参相得也。”

在农耕时代，“地”主要指耕地及其周围环境，“邑”是指规模不等的聚落或聚落群，“民”主要指人口规模，“居”则可指代建筑。这种两千多年前人地和谐的思想智慧在探索可持续发展的今天依然熠熠生辉，启示着我们如何协调好现代的“地”——土地、能源、水等各种资源和生态环境，“邑”——城乡聚落或城乡聚落体系，“民”——除了人口，则可包括社会的政治、经济、文化等属人的各种因素。

从古代到现代的人居环境，尽管复杂程度有所不同，但在人类从未间断的历史长河中，却是古今一理、万世绵延的连续体。可持续人居现在和将来的任务，也无非是处理好地、邑、民、居的复杂关系。

本丛书是六合工作室可持续人居研究的一次阶段性总结汇报。先期出版的几本文稿，包括聚落空间形态定量描述与认知研究、合作居住与生态村等国内外聚落研究，以及生产性城市、生产性建筑、建筑拆解及材料再利用技术研究、中国社区农园等未来城市发展战略与措施研究；后期还将计划出版城市复垦研究、都市农业发展现状与潜力研究、建成环境光伏应用研究、交通空间可再生能源规划策略研究等后续进一步的延伸研究 。这些文稿作为一套丛书，是在诸多博士学位论文的基础上改写而成的，随时间的演进，对研究对象的认识不断深化，使用的分析技术不断更新，因而未强求在写作体例和学术观点上整齐划一，而是尽量忠实原作，维持原貌。博士生导师作为主编和作者之一，在学位论文写作之初，负责整体研究方向、研究思路和写作框架的制定，写作期间进行了部分文字修改工作；在文稿形成过程中，又进行局部修改和文字审核。但对原作的研究思路、方法及其学术观点，则予以保留和鼓励，未加干预 。

丛书所展现的内容也仅是一些初步的思考。一些理论探索与技术方法距离在实践中应用并发挥作用仍有距离，瑕疵与纰漏之处在所难免。文稿付梓，希望引发对于可持续人居未来发展趋势的关注与讨论，收获批评与建议，并在可持续人居研究发展道路上协力共行。

本丛书的出版得到了多方的支持与帮助。首先要感谢国家自然科学基金的大力支持，多个项目的获批与实施支持了该系列研究的顺利开展，使得一些初始的想法能够得以深化；感谢天津大学领导和建筑学院、研究生院、社科处等有关部门领导所给予的人力物力保障，以及学校“985”工程、“211”工程和“双一流”建设资金的大力支持；感谢中国建筑工业出版社对本套丛书编辑出版的高度信任和耐心鼓励；感谢所有在六合工作室求新求异、扎实研究、辛勤耕耘的老师和同学们，向所有对本系列研究工作提供支持、帮助和建议的专家、同仁表示衷心感谢。

# 目　录

# 第一章　未来城市发展战略

人类生存与城市发展依赖土地、食物、能源、水和制造品等资源与产品，却过度地透支它们，造成了严峻的生态与资源问题。气候变暖、土地退化、耕地锐减、能源进口、地下水干涸污染……成为全球城市生态系统超负荷运行的集中体现；而频繁发生的气候灾害与城市危机成为人们为此付出的代价。伴随城镇化的推进与人口的增加，城市的承载能力能否支撑其居民的生存与发展需求，将成为可持续发展的关键。在目前环境保护和资源节约的基础上，亟需探索一种新的城市发展模式和规划理念，让城市主动承担生产者的角色，以提高承载力，实现“人与自然命运共同体”的可持续发展。“生产性城市”由此而生。

## 第一节　城市发展困境

### 一、消费性引发的全球生存危机

#### （一）需求膨胀

1. 基本资源的消耗与需求预测

尽管人们意识到“增长的极限”（1972）已逾40年，但在此期间，人类更加肆无忌惮地改变并破坏着它赖以生存的环境，导致资源消耗与排放的“大提速”。目前，城市已经聚集了超过全球1/2的人口，消耗了超过2/3的能源，排放了3/4的温室气体[1]，成为全球生存危机的主要制造者。据预测，2050年城市人口将高达世界人口的66% ~75%[2]，我国则将达到80%。若保持现有的生产消费模式，自然生产力会持续下降，最终地球将无力供给城市庞大的消费需求（表1-1）。

---

[1] 早在2006年就消耗了全球67% ~76%的能源，排放了71% ~76%的相关温室气体Ipcc Working Group. Summary for Policymakers [R]//IPCC. IPCC 5th Assessment Report. Climate Change 2014: Mitigation of Climate Change. Geneva Switzerland: IPCC, 2015: 26.

[2] 据联合国人口司和世界银行预测2050年城镇化率将达66% ~75%，数据来源是Department of Economic and Social Affairs of United Nations. World Urbanization Prospects-Population Division (2014) [R]. New York City: United Nations, 2014: 1.

基本资源的消耗与需求预测　　表 1–1

| 类别 | 消费情况描述 | 未来需求预测 | 图示 |
|---|---|---|---|
| 能源 | 2013 年世界能源消耗量是 1973 年的 2.22 倍。2014 年全球石油消费增长 110 万桶 / 日，2015 年 190 万桶 / 日 [1] | 2014 ~ 2035 年，一次能源消耗 [2] 仍将增长 35%[3] | 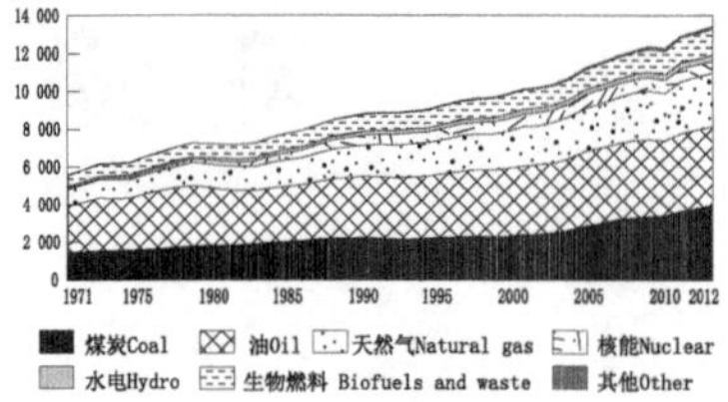 全球一次能源消耗图 [4] |
| 农业 | “世界谷物消费量从 1990 ~ 2005 年年均 2100 万吨增至 2005 ~ 2010 年年均 4100 万吨” [5]；过去 50 年，肉类消费增速约为人口增长的 3 倍 [6] | 至 2050 年，扣除用于生物燃料的部分，农产品量需增 70%[7] | 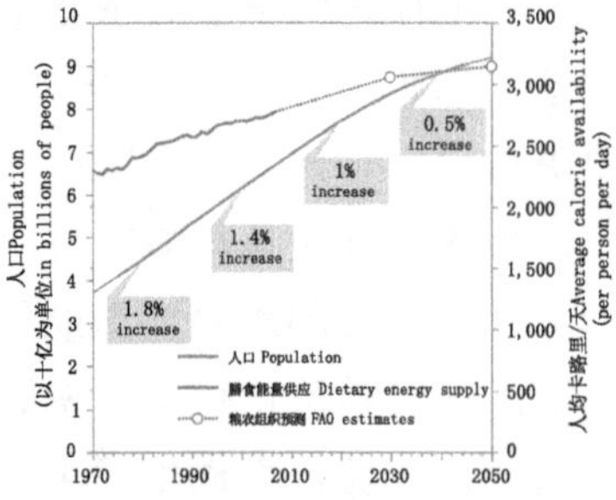 全球人均食物消费图 [8] |
| 土地 | “过去 50 年，全球耕地面积净增 6700 万公顷” [9]，全球天然草地约 20% 已转化为耕地 [10]，而城市面积以每年 3% ~ 7% 的速率扩张着 [11] | 即使考虑到作物产量的提高，至 2050 年耕地面积仍需净扩大 7000 万公顷 [12] | 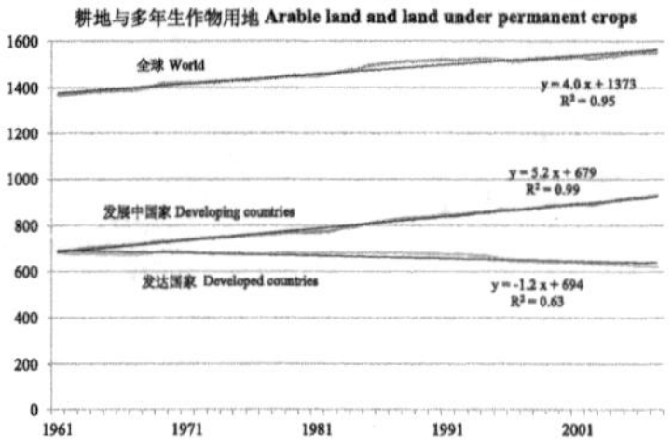 全球耕地变化图 [13] |

[1] Company B P. BP statistical review of world energy: 2016 [R]. London: B P, 2016: 5.

[2] “一次能源包括商业交易的燃料和用于发电的可再生能源。其中石油消费量为国内需求加国际航空、海运、炼厂燃料及损耗，还包括燃料乙醇和生物柴油的消费量。”引自Company B P. BP statistical review of world energy: 2014[R]. London: B P, 2014: 42.

[3] Company B P. BP世界能源展望：2016中文版[R]. London: Company B P, 2016: 9.

[4] IEA（国际能源署）. 2014 Key World Energy[R]. Paris: OECD/IEA, 2016.

[5] http://www.foreignpolicy.com/articles/2011/01/10/the_great_food_crisis.

[6] FAO（联合国粮农组织）. FAO Statistical Yearbook 2013[M]. Rome: FAO, 2013: 140.

[7] FAO. How to feed the world in 2050[C]//FAO. High level expert forum, Rome: FAO, 2009.

[8] Nature Magazine editor. Food: The growing problem[J]. Nature, 2010(466): 546-547.

[9] FAO（联合国粮农组织）. FAO Statistical Yearbook 2013[R]. Rome: FAO, 2013: 126.

[10] Richard T. Conant. Challenges and opportunities for carbon sequestration in grassland systems[R]//A technical report on grassland management and climate change mitigation. Rome: FAO, 2010: 3.

[11] UNEP（联合国环境规划署）. 全球环境展望5：我们未来想要的环境[R]. 内罗毕：UNEP, 2012: 19.

[12] FAO（联合国粮农组织）. FAO Statistical Yearbook: 2013[R]. Rome: FAO, 2013: 9.

[13] Alexandratos N, Bruinsma J. World agriculture towards 2030/2050: the 2012 revision[R]//FAO.ESA Working paper, Rome: FAO, 2012: 108.

续表

| 类别 | 消费情况描述 | 未来需求预测 | 图示 |
| --- | --- | --- | --- |
| 林木 | 自 1960 年以来，全球的木材收获量已经增长了 60%，木质纸浆产量的增幅接近 3 倍，木炭消费也翻了一番[1] | 今后 20 年对木材产品及能源的需求会增加 40%，对其他相关商品的需求也会增加[2] | 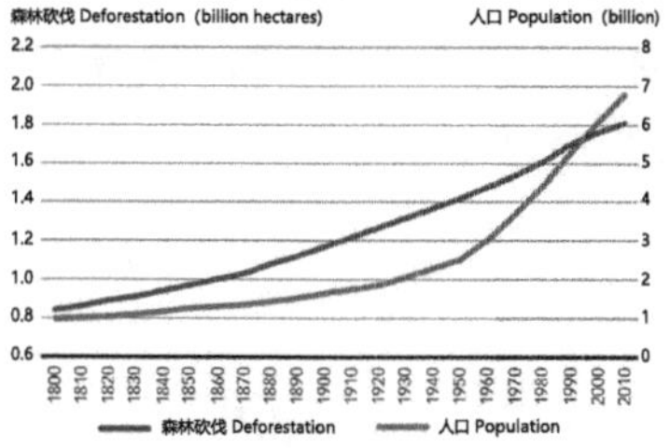 全球森林砍伐量趋势图[3] |
| 淡水 | 2010 年全年总用水量接近 1950 年的 3 倍[4]；同时地下水开采量翻番[5] | 农产品和化石能源需求量的增加，会拉动对水资源的需求量 | |
| 遗传潜力 | 地球生命力指数（LPI）自 1970 年以来已下降了 52%，陆生物种减少了 39%[6] | | 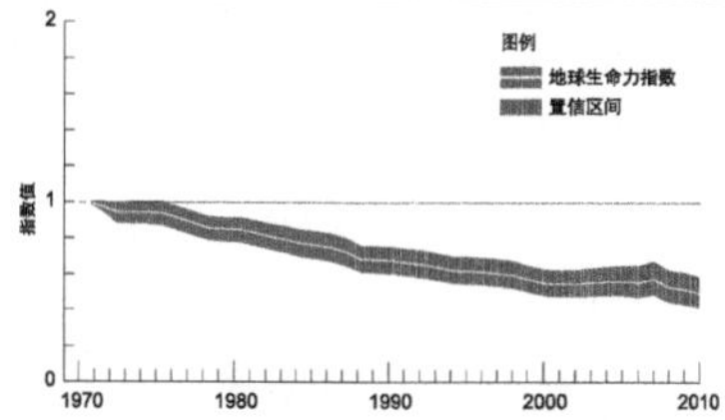 地球生命力指数趋势图[7] |
| 二氧化碳 | “在 1880 ~ 2012 年期间，温度升高了 0.85℃”的最大贡献因子为 1750 年来的大气 $CO_2$ 增加。而“1750 年至今，人为 $CO_2$ 排放量的一半发生在经济高速发展的 1970 ~ 2010 年”[8] | | 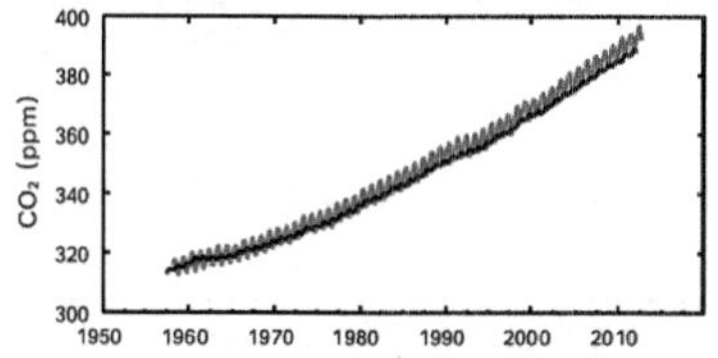 大气 $CO_2$ 含量趋势图[9] |

注：本书参考联合国千年生态系统评估中的“生态系统服务”概念，对人类所需的最基本的资源和主要排放物进行举例说明。

❶ World Resources Institute. 生态系统与人类福征综合报告附录A：生态系统服务报告（中文版）[R]. Washington DC: World Resources Institute, 2005.

❷ FAO（联合国粮农组织），2014世界森林遗传资源状况综述[R]. Rome: FAO, 2014: 2.

❸ UNEP, CBD, COP. Review of Global Assessments of Land and Ecosystem[R]. Pyeongchang, Republic of Korea: UNEP, 2014: 41.

❹ Foley J A. Can we feed the world & sustain the planet? [J]. Scientific American, 2011, 305(5): 60-65.

❺ UNEP. 全球环境展望5：我们未来想要的环境[R]. 内罗毕：UNEP, 2012: 196.

❻ 该指数衡量了10000多种有代表性的哺乳动物、鸟类、爬行动物、两栖和鱼类种群的生存状态。引自WWF（世界自然基金会）. 地球生命力报告2014[R]. 格兰德：WWF, 2014: 8.

❼ WWF（世界自然基金会）. 地球生命力报告2014[R]. 格兰德：WWF, 2014: 8，图片阴影区域代表变化趋势95%的置信区间。

❽ 联合国政府间气候变化专门委员会（IPCC）第五次评估报告第一工作组. 2013年气候变化：物理科学基础（中文版）[R]. 瑞士日内瓦：IPCC, 2014: 10.

❾ 联合国政府间气候变化专门委员会（IPCC）第五次评估报告第一工作组. 2013年气候变化：物理科学基础 中文版[R]. 瑞士日内瓦：IPCC, 2014: 10.

2. 需求膨胀背后的驱动力

对于资源需求的膨胀，不能只见数据。只有深入剖析数据背后的驱动因素，方可对症下药。基于此，将城市系统中对上述资源的需求造成压力的要素进行归纳，整理成表1-2。

资源膨胀的驱动压力分析　　表 1-2

| 压力＼资源 | 农作物 | 化石能源 | 土地 | 林木 | 水 |
|---|---|---|---|---|---|
| 人口 | 需求大 | 需求大 | 需求大 | 需求大 | 需求大 |
| 收入与膳食结构变化 | 肉类增多、饲料增多 | 人均能耗增大 | 畜牧业占用土地增大 | 导致伐林与林地退化 | 畜牧业耗水量大 |
| 基础设施 | 占用土地 | 需耗能 | 占用土地 | 原材料之一 | 需耗水 |
| 交通运输 | — | 需求大 | 占用土地 | — | — |
| 工业 | 原材料 | 需求大 | — | 原材料 | 需耗水 |
| 食用 | 需求大 | 需求较大 | 占用土地多 | — | 需求大 |
| 能源 | 生物燃料需求增大 | 需求大 | 生物燃料占用土地 | 木质燃料需求增大 | 需求较大 |
| 国际分工与贸易 | 生产消费分离，进口依赖 | 交通能耗大；进口依赖 | 土地跨国买卖 | 资源生产与消费分离 | — |
| 气候变化与环境污染 | 灾害频生、减产、污染 | 要求使用减少 | 导致突然退化 | 火灾毁林；碳汇需求大 | 导致污染 |

注：1. 表中空缺的部分是压力对资源的作用较小（或间接影响）。
2. 气候变化和环境污染是资源需求膨胀与废弃物无限制排放造成的，但反过来又会对资源施加额外的压力。
3. 资源相互之间存在压力作用，并通常是作为一个整体而相互影响。

可见，城市系统以人口和经济为驱动力[1]，通过城市化、运输、工业、食用、能源、全球化等方式，对资源施加压力。这些因素的持续作用，会继续拉动资源消费需求的上升。城市资源的供需矛盾必将更加尖锐。届时为每个人提供生存所需的基本资源将成为一个严峻而棘手的挑战。

## （二）供给不足

自然资本供应能力不足表现在两个方面。一是现有资源供应不足（如饥荒等现象依然存在）；二是由于环境恶化，各类生态资源的服务功能已开始严重退化，导致自然生产力下降（如千年生态系统评估中的24项生态系统服务功能，已有15项被破坏或不能持久）。具体来说，人类所需基本资源的供给能力如表1-3所示。供应不足结合需求增加，令自然资源资本存量已清晰可见（表1-4）。

[1] UNEP. 全球环境展望5：我们未来想要的环境[R]. 内罗毕：UNEP, 2012: 5.

自然资本供给能力　　表 1-3

| 指标 | 表现举例 |
|---|---|
| 能源 | 目前全球有“14 亿人没有稳定的电力供应”[1] |
| 农产品 | 目前全球仍有 8.7 亿人营养不良[2]，55 个国家处于“严重饥饿”及以上[3] |
| 土地 | 农业土地利用已经满负荷，它占据了世界上可利用土地面积的 75.5%，而剩下的 24.5% 包括保护区、森林和城市[4]。与此同时，土壤质量也显著下滑——“全球约 24% 的土地已严重退化，相当于全球每年丧失 1% 的土地”[5] |
| 林木 | 目前的森林面积中 27%（1459 Mha）降解到一定程度，52% 支离破碎（2814 Mha），完整的森林只剩下 21%（1112 Mha）[6] |
| 水资源 | 7.68 亿人不能获取安全的水[7] |

资源的资本存量　　表 1-4

| 指标 | 表现举例 |
|---|---|
| 能源 | 2014 年 BP 则以现有的化石能源探明量计算得出，“在消费与产出量不变的前提下，全球主要能源可供开采的年限为石油 53.3 年、煤炭 113 年和天然气 55.1 年”[8]（BP，2014） |
| 农产品 | — |
| 土地 | 土地资源储量是限定的陆地表面积 134 亿公顷，其中有 105 亿公顷不具备种植旱作作物的潜力[9]，而现有的农地土地利用也已基本满负荷[10] |
| 林木 | 目前的森林面积仅剩约 41 亿公顷[11] |
| 水资源 | 淡水资源仅占世界水资源的 2.5%，其中最终进入全球水文循环的可再生水资源总量为 42000 立方千米 / 年[12]，而现有的利用方式和气候变化[13]等因素，导致可用水只有 60%[14] |

---

❶ WWF. 地球生命力报告2014 [R]. 瑞士格兰德：WWF, 2014: 24.

❷ FAO. The State of Food Insecurity in the World 2014[R]. Rome：FAO, 2014: 1.

❸ IFPRI. Global Hunger Index——The Challenge of Hidden Hunger[R]. Paris: IFPRI, 2014: 10.

❹ Dexia.Dexia asset management's sustainability analysis, Food Scarcity-Trends, Challenges, Solutions[R]. Paris: Brussels, 2010: 5.

❺ IFPRI（国际事务政策研究所）2011年全球粮食政策报告[R]. Paris: IFPRI, 2012: 80.

❻ UNEP, CBD, COP. Review of Global Assessments of Land and Ecosystem 4 Degradation and their Relevance in Achieving the 5 Land-based Aichi Biodiversity Targets Pyeongchang[R]. Republic of Korea: UNEP, 2014: 46.

❼ WWF. 地球生命力报告2014 [R]. 瑞士格兰德：WWF, 2014: 24.

❽ 计算方法“储量/产量（储产比）比率——用任何一年年底所剩余的储量除以该年度的产量，所得出的计算结果即表明如果产量继续保持在该年度的水平，这些剩余储量可供开采的年限。引自BP company. BP Statistical Review of World Energy[M]. London: British Petroleum. 2014: 6，31，21.

❾ Günther Fischer, Harrij van Velthuizen, Freddy Nachtergaele . GlobaL Agro-ecological Zones Database, Version 1.0 [DB/OL]. [2015-02-14]. http://webarchive.iiasa.ac.at/Research/LUC/GAEZ/sum/summary.htm.

❿ Dexia.Dexia asset management's sustainability analysis, Food Scarcity-Trends, Challenges, Solutions [R]. Paris: Brussels, 2010: 5.

⓫ 2000年global forest resources assessment为4033Mha，FAOSTAT数据库2012年为4160Mha。转引自UNEP, CBD, COP. Review of Global Assessments of Land and Ecosystem[R]. Republic of Korea: UNEP, October 2014: 6-17.

⓬ Home W, Sale O. The State of the World's Land and Water Resources for Food and Agriculture Managing Systems at Risk[R]. Rome: FAO, 2011: 26.

⓭ 气候变化的潜在影响可能会改变降水和蒸散模式，引自Alexandratos N, Bruinsma J. World agriculture towards 2030/2050: the 2012 revision[R]//FAO. ESA Working paper, Rome: FAO, 2012: 12.

⓮ FAO. The state of the world's land and water esources for food and agriculture (SOLAW) – Managing systems at risk[R]. Rome: FAO, 2011: 26.

表1-4关注的并非是这些资源还能用多久。这些数字并不重要。重要的是，它暴露了当前的城市发展方式所存在的问题。一如生态足迹理论的提出者威廉·里斯（William Rees）所述，现有的城市生态系统"依赖于不断枯竭的生产性资本，是不可能持续的"[1]。如果不改变发展方式，无论资本存量多么充沛，也不能满足城市日益膨胀的需求。

## 小结

从上述分析可知，一方面城市对资源的需求持续膨胀，另一方面资源的供给能力却无法支撑。这一供需关系可以用生态足迹与生态承载力的关系来表示。当生态足迹超出生态承载力时为"生态超载"状态（图1-1）。据全球足迹网络计算，地球自20世纪70年代进入这一状态。至2016年，全球的生态足迹已达生态承载力的1.6倍。也就是说，世界需要1.6个地球来提供资源与吸收废物[2]。而中国则需自身的3.6倍来满足[3]（图1-2）。

伴随城镇化的推进，这一矛盾必将更加尖锐，由此产生的环境与城市问题也将更加难以解决。在这个背景下，如何减少生态超载，即解决资源需求与供给间存在的矛盾，是未来城市发展必须考虑的问题。

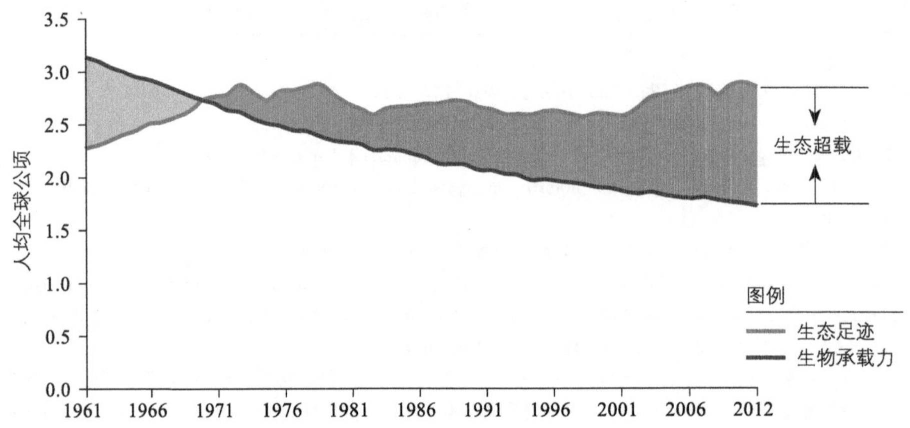


**图 1-1　全球人均生态足迹和生物承载力变化趋势图**[4]

[1] Rees W, Wackernagel M. Urban ecological footprints: why cities cannot be sustainable—and why they are a key to sustainability[J]. Environmental impact assessment review, 1996, 16(4): 223-248.

[2] 描述方式借鉴"2008年人类需要1.5个地球才能生产其所利用的可再生资源和吸收其所排放的二氧化碳"。Global Footprint Network. 中国生态足迹报告2012——消费、生产与可持续发展[R]. Geneva, Switzerland: Global Footprint Network, 2012；2016年数据来源. http://www.overshootday.org/portfolio/creditor-debtor/.

[3] Global Footprint Network. Global Footprint Network national footprint account 2016[2019-02-14]. http://www.overshootday.org/portfolio/creditor-debtor/.

[4] WWF. 中国生态足迹与可持续消费研究报告[R]. 瑞士格兰德：WWF, 2014.

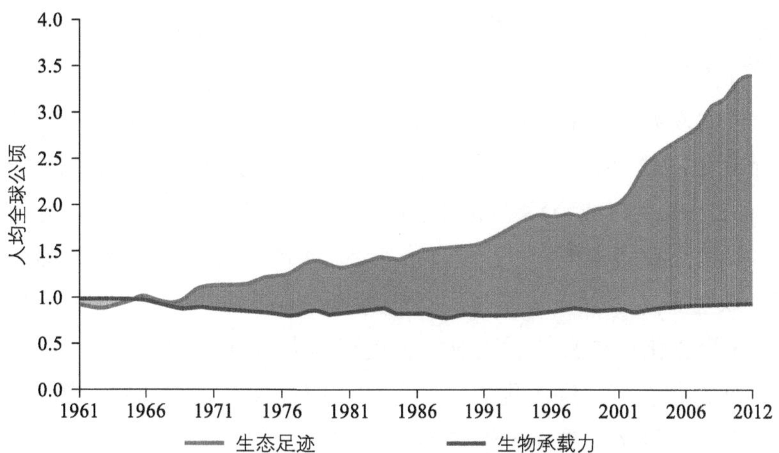


**图 1-2 中国人均生态足迹和生物承载力变化趋势图**❶

## 二、西方后工业社会神话的破灭

目前，以服务业为主体，以消费性为主要特征❷的后工业社会（The Post-industrial Society）城市，是西方发达国家城市发展的主要模式之一。

“后工业社会”源自于美国社会学家丹尼尔·贝尔于20世纪70年代进行的一项社会预测❸。他将后工业社会的特征概括为“1. 从产品生产经济转变为服务性经济；2. 专业与技术人员阶级处于主导地位；3. 理论知识处于中心地位；4. 技术发展控制未来的方向；5. 采用新的智能技术进行决策”❹。然而，在今日公众普遍接受的概念中，后工业社会多指经济重心由制造业转向服务业的社会（集中于特征1）❺。导致这一“误解”的原因有：1. 近40年来发达经济体向后工业转型的过程中，确实出现了产业转移的现象❻；2. 社会学中有大量研究将后工业社会理论与产业结构演进理论

❶ http://www.footprintnetwork.org/en/index.php/GFN/page/trends/china/；National Footprint Accounts 2016 (Data Year 2012).

❷ Herman Kahn 和 Anthony J Wiener在《2000年》中将后工业社会等同于后大规模消费社会（a postmass-consumption society），并把它作为新世纪的轴心特征。[美]丹尼尔·贝尔. 后工业社会的来临：对社会预测的一项探索[M]. 高铦，王宏，等，译. 北京：新华出版社，1997: 42.

❸ 贝尔于1973年出版的《后工业社会的来临——对社会预测的一项探索》是最早最系统的阐述后工业社会的著作。Victor Ferkiss. Daniel Bell’s concept of postindustrial society: theory, myth, and ideology[J]. The political science reviewer, 1979(9): 61-102.

❹ [美]丹尼尔·贝尔. 后工业社会的来临：对社会预测的一项探索[M]. 高铦，王宏，等，译. 北京：新华出版社，1997: 14.

❺ 贝尔在《后工业社会的来临》1976年版前言中强调：“或许主要的误解是认为后工业社会的观念就是指经济中服务业（或第三产业）部门的扩张……有些评论竟然认为我在强调服务业部门的首要性，这不是无知就是对本书的肆意误解。”

❻ 尽管真正导致这种变化的是经济原因——第三产业与消费直接相连，其收益率要高于第二产业；同时发达国家的生产成本过高，也促使他们将生产进行转移。

融合（如Alvin Toffler将以第三产业为主导的发展阶段命名为后工业社会[1]）；3. 媒体在向公众宣传时将概念泛化。

随着时代的发展，“后工业社会”成了美国、部分西欧国家、日本等发达国家的代名词；而发生在这些国家的产业转移、消费主导生产、虚拟经济膨胀、高福利、休闲性等现象，也逐渐成为后工业社会的特点。与此同时，在媒体上出现了一系列新的名词，如后工业城市[2]、后工业音乐……它们使“后工业”在某种程度上成为一种口号[3][4]，以至于这个时代被称为后工业时代。

于是，这个泛化、广义的后工业社会具有两大特征[5]~[8]：

- 消费决定生产，经济重心为服务业（服务业与消费直接相连），实体经济下滑而虚拟经济起到关键性作用；
- 在全球化背景下，与生产地相分离又依赖于生产地的消费社会。

笔者将围绕这两大特征，对后工业社会在经济、社会、环境等方面存在的问题进行剖析，从而探寻其问题产生的根源。

## （一）后工业社会所产生的经济问题剖析

后工业社会的经济问题缘起于过度的“去工业化”。

（1）去工业化。去工业化是“对国家基本生产能力的普遍、系统地撤资”[9][10]。它移除了部分经济功能，削弱了实体经济，因此被称为产业空洞化。

（2）竞争力的下降。由于实体经济对国家经济发展具有乘数效益。根据木桶原

---

❶ “The newest wave—called the technetronic age by Zbigniew Brzezinski, called the post-industrial society by Sociologist Daniel Bell, often commonly called the information age—should take only a few decades to mature.” Toffler A. The third wave[M]. New York: Bantam books, 1981.

❷ Peter Hall. Modelling the post-industrial city [J]. Futures, 1997, 29(4): 311-322.

❸ John Wile, A Comparative Perspective, 1977: vii. 转引自Ferkiss V. Daniel Bell’s Concept of Post-Industrial Society: Theory, Myth, and Ideology[J]. The Political Science Reviewer, 1979(9): 61-63.

❹ Between Two Ages: America’s Role in the Technetronic Era (New York: Viking Press, 1971): 9. 引自Ferkiss V. Daniel Bell’s concept of post-industrial society: theory, myth, and ideology[J]. The political science reviewer, 1979(9): 71.

❺ “在经济上，它从制造业转为服务业，在技术上，它是以科学为基础的新工业的中心，在社会学上，它是新的技术权贵的兴起以及新的阶层原则的开始。”转引自[美]丹尼尔・贝尔. 后工业社会的来临——对社会预测的一项探索[M]. 高铦，王宏，等，译. 北京：新华出版社，1997: 535.

❻ “美国的精英阶层都在不断地给我们灌输这样的幻想：我们正在进入一个后工业的服务时代——全球化的电子时代。在这样的全球化时代，至关重要的是无限制的自由的全球市场，以股票市场为代表的虚拟经济决定了各个国家和人民的命运。”引自乔・瑞恩，西摩・梅尔曼. 美国产业空洞化和金融崩溃[J]. 商务周刊，2009 (11): 46-48.

❼ “学界对后工业社会的三个共识：第一，社会的经济重心由产品制造业转向服务行业，从事服务行业的白领阶层成为社会的主导阶层；第二，消费主导生产，主动权在买方市场，卖方不再单纯追求产量而是倾力打造品牌并提升产品的品位；第三，世界货币体系由‘金本位’转换为‘美元本位’。”张健. 后工业社会的特征研究——基于哲学的视角[J]. 人文杂志，2011 (4): 22-29.

❽ 王小侠. 后工业社会的产业转型与城市化[J]. 沈阳师范大学学报：社会科学版，1998 (6): 43-45.

❾ Bluestone B, Harrison B. The deindustrialization of America—Plant Closings, Community Abandonment and the Dismantling of Basic Industry [M]. New York: Basic Books, 1982. http://tocs.ulb.tu-darmstadt.de/45908710.pdf.

❿ Cowie, J., Heathcott, J., & Bluestone, B. (Eds.). Beyond the ruins: The meanings of deindustrialization[M]. Ithaca: Cornell University Press, 2003: 33.

理，缺失的重要功能将导致整体经济能力的降低[1]。联合国工业发展组织的研究也证实，后工业社会国家的竞争力也多处于长期下滑的状态[2]。

（3）全球实体经济的萎缩。通常人们认为"去工业化"只是工业从发达经济体向发展中经济体的"转移"，实体经济在全球所占的总比值仍能保持平衡。但事实并非如此——目前，全球平均值跌落了10个百分点（图1-3）。

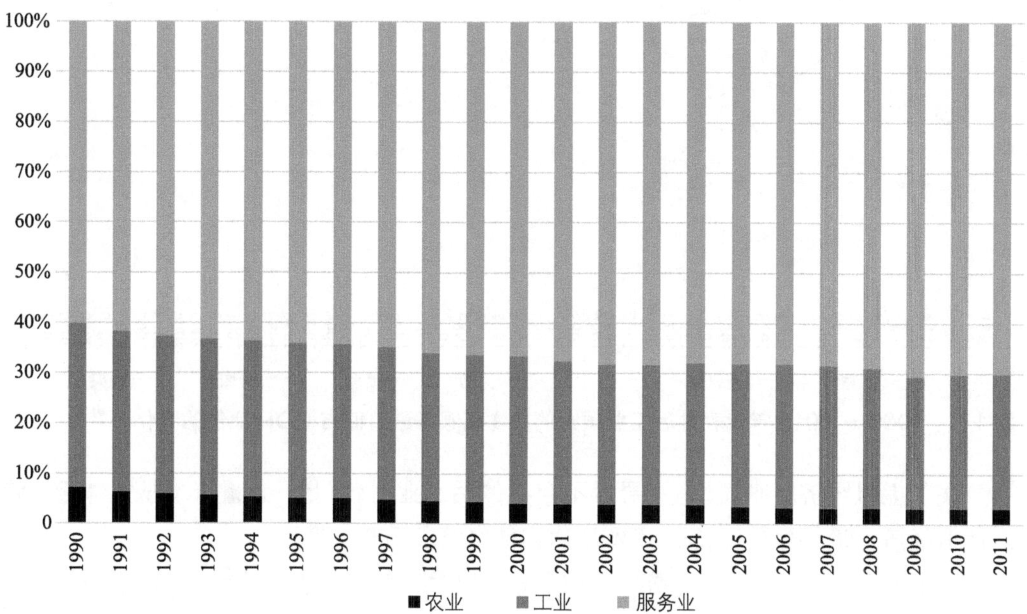


**图1-3　1990 ~ 2011年世界三大产业增加值占GDP比值的变化图**[3]

（4）进口依赖。全球产业格局的变动，解除了经济过程与地点的关系[4]。为弥补去除掉的功能，人们生活生产的必需品不得不大量进口。当进口成本较低且容易实现，消费方就会产生进口依赖，进而继续减弱相关部门的生产能力（图1-4）。

（5）负债累积。当进口量持续大于出口量，就会导致巨额的财政赤字。由于大多数服务业直接面向客户，无法出口[5]，所以很难通过服务业来消除贸易赤字。以美国为例，1964年国家负债为3千亿美元[6]，截至2016年7月已增至19万亿美元，超出国家GDP总额2万亿美元[7]。

---

❶ 乔・瑞恩，西摩・梅尔曼．美国产业空洞化和金融崩溃[J]．商务周刊，2009 (11)：46-48.

❷ UNIDO (United Nations Industrial Development Organization). The Future of Manufacturing: Driving Capabilities, Enabling Investments[R]. Geneva: World Economic Forum, 2014: 20.

❸ 数据来源：世界银行

❹ Cowie, J., Heathcott, J., & Bluestone, B. (Eds.). Beyond the ruins: The meanings of deindustrialization[M]. Ithaca: Cornell University Press, 2003: 33.

❺ 刘戒骄．美国再工业化及其思考[J]．中共中央党校学报，2011, 15(2): 41-46.

❻ Dave Manuel U.S. National Debt Clock March 2015[EB/OL]. 2015-3-17[2015-3-20]. http://www.davemanuel.com/us-national-debt-clock.php.

❼ Table 10.1—Gross Domestic Product and Deflators Used in the Historical Tables: 1940–2020 [R/OL]. https: //www.whitehouse.gov/omb/budget/Historicals.

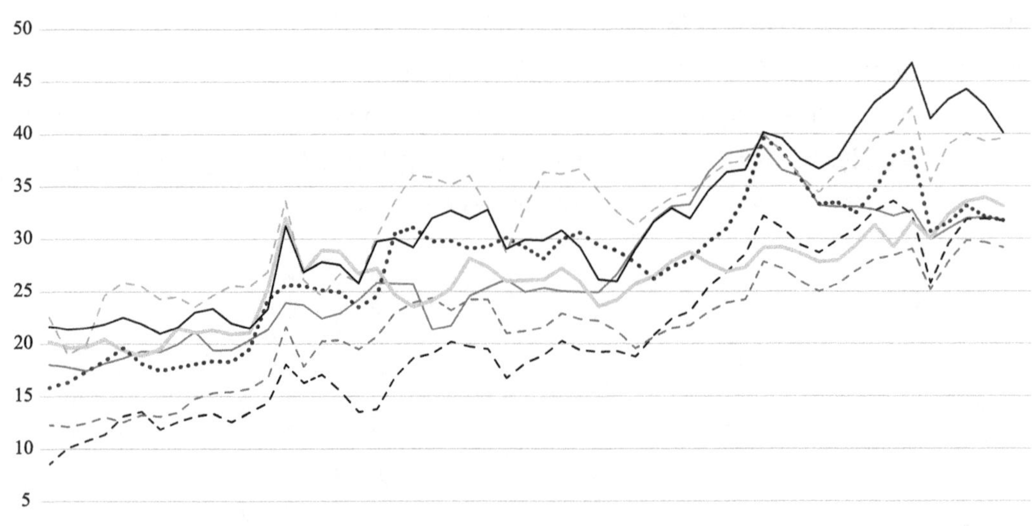


**图 1-4　1960 ~ 2014 年代表性后工业国家的货物和服务进口值占 GDP 比值的变化图**[1]

（6）虚拟经济膨胀。“为了寻找不存在的后工业时代”[2]，大量资本从实体经济流入虚拟经济，最终致使“虚拟资本高达实体经济的万倍”[3]。

（7）金融危机。“因‘消费’本质上是一种预期价值的生产”[4]。在以消费性为主要特征的后工业社会，大众将未来的收入提前预支，产生了“先消费再付钱”的消费理念；这一消费理念推动了信贷机构的发展，进而“通过信贷扩张创造了明显的经济增长”[5]。信贷扩张将国家和个人的负债逐步累积，形成债务危机；消费观念、债务积累、金融行业的发展，使大众对银行愈加依赖[6]，最终引发了次贷危机、信贷紧缩及金融动荡。

总之，后工业社会在经济上产生了如下问题：产业空洞化→进口依赖→贸易赤字→债务积累→高度依赖银行→次贷危机、信贷紧缩和金融动荡[7]。可以说，实体经济的弱化是后工业社会发生经济危机的根本原因。

---

❶ 数据来源：世界银行

❷ 乔・瑞恩，西摩・梅尔曼．美国产业空洞化和金融崩溃[J]．商务周刊，2009 (11): 46-48.

❸ 王力．发达国家“再工业化”颇多无奈[J]．世界知识，2011(24): 48-49.

❹ Ron Hera. How The U.S. Will Become A 3rd World Country [EB/OL]. 2011-01-12[2015-3-20]. http://www.zerohedge.com/news/guest-post-how-us-will-become-3rd-world-country-part-1.

❺ Ron Hera. How The U.S. Will Become A 3rd World Country [EB/OL]. 2011-01-12[2015-3-20]. http://www.zerohedge.com/news/guest-post-how-us-will-become-3rd-world-country-part-1.

❻ Daniel Townsend. The Post-Industrial Myth[J/OL]. 2008-05-05[2015-3-20]. https: //robertoigarza.files. wordpress.com/2008/03/art-the-post-industrial-myth-townsend-2008.pdf.

❼ 乔・瑞恩，西摩・梅尔曼．美国产业空洞化和金融崩溃[J]．商务周刊，2009(11): 46-48.

## （二）后工业社会所产生的社会问题剖析

1．失业与就业机会的缺乏。去工业化导致了结构性失业[1][2]。大量研究与数据证实了去工业化与失业的关系[3]。2000年是去工业化高峰期，自此之后的十年间，美国约9.1%适龄人口长期失业，年轻人找工作的比例仅为48.8%[4]。欧元区更是长期失业的重灾区，西班牙等国的失业率高达20%[5]。造成这一现象的原因如下：（1）国内实体投资减少，所需劳动力减少；（2）由于产业工人未掌握相关专业科技，他们只能被迫改换工作或彻底失业；（3）发展中国家廉价的劳动力直接与本地劳动力产生竞争；（4）后工业已经导致了全球经济的萎缩，就业市场萎靡不振；（5）高福利的社会制度，导致就业意愿降低。

2．贫富差距的拉大与二元城市。后工业社会的内在特质会导致贫富差距的拉大。对产业工人而言，或失业或"被迫进入收入更低的服务岗位"[6]……但对后工业理论中的"科学权贵"（The Scientific Estate）与专业阶层[7]而言，收入却持续增加。2014年美国最富有的1%人口获得了总收入的1/4[8]。可以说，正是后工业本身"增大了劳动力市场上技能的不匹配，扩大了贫富差距"[9]。当贫富差距的拉大反映在空间中，就产生了二元城市[10]。（Douglas V.Shaw，2001）

3．福利社会。有学者提出"高福利、严重僵化的劳动力市场等因素是欧债危机爆发的深层次因素"[11]。但是，比福利更深层次的原因是去工业化。Torben Iversen的研究表明，后工业经济体去工业化开始的时间，即1960～1995年，是其福利开支增长最为显著的阶段[12]。同时，各国去工业化的程度与福利花费的增加正相关

---

[1] 佚名．"产业空洞化"：制造业的隐忧[J]．中国产业，2013(4): 34-35.

[2] Bluestone B. Is Deindustrialization a Myth? Capital Mobility versus Absorptive Capacity in the U.S. Economy[J]. Annals of the American Academy of Political & Social Science, 1984, 475(1): 39-51.

[3] Torben Iversen. The Dynamics of Welfare State Expansion: Trade Openness, De-industrialization, and Partisan Politics 10[J]. The new politics of the welfare state, 2001(45): 39.

[4] Ron Hera. How The U.S. Will Become A 3rd World Country[EB/OL]. http://www.zerohedge.com/news/guest-post-how-us-will-become-3rd-world-country-part-1 2011-12-01/2015-06-20.

[5] 王力．发达国家"再工业化"颇多无奈[J]．世界知识，2011(24): 48-49.

[6] Douglas V.Shaw．后工业时期的城市[M]//[英]诺南・帕迪森．城市研究手册．郭爱军，等，译．上海：人民出版社，2009: 369.

[7] 后工业社会理论中所论述的专业阶层包括科学阶层、技术阶层（工程学、经济学、医学）、行政阶层、文化阶层（艺术与宗教）。[美]丹尼尔・贝尔．后工业社会的来临——对社会预测的一项探索[M]．高铦，王宏周，魏章玲，译．北京：新华出版社，1997: 407.

[8] 世界经济论坛．2015全球议程展望中文摘要[R]．北京：世界经济论坛，2014: 9.

[9] Dieter Läpple. Cities in a competitive economy: a global perspective[C]. Rio de Janeiro: urban age city transformations conference, 2013: 15.

[10] Douglas V.Shaw．后工业时期的城市[M]//[英]诺南・帕迪森．城市研究手册．郭爱军，等，译．上海：人民出版社，2009: 369.

[11] 季剑军．国际经济结构调整对我国的影响[J]．中国经贸导刊，2013(30): 14-19.

[12] 福利占GDP的比值，从1960年的8.5%增至1995年20%以上Torben Iversen. The Dynamics of Welfare State Expansion: Trade Openness, De-industrialization, and Partisan Politics 10[J]. The new politics of the welfare state, 2001: 17.

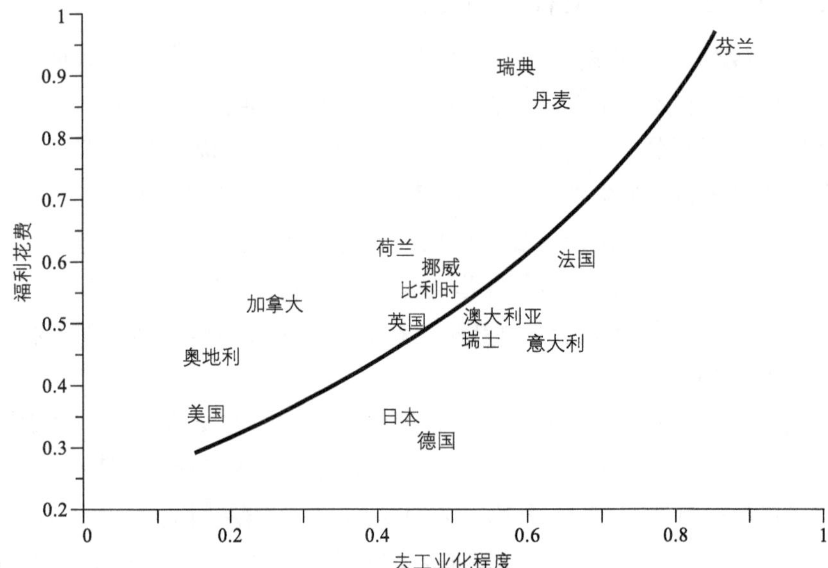


**图 1-5　去工业化程度与福利花费**

（图1-5），得出“去工业化所带来的风险是福利产生的主要推动力”[1]。

基于此，我们有理由认为：去工业化过程中产生了结构性失业与高福利，而高福利已经成为后工业经济体的财政负担，并在一定程度上减弱了人们的工作意愿。

## （三）后工业社会所产生的环境问题剖析

1. 后工业社会加剧了全球的污染。当今的气候变化和环境危机是由后工业社会经济体引起的[2]。这些后工业社会经济体，拥有最优美的环境，也有着最大的人均生态足迹、最高的人均直接化石燃料消耗量（不包含进口产品生产与运输的间接消耗）与人均碳排放量[3]。如生态足迹理论的创始人William Rees和Mathis Wackernagei所述，“世界人口1/4的富人消费超过3/4的全球资源，城市对全球资源枯竭和环境污染的贡献率约60%。城市越富裕，与世界其他地区联系得越紧密，它通过贸易和其他形式施加给生态圈的负荷越大”[4]。

2. “生产”与“消费”的分离导致了污染转移。后工业社会又被称为“从全世

[1] 福利占GDP的比值，从1960年的8.5%增至1995年20%以上。Torben Iversen. The Dynamics of Welfare State Expansion: Trade Openness, De-industrialization, and Partisan Politics 10[J]. The new politics of the welfare state, 2001: 17.

[2] Hans Harms.Two Perspectives (from India and Europe) on Planning for a Carbon Neutral World, Focus on Agriculture[C]. Salzburg: SCUPAD Conference: Planning for a Carbon Neutral World: Challenges for Cities and Regions, 20080515-18: 2.

[3] Hans Harms.Two Perspectives (from India and Europe) on Planning for a Carbon Neutral World, Focus on Agriculture[C]. Salzburg: SCUPAD Conference: Planning for a Carbon Neutral World: Challenges for Cities and Regions, 20080515-18: 2.

[4] Rees W, Wackernagel M. Urban ecological footprints: Why cities cannot be sustainable—And why they are a key to sustainability[J]. Environmental Impact Assessment Review, 1996, 16(4–6): 223-248.

界进口生态产品和服务的城市区域”[1]。它通过产业转移和国际贸易来占用其他地区的生态与人工产出。许多研究揭示了贸易中隐藏的污染流向，如World Resources Institute[2]、Shunsuke Managi[3]、Jungho Baek[4]等。Peters等人通过将商品与服务中所含的生产、消费进行重新定位（产品＋进口－出口），得出如下结论：（1）发达国家消费产生的排放量高于生产产生的排放量；（2）发展中国家生产产生的排放量高于消费产生的排放量；（3）发达国家向发展中国家转移的$CO_2$排放量从1990年的0.4 Gt增加至2008年的1.6 Gt[5]~[7]（图1-6）。另一方面，亦有研究表明，“对于发展中国家，越是强调自由市场经济政策，环境退化的水平越高（Özler 及Obach 2009）”[8]。以中国为例，作为典型的加工出口型经济体，“虽加工过的商品大部分直接出口，其污染却由中国环境吸纳”[9]。

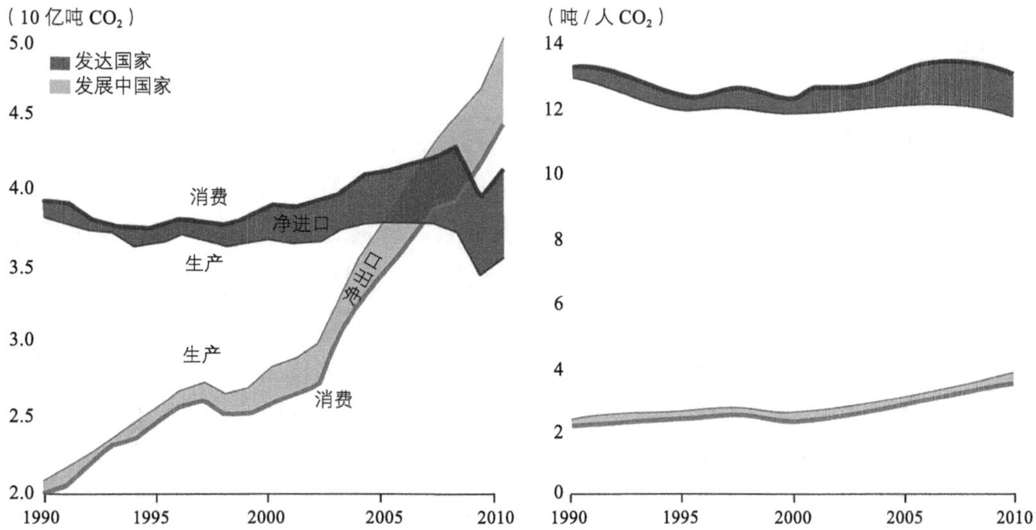


**图 1-6 $CO_2$ 排放在发达国家和发展中国家间的转移**[10]

[1] Rees W, Wackernagel M. Urban ecological footprints: Why cities cannot be sustainable—And why they are a key to sustainability[J]. Environmental Impact Assessment Review, 1996, 16(4–6): 223-248.

[2] World Resources Institute（世界资源研究所）. 生态系统与人类福祉——千年生态评估综合报告[R]. Washington D.C: WRI press, 2005.

[3] Shunsuke Managi, Akira Hibiki, Tetsuya Tsurumi.Does Trade Liberalization Reduce Pollution Emissions? [R]. RIETI(The Research Institute of Economy, Trade and Industry).Discussion Paper Series, 2008: 24.

[4] Jungho Baek, Hyun Seok Kim. Trade Liberalization, Economic Growth, Energy Consumption and the Environment: Time Series Evidence from G-20 Economies[J]. East Asian Economic Integration, 2011,01(15) 3-32: 27.

[5] Caldeira K, Davis S J. Accounting for carbon dioxide emissions: A matter of time[J]. Proceedings of the National Academy of Sciences, 2011,108(21): 8533-8534.

[6] Peters G P, Minx J C, Weber C L, et al. Growth in emission transfers via international trade from 1990 to 2008[J]. Proceedings of the National Academy of Sciences, 2011, 108(21): 8903-8908.

[7] UNEP. 全球环境展望5：我们未来想要的环境[R]. 内罗毕：UNEP, 2012: 20.

[8] World Resources Institute. 入不敷出：自然资产与人类福祉[R]. 华盛顿：WRI, 2005.

[9] UNEP. 全球环境展望5：我们未来想要的环境（中文版）[R]. 内罗毕：UNEP, 2012: 19.

[10] UNEP. 全球环境展望5：我们未来想要的环境（中文版）[R]. 内罗毕：UNEP, 2012: 20.

后工业社会所经历过的先污染后治理的过程，似乎说明了“环境库兹涅兹曲线”的正确性——随着收入的增加，经济体对环境破坏的影响将呈现“U”字形。英国学者Matthew A. Cole验证了“U形曲线成立的原因是贸易和污染工业由发达地区向发展中地区的迁移及取代”[1]，并建立了污染避难所假说。进一步确认了U形曲线是后工业社会“损人利己”行为的反映。

可见后工业社会环境问题的根源在于过度“去工业化”所造成的生产与消费的分离。这种分离“允许生产带来的环境影响从消费地点完全移除，让两者脱节。使许多消费的生态成本由远离消费地的人们和地区承担”（联合国环境规划署，2012）[2]。与此同时，这一分离还造成巨大的货物里程（食物、原料、产品等的运输距离），浪费了大量能源并造成了严重的污染。

## 小结

后工业城市并非理想的城市发展模式。它存在着经济、社会与环境问题。而这些问题的根源是过度地“去工业化”。由于过度地“去工业化”，城市经济结构失衡、经济下滑、失业率高、贸易逆差、国家债务积累等问题日益严重，并最终引发了经济危机与世界范围内的经济萧条；由于过度地“去工业化”，产业工人被迫失业或进入收入较低的服务业，社会产生了结构性失业与高福利，反而又降低了人们的就业意愿；由于过度地“去工业化”，产业结构不完整，因此人们生产生活的必需品不得不依赖大量进口，进而在全球范围内出现了生产（地）与消费（地）的分离，并在这一过程中产生了污染转移（图1-7）。

需补充的是，后工业社会理论与产业演进理论都是由当时的社会现象归纳得出的理论，并非真理。他们将社会发展状况与产业结构相挂钩，带来一种暗示：似乎调整了经济结构，该国就能进入更高的发展阶段。于是，处在工业化阶段的国家纷纷去工业化，加大服务业的比重，向着后工业的方向迈进。他们即使意识到了生态不公，也认可所谓的“‘先污染后治理’是发展的必经之路”，并为了经济而“忍辱负重”——将环境污染、生态破坏认定为进入发达的后工业社会所必须付出的代价。正如UNEP所述：“发展中国家仍会沿着同样能源密集型、碳密集型的发展道路前进，正如同那些发达国家之前所做的一样（word bank，2008）”[3]。与此同时，将污染进一步转移到最不发达国家的过程也在重复着：2013年世界污染最严重的城市中，中国

[1] Cole M A. Trade, the pollution haven hypothesis and the environmental Kuznets curve: examining the linkages[J]. Ecological Economics, 2004, 48(1): 71-81.

[2] UNEP．全球环境展望5：我们未来想要的环境（中文版）[R]．内罗毕：UNEP, 2012: 19.

[3] UNEP．全球环境展望5：我们未来想要的环境[R]．内罗毕：UNEP, 2012: 19.

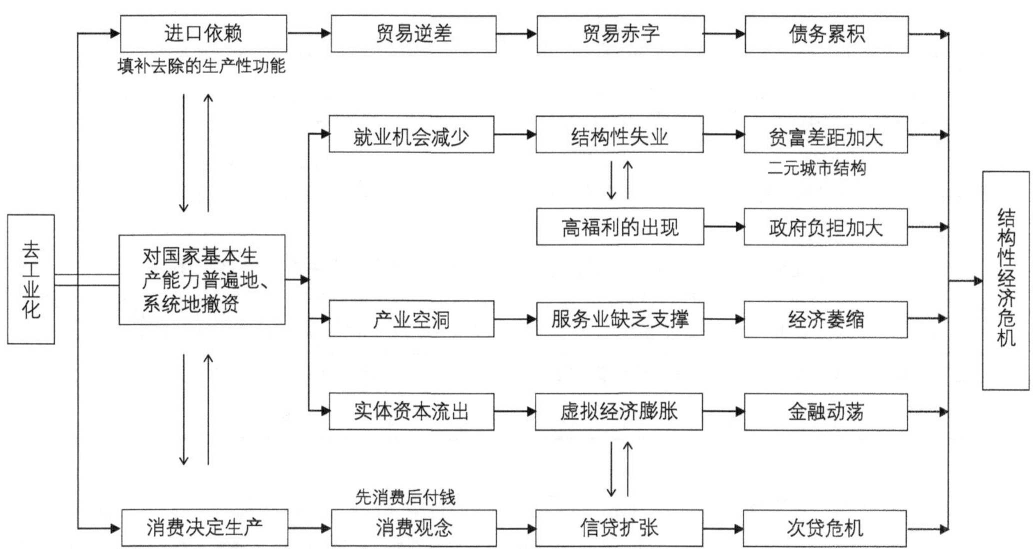


**图 1-7 生产性功能的过度移除是后工业社会经济问题的根源**

城市占有最大比例（7/10）[1]；伴随着更多的世界工厂从中国转移至南亚和东南亚，至2015年印度和巴基斯坦城市的占比高达9/10[2]。污染的转移，还将持续下去……

总之，"后工业社会"的理论并非真理，现有的后工业城市也已经暴露了诸多经济、社会与环境问题，并为中国等发展中国家敲响了警钟。

## 三、中国城镇化方向的迷失

中国作为典型的快速发展中国家，其城市发展模式也具有一定的代表性。其极高的城镇化速率与资源消耗型的城市发展模式，共同导致城市资源需求急剧增大而承载力普遍不足。

### （一）城市综合承载力不足

中国本就人均资源匮乏，现有的资源承载力与生态环境承载力都难以负担城市的发展需求（表1-5），而这将严重制约未来城市的发展。

[1] Asian Development Bank. 迈向环境可持续的未来：中华人民共和国国家环境分析[M]. 北京：中国财政经济出版社，2012.

[2] 参考消息网. 北京不在全球污染最严重城市前20名名单上. http://finance.sina.com.cn/360desktop/world/20151209/174823975075.shtml 2015-12-09/2016-03-20.

中国不同资源的承载力　表 1-5

| 承载力组成 | 表现 |
|---|---|
| 土地资源承载力 | 我国城市建设占地面积大，18 亿亩红线已岌岌可危，土地供需矛盾严重威胁着国家粮食安全 |
| 水资源承载力 | 水资源方面，中国人均水资源量为世界人均水平的 28%，同时，2014 年全国 400 座城市供水不足，114 座严重缺水 ❶；全国地表水国控断面总体为轻度污染 ❷，57% 的城市地下水水质"较差"或"极差" ❸ |
| 矿产及能源资源承载力 | 我国主要矿产资源的人均储量本就严重低于世界人均水平（铁矿石为世界人均水平的 1 7 %，石油资源为 11%，天然气仅为 4.5%）。作为全球最大的能源消费国，能源资源早已陷入供不应求的状态。2014 年我国石油和天然气的对外依存度分别为 59.5% 和 32.2%❹，高度对外依赖 |
| 农业资源承载力 | 肉类需求的快速增加，使中国在 2010 年由玉米（用于牲畜饲料）净出口国成为净进口国 ❺ |
| 生态资源承载力 | 城市污染严重，仅空气质量一项，2014 年未达标的城市就占了 90.1%❻ |

为应对承载力的不足，我国加大了资源的进口力度。2009年开始，我国成为生态承载力的净进口国❼，之后我国对其他地区生态承载力的依赖程度持续增加（图1-8、图1-9）。2016年，中国的国家生态超载日是4月11号❽，远早于8月8日的地球超载日。

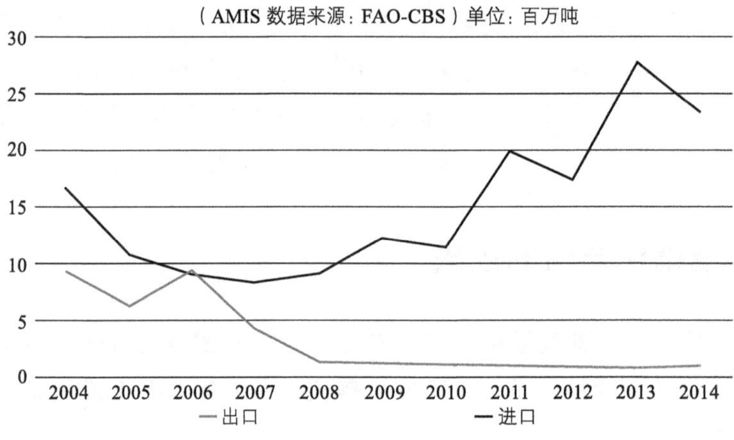


图 1-8　中国谷物进出口量 ❾

❶ 国际欧亚科学院中国科学中心，中国市长协会，中国城市规划学会与联合国人居署．中国城市状况报告2014/2015[M]．北京：中国城市出版社，2014: 16.

❷ 国际欧亚科学院中国科学中心，中国市长协会，中国城市规划学会与联合国人居署．中国城市状况报告2014/2015[M]．北京：中国城市出版社，2014: 65.

❸ 国务院发展研究中心和世界银行联合课题组，李伟，Sri Mulyani Indrawati，等．中国：推进高效、包容、可持续的城镇化[M]．北京：中国发展出版社，2014: 25.

❹ 钱兴坤．国内外油气行业发展报告[M]．北京：石油工业出版社，2015.

❺ IFPRI．2011年全球粮食政策报告[R]．Paris: IFPRI, 2012.

❻ 中华人民共和国国家统计局．2014年国民经济和社会发展统计公报[EB/OL]．2015-02-26[2015-06-25]．http://www.stats.gov.cn/tjsj/zxfb/201502/t20150226_685799.html.

❼ WWF，中国环境与发展国际合作委员会．中国生态足迹报告2012：消费、生产与可持续发展[R]．瑞士格兰德，WWF, 2012: 23.

❽ Global Footprint Network. National ecological deficit days [OL]. http://www.overshootday.org/about-earth-overshoot-day/national-ecological-deficit-days/.

❾ 数据来源：http://statistics.amis-outlook.org/data/index.html#

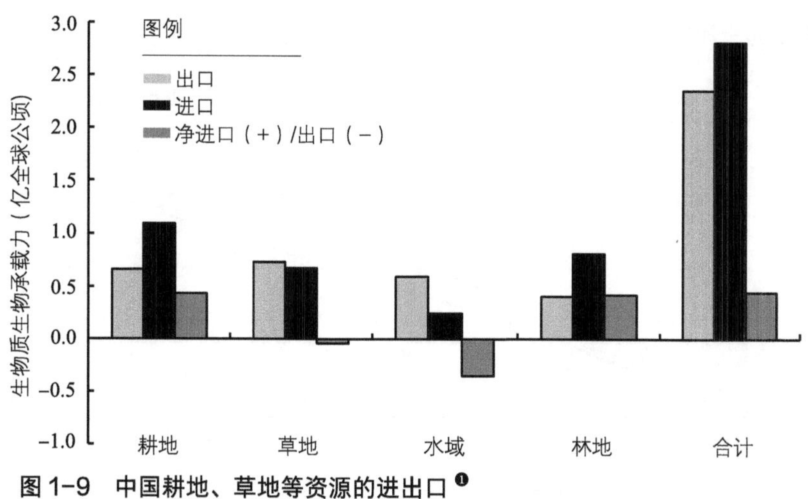


**图 1-9　中国耕地、草地等资源的进出口**[1]

## （二）资源消耗型城市发展

即使我国的城市承载力如此之低，却依然保持着资源消耗型的发展模式。以能源消耗为例，我国经济增长与能源消耗存在着线性依赖的关系（图1-10）。1990～2001年，中国石油消耗翻了一番[2]；自2002年开始，能源使用量超出了产量（图1-11）；发展至2012年，石油消耗量（1022万桶/日[3]）较2002年又再翻了近一番；据BP集团预测，至2035年，中国仍是最大的能源消费国，其需求将达到1800万桶/日，占全球净增长的49%[4]。很难说清楚，是如此高速增长的能源消耗推动了经济发展，还是经济发展拉动了能源消耗。但有一点是肯定的，这一依赖关系已经产生了巨大的外部成本——目前，化石燃料消费已经成为我国PM2.5污染的最主要原因[5]。其引发的死亡率高达0.9%[6]，严重威胁人类健康。仅该负面成本就可能会超出其经济收益。

资源的快速消耗当然不限于能源。作为全球生态足迹总量最大的国家[7]和生态超载最为严重的区域，中国的生态赤字增长速度亦为全球第一。在2008～2016年这短短的8年间，生态足迹与生态承载力的倍数关系从2.2上升至3.6[8]。换言之，我国资源

1. WWF．地球生命力报告2012[R]．瑞士格兰德：WWF, 2012: 23.
2. [英]吉拉尔德特．城市·人·星球：城市发展与气候变化（第二版）[M]．薛彩荣，译．北京：电子工业出版社，2011: 283.
3. Hayward T. BP statistical review of world energy 2013[R]. London: British Petroleum, 2013: 6.
4. BP. BP statistical review of world energy 2014[R]. London: British Petroleum, 2014: 6.
5. 国际欧亚科学院中国科学中心，中国市长协会，中国城市规划学会与联合国人居署．中国城市状况报告2014/2015[M]．北京：中国城市出版社，2014: 27.
6. 潘小川．危险的呼吸2：大气PM2.5对中国城市公众健康效应研究[M]．北京：中国环境科学出版社，2012.
7. WWF，中国环境与发展国际合作委员会．中国生态足迹报告2012：消费、生产与可持续发展[R]．瑞士格兰德：WWF．2012: 3.
8. http://www.overshootday.org/portfolio/creditor-debtor/.

生产的速度远跟不上消费增长的速度，并且这一差距越来越大。

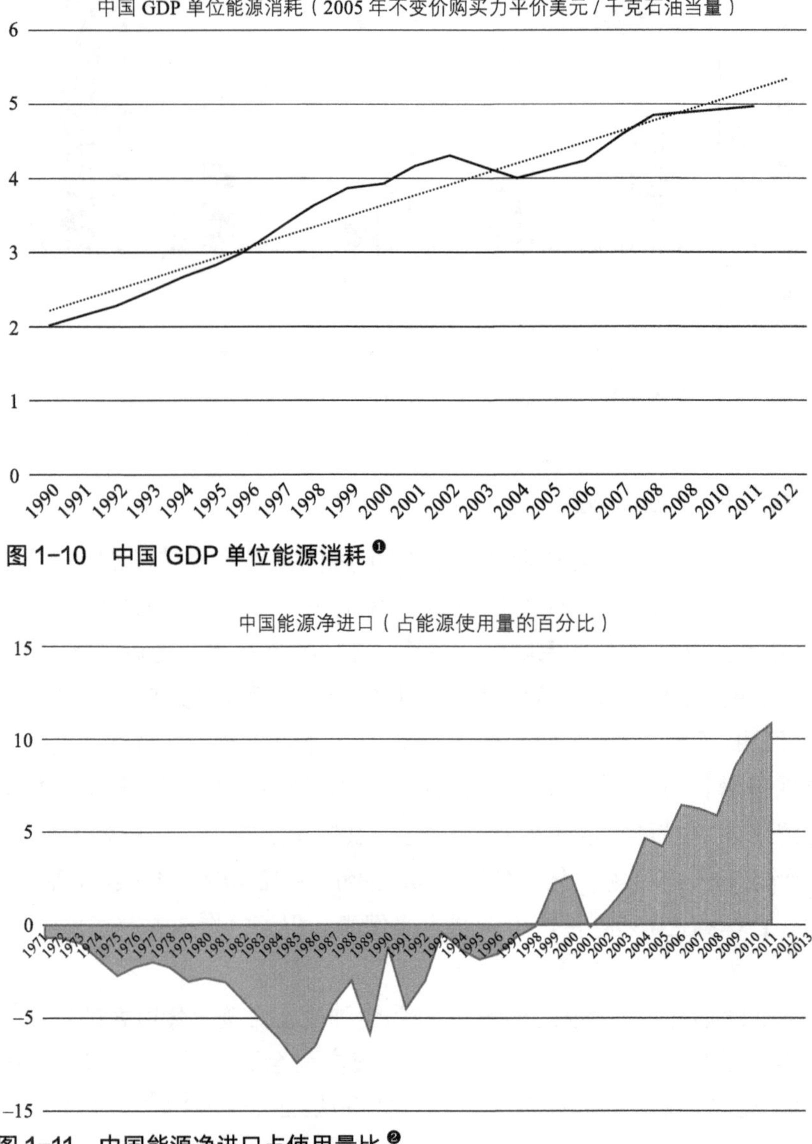


**图 1–10　中国 GDP 单位能源消耗** [1]

**图 1–11　中国能源净进口占使用量比** [2]

消费的增长是城镇化产生的影响之一。进一步的研究证实，我国的城镇化率与人均生态足迹正相关（图1-12、图1-13）。尽管我们并不能因此得出“人均生态足迹的提高是由城镇化所驱动”的结论，但可以肯定的是，若城市资源消耗型的发展模式和城市综合承载力都不发生改变，在城镇化率提升的同时，未来的生态超载情况

❶ 国际能源机构（IEA Statistics © OECD/IEA）和世界银行的PPP数据，图为根据数据自制2005年不变价购买力平价美元/千克石油当量。

❷ 国际能源机构（IEA Statistics © OECD/IEA）和世界银行的PPP数据，图为根据数据自制2005年不变价购买力平价美元/千克石油当量。

只会更加严重[1]。

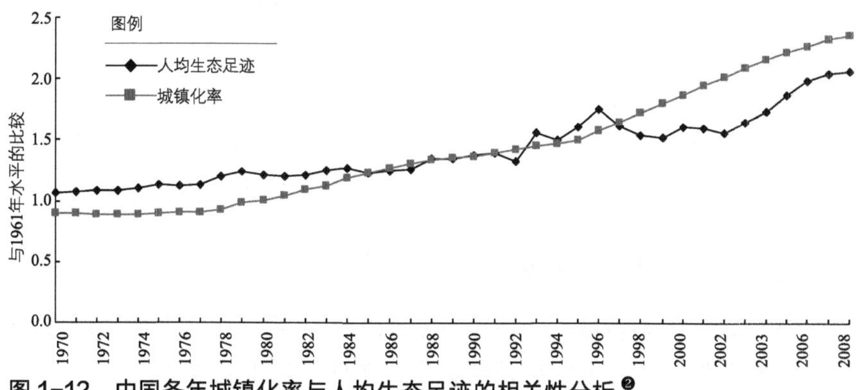


**图 1-12 中国各年城镇化率与人均生态足迹的相关性分析[2]**

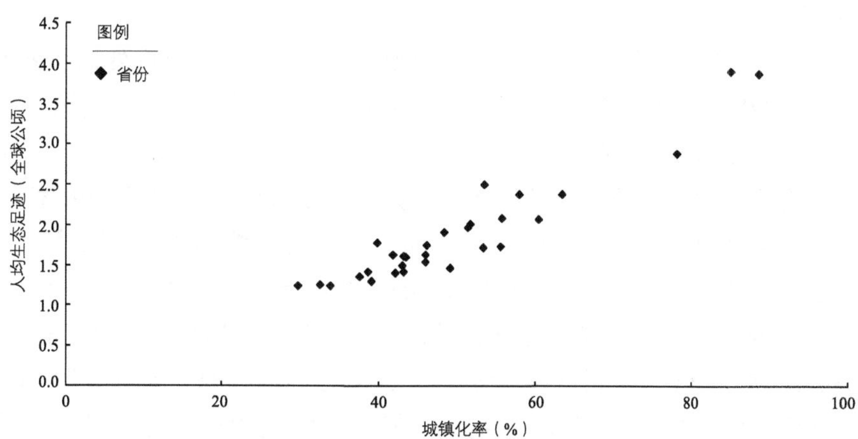


**图 1-13 中国各省城镇化率与人均生态足迹的相关性分析[3]**

## （三）缺乏控制的城市建设

总体来说，我国的城镇化建设缺乏适当的标准控制，存在以下问题：

（1）土地城镇化速度快于人口的城镇化速度。2000～2011年，城镇建成区面积增长了76.4%，而城镇人口的增长速度只有50.5%[4]。

（2）摊大饼的发展模式不止浪费土地，也加剧了交通拥堵和能源消耗，使城市布局愈发不合理。

[1] WWF，中国环境与发展国际合作委员会. 中国生态足迹报告2012：消费、生产与可持续发展[R]. 瑞士格兰德：WWF, 2012: 43.

[2] WWF，中国环境与发展国际合作委员会. 中国生态足迹报告2012：消费、生产与可持续发展[R]. 瑞士格兰德：WWF, 2012: 43.

[3] WWF，中国环境与发展国际合作委员会. 中国生态足迹报告2012：消费、生产与可持续发展[R]. 瑞士格兰德：WWF, 2012: 43.

[4] 中华人民共和国国务院. 国家新型城镇化规划（2014-2020 年）[EB/OL]. 2014-03-16[2015-06-20]. http://www.gov.cn/gongbao/content/2014/content_2644805.htm.

（3）资源消耗与垃圾排放量大。生活垃圾与工业排出物粗放式处理。

（4）在城镇建设过程中，对文化建设和遗产保护重视不足，许多文化资本消失，乡愁难寻。

（5）农民工及失地农民面临生存与发展问题。

在这样的情况下，我国“东部、东北、中部和西部地区城镇化质量指数的平均值分别为0.54、0.48、0.46和0.46”[1]，无一“及格”，城镇化质量堪忧。

### （四）依赖于外部市场的经济体系

经济发展仍是我国大多数城市建设的驱动力。早期工业化发展，形成以外向型、资源消耗性的加工制造业为主的经济结构，并造成了如下问题。

（1）污染严重。尽管我们意识到了后工业的产业转移所带来的危害，却将此理解为发展经济必须付出的代价。

（2）为出口牟利而进行的生产导致了地区产业单一化并高度依赖于外部市场。2008年我国GDP对外贸易占比一度高达60%以上（2014年是42%），受国际经济形势、市场需求和国际关系影响严重。

（3）从招商引资等角度出发来组织空间。通常是划一块地能卖给哪家企业就发展哪家企业（很多情况下是送地招商），导致产业格局与城市的关系错乱[2]。

（4）技术对外依赖度高（2012年起超出50%[3]），制约国家竞争力。

如今我国正通过城镇化来推动服务业发展，未来中产阶级的快速增长也会带来内需的膨胀，城市开始向消费城市转变。作为全世界最大的基础制造业出口国，无论中国城市选择继续扮演原来的角色，还是削弱生产功能而发展成为后工业城市，对世界都会造成极大的影响。

## 小结

中国与西方，尽管从贸易的角度讲是生产地与消费地，却同是资源的消费者，也都面临城市承载力不足以支撑其庞大需求的难题。从后工业社会转入的生态成本，使我国的环境问题更加严峻；而后工业社会已暴露的种种弊端，也告诫我们不要再去重复他们走过的弯路。伴随城镇化的推进，资源需求与供给能力之间的矛盾必将更加尖锐，由此产生的环境与城市问题也将更加难以解决。中西方城市都陷入发展的“迷失”状态，亟需寻找新的出路。

---

[1] 国际欧亚科学院中国科学中心，中国市长协会，中国城市规划学会与联合国人居署. 中国城市状况报告2014/2015[M]. 北京：中国城市出版社，2014: 20.

[2] 国际欧亚科学院中国科学中心，中国市长协会，中国城市规划学会与联合国人居署. 中国城市状况报告2010/2011[M]. 北京：中国城市出版社，2010: 28.

[3] 章玉贵. 产业空洞化——中国制造业的最大隐忧[J]. 资本市场，2012(5): 108-109.

# 第二节　改变资源循环系统——开源与节流并举

环境恶化导致各类生态资源的服务功能已开始严重退化。为解决此问题，生态城市通过减少消耗、循环再利用废弃物等手段来减少资源的输入，意在“节流”。但面对全球伤痕累累的环境与几近枯竭的资源，仅靠节流，不仅不能满足日益增长的需求，也非长久之计。

在这种背景下，需要打破“把自然作为生产者，城市作为消费者”的思维定式——当自然作为生产者无法满足人类的需求时，人类需要主动“开源”，以承担生产者的角色，使城市从单纯的资源消耗地变为生产地。也只有当城市生产的资源比消耗的更多，才能从根本上解决城市的可持续问题。总而言之，城市所需的不仅是“节流”，更是“开源”。

当然，根据热力学第一定律——“能量既不能创造，也不能毁灭”[1]，新的城市生态系统不能无中生有，也不能将有变为无。也就是说，即使是建立新的资源循环系统，也依然包括输入端、使用部分和输出端。

## 一、资源的输入端分析及应对策略

人类生存依赖于能源、水等自然资本，这些资本通过生态生产[2]转化为自然收入[3]，输入人类系统，供给人类消费。即资本、转换、输入这个三个部分/过程构成了整个系统的输入端。因而自然资本存量的多少、自然资本转化为自然收入的能力（生态生产力[4]）以及向人类社会输入自然收入的能力，共同决定了输入端的供给能力。

1. 自然资本存量分析与应对策略

事实上，实际可用/发挥效用的资源比资本存量要少得多。以土地资源为例。1961～2009年间，全球人均耕地面积从0.44公顷减少至不足0.25公顷[5]（图1-14）。至2050年，为满足粮食需求，全球需扩大耕地7000万公顷[6]。但具有旱作作物生产潜力

❶ Herman E.Daly, Joshua Farley. 生态经济学原理和应用（第二版）[M]. 金志农，等，译. 北京：中国人民大学出版社，2014: 60.

❷ 生态生产指生态系统中的生物从外界环境中吸收生命过程所必需的物质和能量转化为新的物质，从而实现物质和能量的积累。它是自然资本产生自然收入的原因。引自杨开忠，杨咏，陈洁. 生态足迹分析理论与方法[J]. 地球科学进展，2000, 15(6): 630-636.

❸ “生态经济学家现在把物种、生态系统和其他产生所需资源流的生物物理实体看成‘自然资本’的形式，把资源流动本身看作必不可少的‘自然收入’的类型。” Rees W, Wackernagel M. Urban ecological footprints: why cities cannot be sustainable—and why they are a key to sustainability[J]. Environmental impact assessment review, 1996, 16(4): 223-248: 225.

❹ 生态生产力越大，说明某种自然资本的生命支持能力越强。引自杨开忠，杨咏，陈洁. 生态足迹分析理论与方法[J]. 地球科学进展，2000, 15(6): 630-636.

❺ FAO（联合国粮农组织）. Statistical Yearbook 2013[M]. Rome: FAO press, 2013: 8.

❻ FAO. How to feed the world in 2050[C]//FAO.High level expert forum, Rome: FAO, 2009: 9.

的土地中，约45%在具有生态功能的森林内，12%在保护区，3%则已被人类住区和基础设施等非农用途占用[1]。其余40%包括目前的耕地，以及可作为资源的优质土地3.5亿公顷、良好土地10.6亿公顷、劣质贫瘠的土地15亿公顷[2]（图1-15）。这些具有耕种潜力的土地，超过80%位于全球饥饿现象最严重的撒哈拉以南非洲地区[3]。但该区每年人均可耕地面积减少约76平方米，为全球之最[4]，并土壤退化严重。因此，在保持生态用地不变的前提下，全球几乎不具有适耕地的扩张潜力。

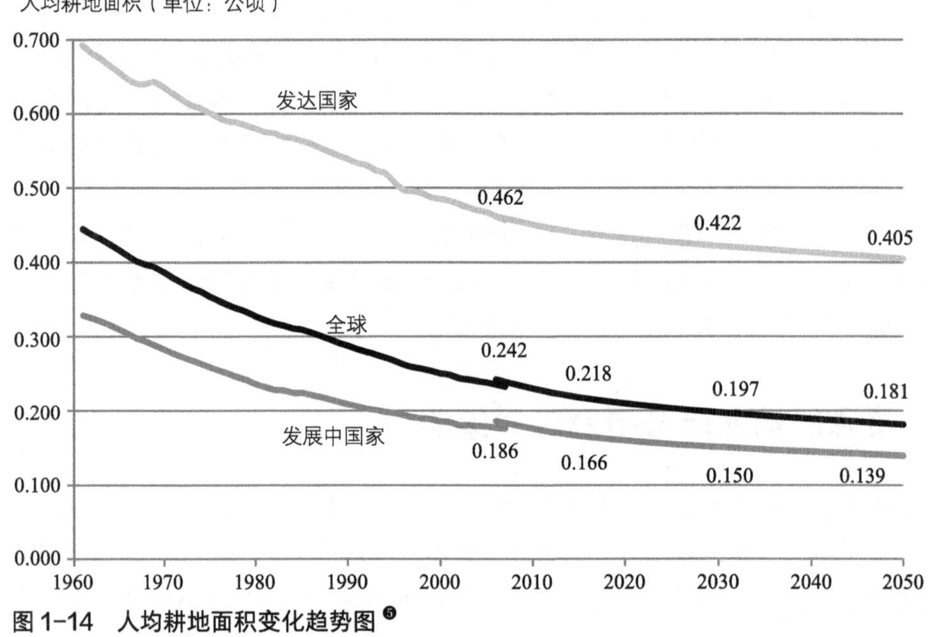


**图1-14 人均耕地面积变化趋势图[5]**

未来城市如何应对资本存量的不足？

（1）尽可能地生产，通过生产增加自然资本（开源）。（2）将废物作为资源，通过循环在代际上减少自然资本需求（节流）；发展共享经济，推广“使用价值>占有”的理念，推行“去物质化”战略（节流）。（3）针对举例的土地，充分利用空地和未利用的空间，打破空间互斥性，最大限度地高效利用土地，做到城市建设或资源生产“零占地”（开源）。

---

[1] Alexandratos N, Bruinsma J. World agriculture towards 2030/2050: the 2012 revision[R]//FAO.ESA Working paper No.12-03, Rome: FAO, 2002: 40.

[2] Alexandratos N, Bruinsma J. World agriculture towards 2030/2050: the 2012 revision[R]//FAO.ESA Working paper No.12-03, Rome: FAO, 2002: 10.

[3] FAO. How to feed the world in 2050[C]//FAO. High level expert forum, Rome: FAO, 2009: 9 具潜力土地中一半位于巴西、刚果、安哥拉、苏丹、阿根廷、哥伦比亚和玻利维亚民主共和国这7个国家，引自Prue Campbell, The Future Prospects for Global Arable Land [J/OL]. Global Food and Water Crises Research Programme. http://www.futuredirections.org.au/publication/the-future-prospects-for-global-arable-land/ 2011-05-19/2015-06-20.

[4] IFPRI. 2011年全球粮食政策报告[R]. Paris: IFPRI, 2012: 80.

[5] FAO（联合国粮农组织）. FAO Statistical Yearbook 2013[M]. Rome: FAO, 2013: 8.

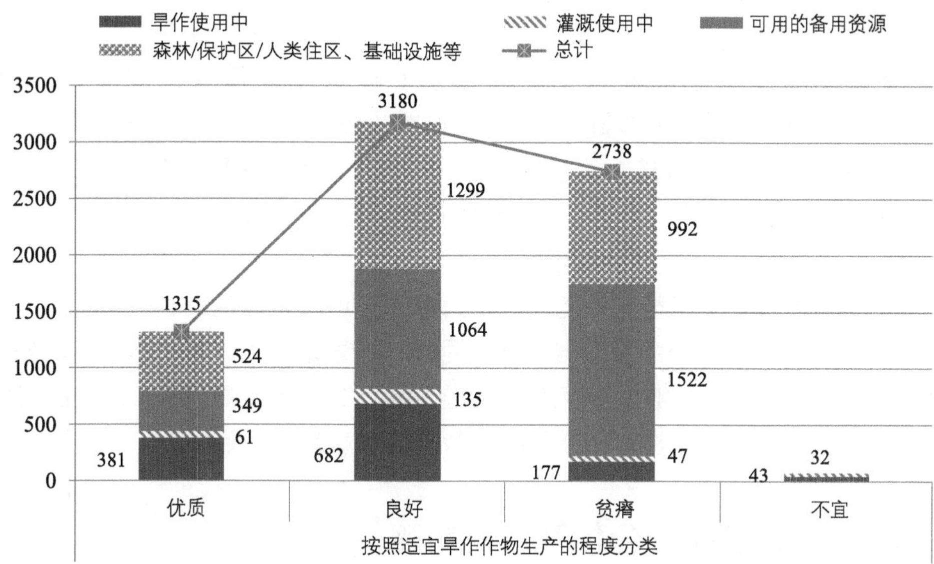


**图 1-15　具有耕种潜力的土地结构分析图**[1]

2. 生态生产力分析与应对策略

生态生产力与生态系统的资源状态和人类利用/改造生态系统的情况密切相关。在过去的50年内，由于机械化、化肥、杀虫剂等"进步"科技的推广应用与农业投入的增高，生物承载力年均增长千分之四[2]。但如今，农业增长率却缓慢下降[3]，杀虫剂等技术的危害性也已显现。而土壤退化、淡水短缺以及森林等资源的生态服务功能退化，都会导致生态生产力的下降。一旦作为生物承载力增加的主导因素（耕地的生产力）增长不足以补偿其他生态生产力下降，生态承载力便有可能减少。

未来城市如何对待生态生产力?

（1）如果仅仅依靠提高现有资源的生产力，生物承载力的提升速度是缓慢而有限的，因此未来城市发展必须换一个思路。（2）太阳能、风能等自然资本，参与转化为自然收入的很少，有很大程度的浪费，因此主动利用他们以实现生产的过程其实就提高了生态生产力。

3. 输入系统的能力分析与应对策略

系统的输入能力由以下三方面共同参与调节：

（1）开采成本——人们会最先用光容易开采利用或最优质的资源，开采成本会逐步上升，因此资源的净收益与投资回报率会随着时间的推移而下降，当最终存量变得稀缺，开采的成本将变得比效益更大，而输入能力也将因此变小。（2）技术/投

[1] Alexandratos, N. Bruinsma J.. World agriculture towards 2030/2050: the 2012 revision [R]// FAO.ESA Working paper No.12-03, Rome: FAO, 2012: 10.

[2] WWF. 中国生态足迹报告2012：消费、生产与可持续发展[R]. 北京：WWF, 2012: 8.

[3] Fuglie K O. Total factor productivity in the global agricultural economy: Evidence from FAO data[J]. The shifting patterns of agricultural production and productivity worldwide, 2010: 63-91.

入——对需要人为参与生产过程的初级生产资源，技术/投入的上升等同开采成本的上升。据FAO预计，为实现2050年的粮食需求（不包含生物燃料），投资需年均增长830亿美元，如果包括更新贬值陈旧的投资，则需2090亿美元。[1]（3）输入端口资源供给能力/速度无法满足消费需求量/使用速度——这种冲突性往往集中在局部地区，它与全球国际分工共同作用，产生了分配端的供需不均与进口依赖。

未来城市如何提升输入系统的能力?

（1）用可再生能源代替化石能源。因为对于可再生资源而言，开采的成本是逐步下降的。（2）在注重公共投资与政策的同时，探索绿色的、基于本地环境条件的生产方法，使人和自然能够更加有效地共同作用。（3）分布式布局、本地生产消费，避免局部资源集中供应全球消费的现象，减小输入端口的“压强”。

## 二、需求端的驱动力分析及应对策略

对资源使用的驱动因素（表1-2）进行分析，方能对症下药。

1. 人口与经济驱动因素与应对策略

人口增加会客观增大资源需求量与废弃物排放量，而经济则被生态经济学家描述为“一个只会毫无道理地把资源先转化为商品，再转化为废弃物的愚蠢机器”[2]。据全球生态足迹网络在旧金山进行的研究表明，居民开支每增加1000美元，人均生态足迹就增加0.09全球公顷。[3]二者对资源消耗均具有乘数效应。

未来城市如何应对人口与经济驱动因素所带来的危机?

（1）据预计，2014～2050年新增人口的60%将发生在亚洲[4]，并伴随中产阶级人口的大幅增加。这些地区应先满足自身的基本需求再考虑产品资源外销。（2）对经济自利性中的“利”进行舆论引导。（3）利用经济驱动力，如税率引导，在价格中包含产品在环境、资源上的外部成本等。

2. 能源驱动力及应对策略

就能源利用的部门而言，2012年工业总能耗是1973年的1.65倍；交通耗能为1973年的2.32倍，增速最快；而电力则由1762.42增长至3122.51 Mtoe[5]。2012～2035年，工业、交通、电力仍将继续作为能源消费增长的主导部门，而发电燃料将占一次能源消费增长的57%[6]。

---

[1] FAO. How to feed the world in 2050[C]//FAO.High level expert forum, Rome: FAO, 2009: 19.

[2] Herman E.Daly, Joshua Farley. 生态经济学原理和应用（第二版）[M]. 金志农，等，译. 北京：中国人民大学出版社，2014: 18.

[3] Footprint for Cities—Why track resource consumption and natural capital? [OL]. http://www.footprintnetwork.org/en/index.php/GFN/page/footprint_for_cities/.

[4] Dexia. Dexia asset management's sustainability analysis, Food Scarcity -Trends, Challenges, Solutions [R]. Paris: Brussels, 2010: 3.

[5] International Energy Agency. 2014 Key World Energy Statistics[R]. Paris: OECD/IEA, 2014: 37.

[6] International Energy Agency. 2014 Key World Energy Statistics[R]. Paris: OECD/IEA, 2014: 19.

未来城市如何应对能源驱动因素？

（1）主动进行可再生能源的生产，建立分布式能源系统，以最为有效的方式提高清洁能源的利用率（开源）。（2）针对工业、交通、电力部门，开展交通与太阳能一体化、无车城市等技术研发应用、停止使用煤炭等化石能源（节流）。（3）有效利用废热等资源（开源节流）。

3. 农业（粮食、饲料与生物燃料）驱动分析与应对策略

农作物需求总量为食用需求、动物饲料和生物燃料等各类用途的总和。具体来说，全世界只有约55%的农作物用于食用，约36%作为动物饲料，其余约9%变成生物燃料和工业产品。

食用需求可简单考虑为人口数×人均需求。但由于膳食结构的转变，人口增长的同时，人均需求也在增加。20世纪60年代至2010年全球人均热量供应从2200千卡/人/天上涨至2800千卡/人/天，到2050年还将上升到3050千卡/人/天[1]。

就饲料而言，其消费量从2000年37.4千克/人/年[2]上涨为2008年41千克/人/年，并预计2050年将超过52千克/人/年[3]。由于肉类消费所需饲料的热量远大于自身能提供的热量（1卡路里牛肉需30～33卡路里饲料[4]），因此，膳食结构转变直接导致饲料作物的需求急剧增长（图1-16）。

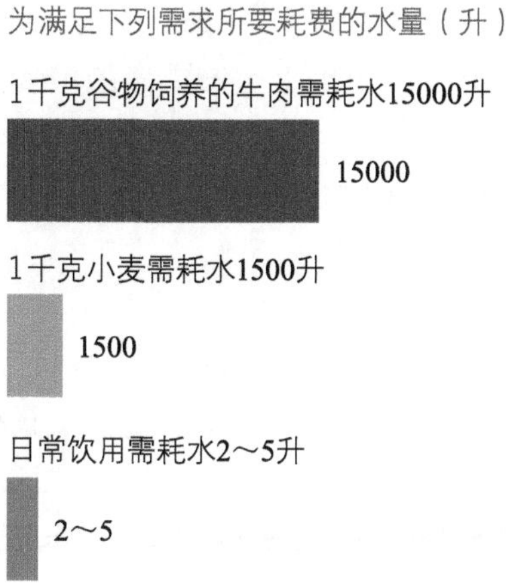

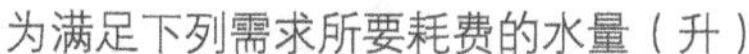

**图1-16　耗水量对比图**[5]

[1] FAO. How to feed the world in 2050[C]//FAO.High level expert forum, Rome: FAO, 2009: 11.

[2] Dexia. Dexia asset management's sustainability analysis, Food Scarcity-Trends, Challenges, Solutions [R]. Paris: Brussels, 2010: 3.

[3] FAO. How to feed the world in 2050[C]//FAO.High level expert forum, Rome: FAO, 2009: 11.

[4] Mark Zastrow. Cutting down crop waste could feed 3 billionLocalized farming reforms would bulk up food security[J]. Nature (2014) https: //doi.org/10.1038/nature.2014.15575.

[5] Dexia. Dexia asset management's sustainability analysis, Food Scarcity -Trends, Challenges, Solutions [R]. Paris: Brussels, 2010: 5.

就生物燃料而言，2008年农产品生产的生物燃料是2000年的4倍[1]。预计至2023年，生物燃料的生产和消费都将增加50%以上，达1980亿升[2]（图1-17）。

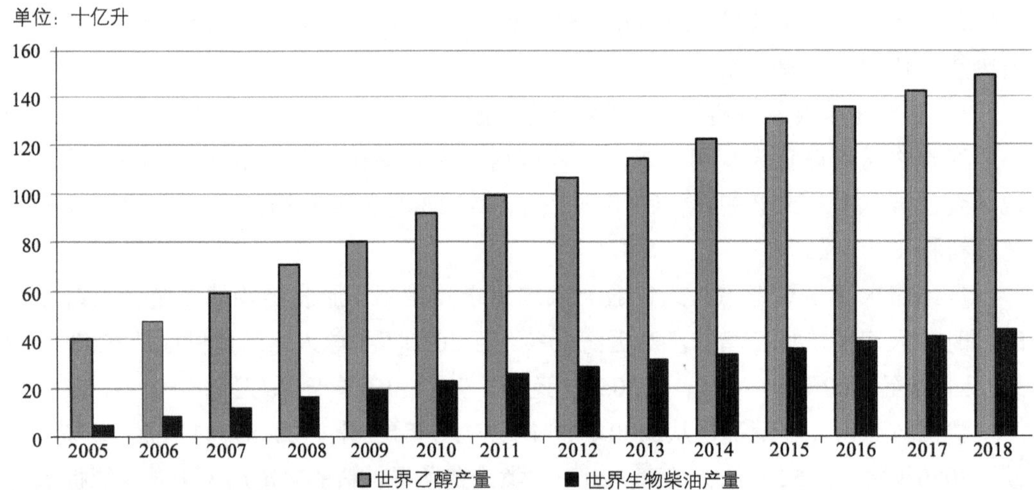


**图1-17　乙醇与生物柴油产量的增长趋势**[3]

总之，上述对三大组分的分析解释了为何至2050年全球人口增加约35%，但预测粮食产量需求却将扩大70%～100%[4]~[6]（图1-18）。未来如用于生物燃料和饲料的作物持续增长，就需农民在更少的土地上生产更多的粮食。[7]

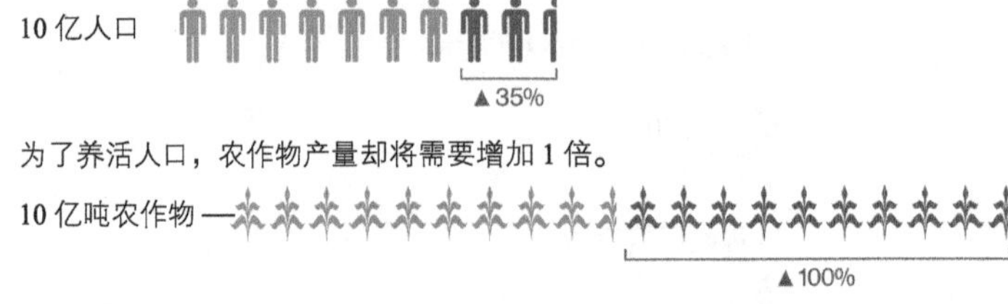


**图1-18　未来农作物的需求量占比超出人口增长所占比**[8]

---

1. FAO. How to feed the world in 2050[C]//FAO .High level expert forum, Rome: FAO, 2009: 29.
2. OECD-FAO, biofuels[R]//OECD-FAO Agricultural Outlook 2014, Paris: OECD publishing, 2014: 110.
3. FAO. How to feed the world in 2050[C]//FAO.High level expert forum, Rome: FAO, 2009.
4. Dexia.Dexia asset management's sustainability analysis, Food Scarcity -Trends, Challenges, Solutions [R]. Paris: Brussels, 2010: 3.
5. FAO. The state of the world's land and water resources for food and agriculture (SOLAW)[R]//Managing systems at risk. 2011: 7.
6. FAO. World must double food production by 2050[R]. Rome: FAO chief Publish, 2009.
7. FAO. How to feed the world in 2050[C]//FAO.High level expert forum, Rome: FAO, 2009: 4.
8. Foley J. A five-step plan to feed the world[J]. Natl Geogr, 2014, 225(5): 27-60.

未来城市如何应对农业需求的增加?

（1）减少浪费是第一位的（节流）。研究表明，每年被浪费的粮食高达总产量的三分之一，足以解决目前的饥饿问题。（2）宣传普及饮食结构对生态的影响（节流）。（3）在城市中所有可能的空间进行种植，环境良好的地段种植食用果蔬（开源）；环境一般处生产作物作为饲料（开源）；环境较差处（尤其交通用地、工业用地）种植生物燃料作物，从而抵消它占用的土地（开源）。（4）将农业、耕地和能源供给作为一个完整的系统整体考虑。

需补充的是，生物燃料对环境的作用是具有争议性的。它分流了用于食品和饲料的农作物数量，成为粮食安全的重要威胁；使能源市场与农业市场的关系更加紧密，在一定程度上推高了农产品价格和投机性；也造成了土地用途转变（2010年欧洲总耕地面积的9%用于生产生物柴油[1]）。联合国环境规划署认为考虑这些土地用途后，生物燃料的碳平衡作用就可能变为负值[2]。因此未来城市是提倡生物燃料的，但必须符合如下条件：（1）利用不适合种植食用作物生长的环境，不得占用现有耕地和生态用地。（2）尽量使用秸秆等农业废弃物。（3）处理好末端污染排放。

4. 城镇化驱动及应对策略

城镇化对资源产生压力直接方式是基础设施建设，以及由此带来的对土地资源、建筑材料、能源和水的占用与消耗。据FAO计算，“假设每1000人需要增加40公顷的住房，1995～2030年期间世界城市人口的增长就意味着需要额外的1亿公顷非农业用地。又因城市多选址在肥沃的沿海平原或河谷，因而它扩张时所侵吞的多是优质的耕地”[3]。Royal Society对全球土壤退化地图的持续研究证实，快速城镇化是许多国家高品质的农业土壤遭到破坏的原因[4]。

城镇化对资源产生压力的间接方式是改变居民的消费与饮食结构，从而增加生态压力。IPCC研究得出“城镇化与收入增加相关，而城镇居民收入越高，能源消费和温室气体排放量则越高（中等证据，高一致性）”[5]。

未来城市如何城镇化因素?

与其逃避或逆城市化，不如正面应对，发展生产性城市。

[1] Dexia.Dexia asset management’s sustainability analysis, Food Scarcity-Trends, Challenges, Solutions [R]. Paris: Brussels, 2010: 5.

[2] UNEP. 全球环境展望5：我们未来想要的环境[R]. 内罗毕：UNEP, 2012: 82.

[3] Alexandratos, N. Bruinsma J. World agriculture towards 2030/2050[R]// FAO.ESA Working paper, Rome: FAO, 2002: 10.

[4] T Baulcombe D, Crute I, Davies B, et al. Reaping the benefits: science and the sustainable intensification of global agriculture[M]. London: The Royal Society, 2009: 13.

[5] IPCC Working Group III. Climate Change 2014: Mitigation of Climate Change: IPCC 5th Assessment Report[R]. Geneva Switzerland: IPCC, 2015: 26.

## 三、资源的输出端分析及应对策略

尽管自然系统有吸纳排泄物的能力，但资源使用的各种负面效应（如气候变化与灾难，空气、水、土地等资源污染与退化），都与资源的排放物超出了自然系统的吸收能力密不可分。

生态经济学家戴利有著名的“满的地球”理论。他认为，废弃物吸收能力是一种汇[1]，汇可以将地球充满[2]，而资源的枯竭是“源”的问题。源是排他性的，可以公有，也可以私有，具有竞争性；而汇是非排他性的、公有的，尽管具有竞争性（将污水排放入一片湿地，湿地处理其他人产生的废弃物的能力就会下降[3]），但对于排放者而言又不具有竞争性（无论湿地能否处理这个废弃物，排放者都可以排放），且其产生的污染就有非竞争性、非排他性以及危害性。因而从经济学的角度分析，“全球性的‘汇’充满的速度比自然资源全球性的‘源’变空的速度更快”[4]，相对于资源的枯竭而言，“使用资源所产生的废物的日积月累和它们对地球生态系统的负面影响对人类的威胁比对资源消耗的威胁更为迫在眉睫，它对经济增长的约束最为严重。因为在源变空之前，汇就已经填满了”[5]。

如今，人类排放的废物早已超出了“地球系统所能承受吸收废物和中和环境负面影响的能力范围”[6]，这些废物还使得资源系统陷入恶性循环[7]——废物有可能阻碍我们获取的能力——如化石燃料以废气的形式回到自然系统，造成气温上升、酸雨、雾霾等现象，会阻碍农作物获取太阳能及洁净雨水，使得成本继续加大。如果矿物燃料利用产生的废物降低了这些生态系统捕获能量的能力，那么开采化石燃料比上面讨论的直接利用所花费的成本更大，更容易被忽略。[8]

未来城市如何对待排出端的问题?

（1）尽可能地减排（节流），发展共享经济与循环经济，将废物作为资源对待

---

[1] Herman E.Daly, Joshua Farley. 生态经济学原理和应用（第二版）[M]. 金志农，等，译. 北京：中国人民大学出版社，2014: 100.

[2] 他通过培养皿中细菌翻倍实验的例子（某天中午接种培养皿，细菌每小时翻一倍，两天后的中午十一点达到半满状态，十二点该培养皿就完全充满了，并因食物枯竭和培养皿充满废物而种群崩溃）和“20世纪的物质总产出增加了36倍”来论证“我们的世界离满的世界还有多远”。Herman E.Daly, Joshua Farley. 生态经济学原理和应用（第二版）[M]. 金志农，等，译. 北京：中国人民大学出版社，2014: 105.

[3] Herman E.Daly, Joshua Farley. 生态经济学原理和应用（第二版）[M]. 金志农，等，译. 北京：中国人民大学出版社，2014: 208.

[4] Herman E.Daly, Joshua Farley. 生态经济学原理和应用（第二版）[M]. 金志农，等，译. 北京：中国人民大学出版社，2014: 112.

[5] Herman E.Daly, Joshua Farley. 生态经济学原理和应用（第二版）[M]. 金志农，等，译. 北京：中国人民大学出版社，2014: 75.

[6] UNEP. 全球环境展望5：我们未来想要的环境[R]. 内罗毕：UNEP, 2012: 1.

[7] Herman E.Daly, Joshua Farley. 生态经济学原理和应用（第二版）[M]. 金志农，等，译. 北京：中国人民大学出版社，2014: 100.

[8] Herman E.Daly, Joshua Farley. 生态经济学原理和应用（第二版）[M]. 金志农，等，译. 北京：中国人民大学出版社，2014: 75.

（开源节流）。（2）采用可再生清洁资源，通过大量绿色种植（不依赖于高能耗的机械化生产）农作物和林木资源，尽可能地吸收温室气体。（3）本地分布式生产消费，减少排放"浓度"，将排放产生的污染控制在自然系统的吸收能力范围内（开源）。（4）采用生物提取方式，提高处理废弃物的技术手段，发展固碳技术和二氧化碳吸收技术，真正把"危害"转化为"有用"。

## 第三节　反思全球自由贸易——本地生产消费

目前，我们通过自由贸易在全球尺度上实现着自给自足。生产消费链条在地理上的拆分把原本应该融为一体的生产地和消费地在空间、功能上割裂开来。在化石燃料消耗和污染物排放基础上，大量相同的资源与产品在同一地区进进出出。这无疑加重了全球范围内的能源消耗与污染排放。基于生态足迹理论的研究证明："对贸易不断增加的普遍依赖性，使得城市的生态场地定位不再与他们的地理位置相一致。城市越富裕，越多与世界其他地区相联系，它通过贸易和其他形式施加给生态圈的负荷越大。"[1]

然而，以环境为代价的全球贸易并没有解决资源需求问题。以农产品（不含渔、林）为例，据FAO统计，仅近十年其国际贸易价值就翻了一番[2]。但增加粮食进口并没有提高贫困国家的人均粮食消费量，也没有改善其粮食安全，却只是维持了粮食消费的最低水平[3]，反而使贫苦国家的粮食安全系数降低。

鉴于生产与消费分离所带来的种种弊端，我们提出应以满足本地消费为目标，发展本地生产。这有利于减少远距离运输所产生的资源消耗，也有利于更好、更及时地满足当地人的需求——使用本地材料、本地方法，能够生产更符合当地生态、文化、习俗的资源和产品，促进本地就业，并有利于塑造居民的地域感与归属感。

### 一、生产与消费分离产生的问题剖析

1. 生产与消费的分离加剧了全球污染与生态超载

后工业社会通过直接或间接的形式，消耗更多的资源、排放更多的废弃物，对全球生态系统造成更大压力。他们不但"以更高的人均比率消费这些服务，而且他

---

[1] Rees W, Wackernagel M. Urban ecological footprints: Why cities cannot be sustainable—And why they are a key to sustainability[J]. Environmental Impact Assessment Review, 1996, 16(4–6): 223-248.

[2] 从2000年的400美元增加到2010年的800美元。FAO（联合国粮农组织）. FAO Statistical Yearbook 2013[R]. Rome: FAO, 2013: 151.

[3] FAO（联合国粮农组织）. FAO Statistical Yearbook 2013[R]. Rome: FAO, 2013: 155.

们还可以通过（通常是以高额成本）购买稀缺的生态系统服务或替代产品，进而缓冲或降低生态系统服务变化产生的影响”。[1]

除资源消耗量更多以外，后工业社会导致全球污染的增加，还有三方面的原因：（1）由于后工业社会优美的环境是以其他地方的环境退化为代价的[2]。这个过程中，消费方看不到资源与环境的破坏，反而还“保护”了本地的环境。因此他们意识不到他们的消费模式对环境的实际危害。在没有外部性威胁的情况下，他们就有可能会无节制地增加消费量。（2）支撑后工业社会运行的巨大的“食物里程”“制造品里程”“销售里程”都建立在廉价燃料的基础上。贸易里程越多，消耗的燃料越多，燃烧排放的温室气体也就越多——“全球贸易繁荣导致国际运输排放的$CO_2$和其他关键污染物（包括$SO_2$、$NO_X$和炭黑）的数量增加”[3]。（3）生产的转移通常是由技术先进的国家转移到技术落后的国家[4]。因此，如果在本地生产，产生的污染可能会因为技术原因而减小。

WWF这样解释生态超载：“生态超载之所以会出现，是因为我们砍伐树木的速度超过其生长速度，捕鱼的数量超过海洋的供给能力，或者释放到大气中的二氧化碳超过了森林和海洋的吸收能力。造成的后果是自然资源蓄积量的减少，废弃物堆积的速度超过其可被吸收或循环利用的速度，如：空气中碳浓度的不断增大。”[5]生态系统是有自我修复能力的，但它需要一定的时间，需要将对它的破坏限定在一定强度以内。在生产与消费分离后，各国将贸易量作为经济发展的重要指标。而贸易所追求的生产过剩，成为生态超载的重要原因。

2．生产与消费的分离产生了污染转移和生态不公

“发达国家对资源大量使用实际发生在出口国。”[6]（UNEP, 2012）其污染产出也实际发生在出口国，其生活方式有赖于其他国家的生物承载力支撑[7]。举例而言，“世界某地居民对奢侈品的需求，可能对千里之外的自然系统状况造成不利影响。比如，由于欧洲人热衷于购买从巴西苏木中提取的糖和红色纺织染料，就永久性地改变了位于南美洲的大西洋沿岸森林的状况。”[8]

一项追踪挪威消费影响的研究发现，“尽管进口产品只占家庭支出的22%，家庭对外国的环境影响占据了家庭间接排放的$CO_2$的61%，$SO_2$的87%，以及NOx的34%。”[9]后工业城市污染的减少是以其产业或资源的补充支撑地区的污染增多和全球污染总量增大为代价的。因此，如果站在生产国或者站在全球的角度思考，后工业

[1] 千年生态系统评估项目组．生态系统与人类福祉：评估框架（中文版）[R]．华盛顿：世界资源研究所，2005: 23.

[2] UNEP．全球环境展望5：我们未来想要的环境[R]．内罗毕：UNEP, 2012: 85.

[3] UNEP．全球环境展望5：我们未来想要的环境[R]．内罗毕：UNEP, 2012: 46.

[4] UNEP．全球环境展望5：我们未来想要的环境[R]．内罗毕：UNEP, 2012: 19.

[5] WWF．地球生命力报告2014[R]．瑞士格兰德：WWF．2014: 10.

[6] UNEP．全球环境展望5：我们未来想要的环境[R]．内罗毕：UNEP, 2012.

[7] WWF．地球生命力报告2014[R]．瑞士格兰德：WWF．2014: 10.

[8] World Resources Institute．入不敷出：自然资产与人类福祉[R]．华盛顿：WRI, 2005: 11.

[9] UNEP．全球环境展望5：我们未来想要的环境[R]．内罗毕：UNEP, 2012: 19.

城市环境优美的“优点”简直就是对其“损人利己”行为的讽刺。

已经有太多的研究证实了贸易在生态角度上的两面性——“减轻进口地区生态系统服务的压力，同时加重了出口地区的生态压力”[1]。日本学者Shunsuke Managi等人通过对比计算得出结论：“贸易开放度每增加1%，从长期的角度讲，会导致非经合组织国家$SO_2$和$CO_2$的排放量同比增长0.920%和0.883%，而对OECD国家的长期影响则是同比减少2.228%和0.186%。”[2]Jungho Baek等对G20国家的研究也得出相似结论“贸易开放度和收入增长对改进发达国家的环境有积极作用，但对于发展中国家的环境却是有害的。”[3]UNEP则针对全球得出相似结论：“最富裕国家的消费驱动着污染环境的生产和消费活动向较不富裕国家转移，贸易会增加对最不发达国家的环境伤害，但在发达国家减少各种类型的污染。”[4]Caldeira与Peters等人则量化了从发达国家通过贸易转移到发展中国家的$CO_2$排放量：从1990年的0.4Gt增加至2008年的1.6Gt $CO_2$（图1-19）。[5][6]

3．生产与消费分离，使产业（或产品种类）单一化，并向短期更具经济利益的结构转移

生产与消费的分离，会产生生产量和消费量在变化反应上的滞后性（至少反应不会如在本地那样灵敏）。生产地为了扩大生产和减少成本必定大规模生产和生产过剩，最终发展出某个主导的更具盈利潜力和生产价值的出口产业，为了出口牟利而生产有可能导致产业单一化、专业化，甚至会放弃为本国的基本需求进行生产。

对于掌握经济命脉的大国，利用聚集效应生产结构单一且更有经济利益的商品，有利于在贸易中谋利。如美国四分之三的耕地仅专门用于生产玉米、小麦等8种商品粮[7]，除食用外或专用于出口、产业化食品加工，或作为畜牧饲料及生物燃料生产，并将功能与种植种类固化（如美国玉米产量的30%以上都用于乙醇生产[8]）等。由于发达国家控制着全球的经济命脉，它们的产业单一化往往引起全球的产业单一化。如今，全球农业生产结构已向粗粮和油籽倾斜，减少了大宗食用农产品的产量[9]。

[1] World Resources Institute. 生态系统与人类福祉——千年生态评估综合报告[R]. Washington D.C: World Resources Institute, 2003.

[2] Managi S, Hibiki A, Tsurumi T. Does trade liberalization reduce pollution emissions[R]. RIETI Discussion Paper Series, 2008.

[3] Jungho Baek, Hyun Seok Kim. Trade Liberalization, Economic Growth, Energy Consumption and the Environment: Time Series Evidence from G-20 Economies[J]. Journal of East Asian Economic Integration, 2011, 15(1), 3-32: 27.

[4] UNEP. 全球环境展望5：我们未来想要的环境[R]. 内罗毕：UNEP, 2012: 19.

[5] Caldeira K, Davis S J. Accounting for carbon dioxide emissions: A matter of time[J]. Proceedings of the National Academy of Sciences, 2011, 108(21): 8533-8534.

[6] Peters G P, Minx J C, Weber C L, et al. Growth in emission transfers via international trade from 1990 to 2008[J]. Proceedings of the National Academy of Sciences, 2011, 108(21): 8903-8908.

[7] UNEP. 全球环境展望5：我们未来想要的环境[R]. 内罗毕：UNEP, 2012: 1.

[8] Dexia. Dexia asset management’s sustainability analysis, Food Scarcity-Trends, Challenges, Solutions [R]. Paris: Brussels, 2010: 5.

[9] 经济合作与粮农组织（OECD-FAO）. 2014 农业展望中文概要[R]. 北京：OECD/FAO, 2014: 1.

2014年用于饲料和生物燃料的谷类（56.5%）已经超过食用的部分（43.5%），这显然不利于全球的粮食安全。

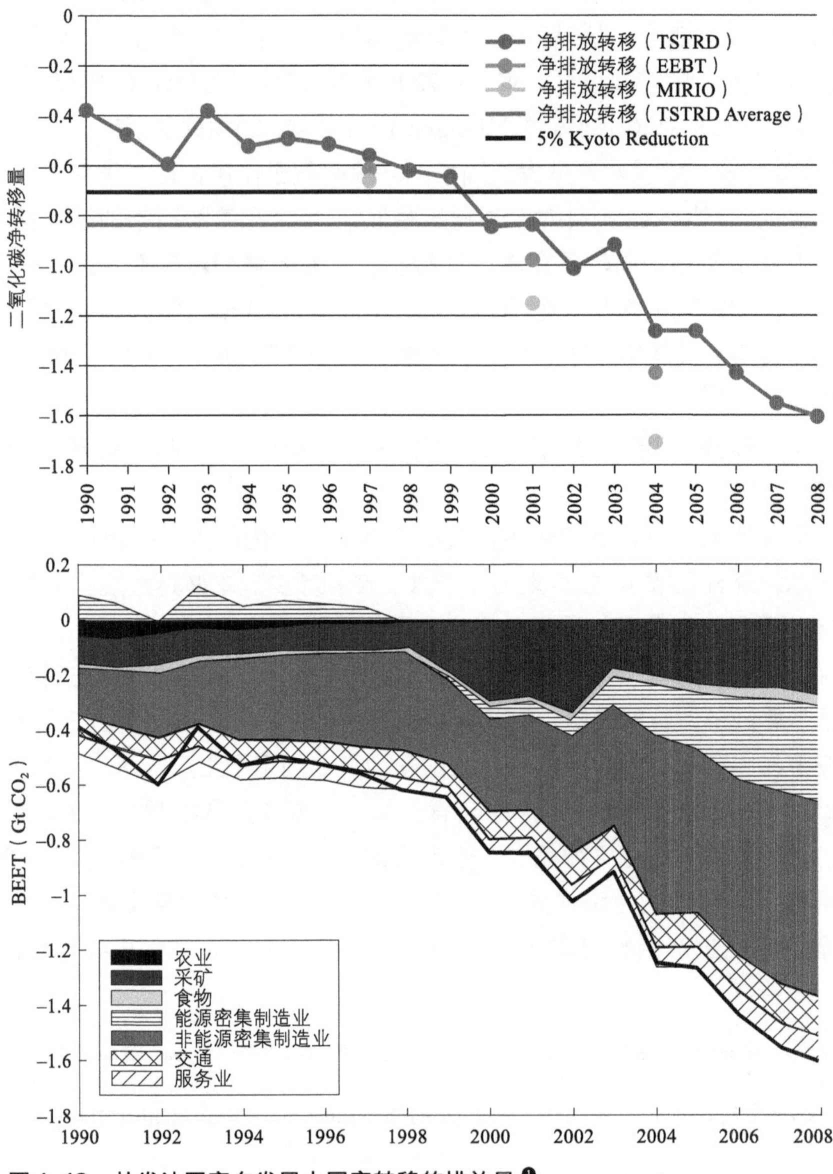


图 1-19 从发达国家向发展中国家转移的排放量[1]

对于经济上弱势的国家，产业单一后果不堪设想。为了让本国/本地能够获得更大的经济利益，（出口）产业单一化成为许多发展中国家的特征。尤其当有些地区具有“特产”资源的时候，常常为了出口利润而使特产资源生产过剩并放弃日常生活必需品的生产，并用盈利来进口必需品。但当“特产”不是垄断性的（即存在竞争

[1] Peters G P, Minx J C, Weber C L, et al. Growth in emission transfers via international trade from 1990 to 2008[J]. Proceedings of the National Academy of Sciences, 2011, 108(21): 8903-8908.

或替代性资源与产品）时候，经济的主动权常掌握在进口国手中，一旦进口国选择另外的出口国供应资源，或者出口资源/产品产量因灾难等原因而出现出口缩水，该特产国除了会面临产品滞销破产，还有更为致命的——缺乏资金进口生活必需品，自己又没有生产，必将“被迫转移用稀缺的外汇来支付不断增长的粮食与其他生活必需品的进口费用，导致不可持续的外债积聚”❶，从而恶性循环。

4. 生产与消费分离会导致对本地生产的忽略，本地生产力的降低与当地市场的摧毁

因进口产品廉价，本地产品难以与之竞争并生存下来，从而减少了当地生产的“潜在货币收入”❷，降低了本地相关产品和行业的生产力，直到完全依赖于这项产品的进口。如果自己出口所获得的利益不足以支付这些生活必需品的进口，而自己的生产能力又无法短时间内恢复，就有可能走向借债和外债累积的道路❸。

仍以粮食为例，伴随着贸易量的增加，发展中国家作为一个整体，正在从谷物的净出口国，“成长”为净进口国（FAO，2013）❹（图1-20）。数据已证明，粮食的贸易量增加，并没有起到预期的效果，反而使贫苦国家的粮食安全系数降低。国外低价产品的输入冲垮了本地生产。国际农业企业通常在其国家享有巨额的农业补贴❺，加上大规模生产与高科技水平，其食品出口价格往往远低于当地的粮食价格。当国内资源无法满足需求会增加进口量，当国外因技术先进或集聚效应而产量大且价格低廉时，进口的商品会对国内生产带来冲击，导致农民因生产收益低而放弃生产，使得国内供应量减少，进口量加大，最终导致进口依赖。当这个国家过于贫困，为了满足粮食需求不得不降低关税，并压低农产品价格，使农民放弃种粮。如厄立特里亚、尼日尔、葛摩群岛、博茨瓦纳、海地、利比里亚等❻国，已因此成为“生存依赖型”❼的粮食进口国。这种极端（放弃种粮）的情况较少，但对于大多数发展中国家都存在这样的潜在威胁。美国大豆涌入印度市场，导致“消灭了当地的食用油生产，减少了本地种类繁多的食用油作物，消灭了相关产业当地的就业，使失业增加。❽这也充分证明，伴随着本地产业摧毁的，可能是当地的文化与物种多样性。

需求的变化通常是被动、受影响而产生或输入性的，因而会对本地长期以来的

❶ FAO（联合国粮农组织）. FAO Statistical Yearbook 2013[R]. Rome: FAO, 2013: 155.

❷ Rees W, Wackernagel M. Urban ecological footprints: Why cities cannot be sustainable—And why they are a key to sustainability[J]. Environmental Impact Assessment Review, 1996, 16(4–6): 223-248: 238.

❸ FAO（联合国粮农组织）. FAO Statistical Yearbook 2013[R]. Rome: FAO, 2013: 155.

❹ FAO Alexandratos N, Bruinsma J. World agriculture towards 2030/2050: the 2012 revision[R]. Rome: FAO, 2012: 8.

❺ Alexandratos, N. Bruinsma J. World agriculture towards 2030/2050: the 2012 revision [R]// FAO.ESA Working paper No.12-03, Rome: FAO, 2012: 4.

❻ http://spzx.foods1.com/show_490352.htm.

❼ http://finance.ifeng.com/topic/news/liangshiweiji/news/hqcj/20090713/.

❽ Hans Harms.Two Perspectives (from India and Europe) on Planning for a Carbon Neutral World, Focus on Agriculture[C]. Salzburg: SCUPAD Conference: Planning for a Carbon Neutral World: Challenges for Cities and Regions, 20080515-18: 4.

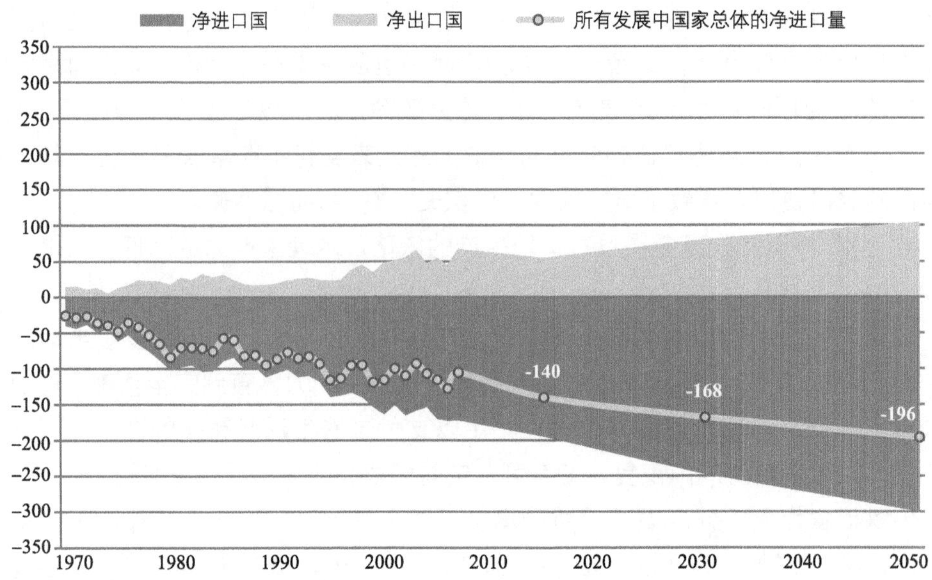


注：某国当年的净余额决定该国是净进口国还是净出口国。

**图 1-20　发展中国家的谷物净贸易（百万吨）**❶

生产、生活、饮食等习惯产生冲击和影响。如国外进口的以化石燃料为基础的廉价的塑料或尼龙涌入印度市场后，替代了其用椰子制造纤维❷的传统制造工业，化石燃料也直接取代了传统椰子壳作为做饭的燃料❸。人们的生产生活需求因闯入的新燃料、新材料而发生了变动，使得当地“生产传统产品的妇女不能在国内和国际市场卖出自己的产品，WTO规则又不允许国家补贴，导致农民自杀的比率增加”❹。也就是说，正是需求的被迫改变或外来“物种”的“侵入”引发了对当地生产系统的破坏。

5. 以满足他国的消费为目的出口型生产，常忽视了本地消费

后工业社会是消费主导生产。消费性为主导使得“‘交换需求’牵引并决定着‘生产取向’，推动消费主导生产。对于依赖于单一产品出口的出口依赖型地区，一旦消费地区选择改变产品进口地，就相当于切断了出口地的经济命脉；如果出口地本地没有生活必需品的生产，就相当于切断了出口地的生存命脉”。

目前，最饥饿贫困的撒哈拉以南非洲地区拥有全世界大多数的潜在耕地❺。这导

❶ FAO. World agriculture towards.

❷ Hans Harms.Two Perspectives (from India and Europe) on Planning for a Carbon Neutral World, Focus on Agriculture[C]. Salzburg: SCUPAD Conference: Planning for a Carbon Neutral World: Challenges for Cities and Regions, 20080515-18: 4.

❸ Hans Harms.Two Perspectives (from India and Europe) on Planning for a Carbon Neutral World, Focus on Agriculture[C]. Salzburg: SCUPAD Conference: Planning for a Carbon Neutral World: Challenges for Cities and Regions, 20080515-18: 4.

❹ Hans Harms.Two Perspectives (from India and Europe) on Planning for a Carbon Neutral World, Focus on Agriculture[C]. Salzburg: SCUPAD Conference: Planning for a Carbon Neutral World: Challenges for Cities and Regions, 20080515-18: 4.

❺ Alexandratos, N. Bruinsma J.. World agriculture towards 2030/2050[R]//FAO.ESA Working paper, Rome: FAO, 2002: 10.

致境外投资者为了获取资源生产粮食或生物燃料而“对土地进行购买或租赁”[1]；或当地较有财富者“为了出口的利润”[2]进行生产，不在当地销售。这都使得当地人无法获得资源的真正使用权，更加饥饿与贫困。仅2009年上半年，发展中国家有74万亩耕地被食品进口商和国家交易购买，而这相当于欧洲总耕地的一半[3]。由于不是生产过剩导致的进出口，这样的资源买卖近乎掠夺。尽管进口方获取了所需的资源，却给资源的被迫“出口方”带来了问题。如“韩国大宇物流在马达加斯加和其他地方租赁农业生产用地，以满足国内玉米和棕榈油的需求，其结果却是马达加斯加当地经济扭曲并产生政治冲突，导致政府被推翻。”[4]千年生态系统评估中对几内亚等国评估后所描述的情况：“尽管这些食物匮乏国家的土壤仍是用作食物生产，但是当地居民常常被迁移出去，而且生产的食物通常不是为了满足当地人的消费而是为了出口。”[5]

6. 生产方在自由贸易下的不自由

对于生产方而言，除了提供资源、被迫转移污染、忍受生态不公以外，还要接受经济上的不平等。即使在自由贸易的背景下，价值分配的游戏规则，也是由最强大的国家和跨国公司里的“专家”制定的。

消费决定生产，使得接近于消费的销售环节和引导消费方向的设计研发环节的经济收益容易大于实体生产环节，而这与定价经济相结合后会使得消耗自然资本和体力等资源的制造业反而利润最低，形成著名的微笑曲线。据美国商务部统计，现在制造业所得利润通常占三个环节总利润的5%，最高不超过10%[6]，是“最不值钱的活动之一”[7]。

对农业生产也是如此。以咖啡为例，据FAO统计，在20世纪70年代，咖啡的最终价值中，约20%归属于生产者，50%属于消费国公司；21世纪10年代，该价值份额变化为：生产者10%，消费国企业75%以上[8]。也就是说，资源来自于生产国，生态破坏发生在生产国（砍伐雨林），相关污染排放于生产国，但生产国创造的财富只有消费国的1/7.5！我们承认，知识、创新、品牌、文化具有价值，人工劳动的价值可以比他们低很多，但生态环境和资源的价值呢？

[1] UNEP. 全球环境展望5：我们未来想要的环境[R]. 内罗毕：UNEP, 2012: 1.

[2] Prue Campbell. The Future Prospects for Global Arable Land [J/OL]. Global Food and Water Crises Research Programme. http://www.futuredirections.org.au/publication/the-future-prospects-for-global-arable-land/ 2011-05-19/2015-06-20.

[3] Dexia. Dexia asset management's sustainability analysis, Food Scarcity -Trends, Challenges, Solutions [R]. Paris: Brussels, 2010: 12.

[4] Dexia. Dexia asset management's sustainability analysis, Food Scarcity -Trends, Challenges, Solutions [R]. Paris: Brussels, 2010: 12.

[5] World Resources Institute. 入不敷出：自然资产与人类福祉 [R]. Washington D.C：WRI, 2005.

[6] 张健. 后工业社会的特征研究——基于哲学的视角[J]. 人文杂志，2011 (4): 22-29.

[7] UNIDO (United Nations Industrial Development Organization). The Future of Manufacturing: Driving Capabilities, Enabling Investments[R]. Geneva: World Economic Forum, 2014: 9.

[8] FAO（联合国粮农组织）. FAO Statistical Yearbook 2013[R]. Rome: FAO, 2013: 155.

7. 安全性没有保障

资源分配的经济化会加剧贫困国家的风险。当资源纳入经济体系，金融参与资源价格调控，话语权掌握在具有经济优势的一方，资源的分配势必与贫富差距相捆绑，产生分配不均，拉大贫富差距，并陷入恶性循环。2008年的粮食危机与金融危机具有直接关系，期货市场的投机炒作[1]、国际粮食企业对粮食囤积居奇等使得价格与贸易产生扭曲，脱离了简单的生产与供给调配。而过高的粮食价格推动着贫困与饥饿的持续捆绑。

2007～2008年粮食危机期间，价格攀升曾导致塞内加尔、秘鲁、孟加拉、印度尼西亚、阿富汗、埃及、科特迪瓦、马达加斯加、菲律宾等国家发生暴动[2]；海地总理因此下台[3]、肯尼亚宣布因粮食危机进入全国紧急状态[4]。已有分析认为，现有的粮食危机很大程度上是“在总体上忽视或不支持当地农业生产与当地消费”[5]造成的。

对于有粮食生产的国家，在全球粮食自由贸易的大背景下突然增加国内的供给份额，可以实现对本国的保护；但是对于依赖于粮食进口的国家，流通的国际供给量的减少，无异于雪上加霜。因此，建立在现有国际贸易体系下的局部调整，并不能保证这真正的安全性。这个现象有三点启示：一、在面对危机能够保障安全的是能够做到粮食自给的国家和地区，即以满足自给为前提的贸易流通是安全的；二、如果不改变整个贸易体系，很难实现真正的安全；三、“国内丰产可以抑制其依赖于国外货源的需求”[6]。若在危机时可想到促进本地生产以保障安全，为何在平时不先保障粮食等资源的本地安全性呢?

总之，全球尺度上生产与消费分离导致掩盖和忽视了一些尖锐问题。

## 二、本地生产消费的优点

面对生产与消费分离所带来的种种问题，我们提出：应发展以满足本地消费需求优先的本地生产。其优点如下：

1. 有利于在全球尺度上减少资源消耗与生态超载

首先，生产地与消费地之间距离的拉近能够减少运输过程中能源的消耗与污染物的排放，有效减小生态足迹覆盖的范围。其次，生产与消费结合，有助于减少生

[1] Hans Harms. Two Perspectives (from India and Europe) on Planning for a Carbon Neutral World, Focus on Agriculture[C]. Salzburg: SCUPAD Conference: Planning for a Carbon Neutral World: Challenges for Cities and Regions, 20080515-18.

[2] http://finance.qq.com/a/20081020/001718.htm.

[3] http://news.xinhuanet.com/world/2008-04/18/content_7999371.htm.

[4] http://finance.ifeng.com/roll/20090109/310381.shtml.

[5] Hans Harms .Two Perspectives (from India and Europe) on Planning for a Carbon Neutral World, Focus on Agriculture[C]. Salzburg: SCUPAD Conference: Planning for a Carbon Neutral World: Challenges for Cities and Regions, 20080515-18: 3.

[6] FAO. 粮食展望（市场综述）[R]. Rome: FAO, 2014.

产过剩，稀释生产消费过程对局部环境的破坏浓度。我们知道，生态系统是有自我修复能力的。但是集中在某一个地方、过量的资源攫取与破坏，更容易超出生态系统的“额度”，导致系统的崩溃。因此，分布式的生产消费系统，有利于生态系统的修复。第三，生产与消费结合，能让消费方意识到他们对自然环境的影响，产生保护资源与环境的动力，推动市场价格对外部成本的反应。从而有效控制其人均消费水平，而不再是肆无忌惮地扩张消费。最后，在发达国家先进技术的基础上进行本地生产，能有效推动绿色生产、循环生产的发展，还可进一步推动生态保护、环境修复等科技的发展。

2. 有利于更好更及时地满足当地人的需求

首先，采用本地材料、本地方法，进行本地生产，更能从生态适宜的角度解决当地需求。其次，本地生产有利于借助当地文化解决当地问题，有利于地域固有特色的延续和当地文化的保护。最后，如今网络已经打破了传统地域的限制，3D打印等技术已经证实了全球设计本地生产消费的可行性，而技术、审美、需求的日新月异也使得全球设计（以及结合当地需求再设计）、本地材料与本地工人生产、当地消费、就地反馈与再回收等各环节紧密联系的本地化产业链条，在经济上更有效率，与城市空间的关系也更密切。

3. 有利于归属感的建立

首先，本地生产消费，可以促进就业与创业，有利于本地企业的发展。其次，本地生产消费将人们的生产生活相结合，而农业资源、可再生能源的生产、废弃物的回收利用、空间的整合都有利于塑造居民可持续的生活方式。第三，大量使用本地材料，体现本地文化、特色的建筑与产品，有利于形成独特性与认同感。最后，归属感的建立，有利于提高各类项目的公众参与度。只有在公众参与度提高的情况下，各种技术措施才能得到公众的认可；也只有公众认可的技术措施，才能真正持续下去[1]。

4. 有利于多种资源生产的整合、多种产业的结合

首先，生产与消费的结合，意味着本地产业多样化，城市功能健全。这就为多种产业统筹发展创造了机会。其次，在城市中分布着不同资源的生产消费网络，这些网络相互依赖。举例来说，农业资源的生产、加工与运输，需要借助于可再生能源生产；而农业产品和农业生产过程中的废弃物，可以借助于可再生能源，利用生物生产技术生产绿色制造品；能源作物与农业消费的废弃物可以作为能源生产的原料……一旦各类资源的生产与消费都集中于一处，就为他们的混合利用创造了条件，可以将每一种资源的生产价值最大化。第三，在城市中同时考虑多种资源的流动，避免只考虑单一资源生产时对其他资源产生的浪费。最后，生产地与消费地间距离

[1] [澳]彼得·纽曼，等. 弹性城市——应对石油紧缺与气候变化[M]. 王量量，等，译. 北京：中国建筑工业出版社，2012: 94.

的减少，有利于资源回收重复利用再生产。

5. 有利于建构生产与消费的公平性

首先是消费的公平性。本地生产消费意味着生产首先考虑的是解决本地的生活需求。让进行生产的百姓也有资格参与消费，而非单纯为了出口盈利而生产。当然，本地消费优先也有利于解决未来发展中国家强大的内在需求。其次是生产的公平性。如前文所述，全球范围的价格竞赛对于中小生产者和原本生产效率就低的国家，存在着不公平；许多出口国家的价格补贴政策，对于进口国家的生产体系存在着不公平。汉斯·哈姆斯（Hans Harms）曾经举例道："一头欧洲奶牛所享受的津贴，是印度最低工资标准的两倍。这些补贴和印度农民的自杀事件直接相关。"❶发展本地生产，有利于提高生产力和生产效率，更好地提高抵御贸易风险的能力。

6. 有利于价格稳定，使城市更具安全性与弹性

以粮食安全为例。1996年的世界粮食首脑会议，针对粮食安全的评价标准，设立了四个维度：可用性（Availability）、可获取性（Access）、稳定性（Stability）和利用率（Utilization）。❷其基本观点是这四个要素针对不同地区和不同的经济发展阶段——早期阶段自给自足最重要；但随着经济发展，获取粮食更重要；稳定性针对严重依赖国际市场的地区。个人认为，稳定性如果出了问题，必定伴随着可获取性发展过度而可用性不足。就这四个要素而言，粮食供应（可用性）是最基本的要素，尽管在可用性不足的情况下，良好的进口能力有补充作用。但补充要素和基本要素，在权重分配上还是应该有区别的。一旦有危机，自己本身有足够可用的粮食才是保障。FAO也有类似结论："当社会保障措施作为补充时，农业生产率的增长是促进粮食安全最有效的措施。❸"AMIS的研究表明，国内价格与世界价格的关系很大程度上取决于该国自给自足的程度❹。图1-21表明国内粮食产量的增加对于抵抗粮食波动的作用：左图的第一次峰值对应2007年5月至2008年3月期间第一次的粮食价格暴涨，右图的第二次峰值对应2010年6月至2011年2月第二次的粮食价格暴涨。很明显第二次峰值期间受国际价格波动影响的国家数量以及影响程度都有所下降。其原因正是这些国家在2009年粮食产量的增加❺。

❶ Hans Harms .Two Perspectives (from India and Europe) on Planning for a Carbon Neutral World, Focus on Agriculture[C]. Salzburg: SCUPAD Conference: Planning for a Carbon Neutral World: Challenges for Cities and Regions, 20080515-18: 2.

❷ FAO. Beyond undernourishment: insights from the suite of food security indicators[R]// FAO. The State of Food Insecurity in the World 2014, Rome: FAO, 2014: 13.

❸ FAO. Beyond undernourishment: insights from the suite of food security indicators[R]// FAO. The State of Food Insecurity in the World 2014, Rome: FAO, 2014: 19.

❹ FAO. Food Outlook: Global Market Analysis[R]. Rome: FAO, 2012.

❺ FAO U N. Food Outlook: Global Market Analysis[R]. Rome: FAO, 2012.

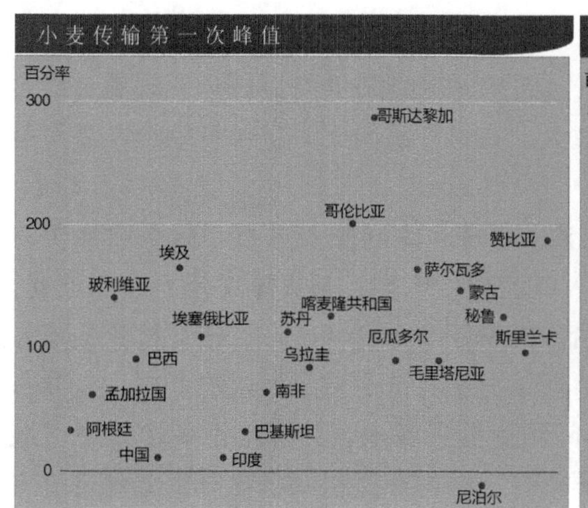


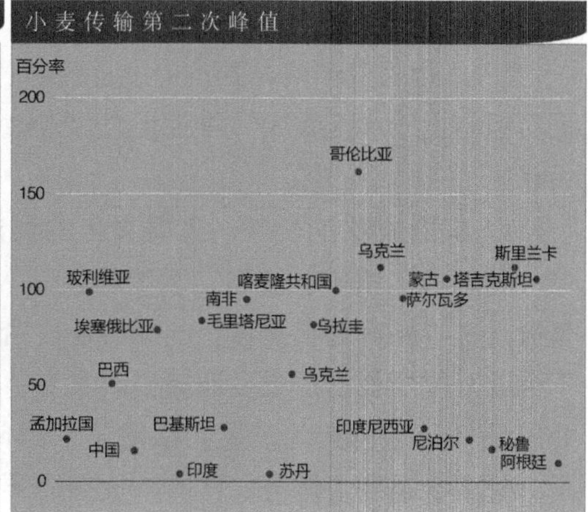


注：传输速率超过100%意味着国内价格的变化超过了世界价格的变化。

**图 1-21　小麦传输速率**[1]

## 三、本地生产消费不代表封闭或贸易保护主义

1. 本地生产消费并不是贸易保护主义，也不是闭关锁国，不是保守后退，更不是落后。优先满足自身消费的最终目标确实是自给自足。而自给自足会让人联想到封闭落后的封建社会。然而，“封建”是一个政治色彩浓郁的词汇。它在历史学中称为君主集权制社会，在经济学、社会学中称为农业社会。在“封建”“小农”等的政治暗示下，我们下意识地将自给自足与封闭、闭关锁国、落后等历史形象挂钩；下意识地认为减少物质贸易就是减少交流……封建时代确实有着不科学、不民主的管理体系，但封建社会也有大量人与自然和谐共处的智慧。时代已经变化，我们不可能回到过去，更没有必要回到过去。我们不能够把对封建社会的负面认识直接强加给生产性城市。

2. 从当今经济发展的情况来看，成功/发达的经济体，都没有放弃关键产业的生产，没有高度依赖于全球贸易，没有忽视本国的基本消费，他们都是“相对开放和封闭的经济混合体”。综合实力最强大的美国，农业一直是其支柱产业之一，如今正在发展天然气“能源自给”和“再工业化”政策，大力发展本国生产；而其他经济状况良好的国家，如德国、瑞士、奥地利、日本、荷兰，其“非工业份额的劳动年龄人口所占适龄人口比例仍低于75%”[2]，并没有过度去工业化；而发展迅速的城市经济体，如韩国，因在被动生产的同时带动了本地的主动生产，创造了本地品牌并推动了本地服务业迅速增长，而更具潜力。也就是说，本地生产消费非但不是落后的，

[1] FAO U N. Food Outlook: Global Market Analysis[R]. Rome: FAO, 2012.

[2] Torben Iversen. The Dynamics of Welfare State Expansion: Trade Openness, Deindustrialization and Partisan Politics[J]. The New Politics of the Welfare State, 2001: 36.

还是更先进经济体的运行模式。

3. 本地生产消费，并不是没有贸易。我们现在就是在全球范围内实现着自给自足，但是由于尺度太大，导致生态足迹过大。在这个背景下，将尺度缩小，就是落后吗?

4. 抛开物质的交流，直面文化的沟通。首先，文化交流并不是只有物质贸易这一种形式。留学、旅游、教师聘请等人口流动，电影、书籍等文化产品的流动，奥运、世界杯等体育盛事，国际会议、合作办学等学术合作……这些日常的交流并不会因为物质贸易的减少而减少。其次，网络已经打破了传统地域的限制，世界各处的任何创意与文化成果，都能第一时间到达世界各地，并直接在各地生产、展示、销售、消费、服务、回收、反馈、再设计……这个过程同样会产生文化交流与碰撞。第三，跨国公司仍然可以存在，只不过是总部的信息数据借由网络到达其在各地建立的分公司，进而在当地生产。进出口的不再是物流，而是专利、设计、科研与技术。

5. 再谈自由贸易

哈维尔摩（Haavelmo）与汉森（Hansen）曾这样描述国际贸易："从可持续发展的角度看，贸易结构是一个祸端"[1]。

其一，自由贸易有一个前提，就是自由——"我们可以确定贸易之后没有任何一个国家会变得更糟，因为贸易是自愿的"[2]。但是，在重新分工之后，各个国家都失去了不参加贸易的自由——人们对生活必需品的获取取决于世界另一边的人。"自由贸易"的自愿性会遭受到分工生产的相互依赖的危害。分工生产非生活必需品的国家，如可可等，特别容易因为失去不参加贸易的自由而蒙受苦难。

其二，自由贸易经济学中一直忽略了运输成本，默认它们等于零。如果运输的能源成本等于或大于利润，那么整个世界将一无所获。事实上，现在很多国家都对能源予以直接补贴，运输的许多外部成本都没有按照它的价格内部化。因而能源的价格是低于能源的实际成本的，这是对国际贸易的间接补贴。

第三，国家贸易的过程中，由于比较优势，职业的选择数量减少。

第四，李嘉图的比较优势理论是验证自由贸易必然获利的假说，但是比较优势理论中忽略了资本在国家之间的流动，真正在国际贸易中发挥作用的应该是绝对优势。但绝对优势的问题在于贸易的双方不一定都获利。如果一个国家在两种商品的生产上都有绝对劣势，就会因为资金外逃而失去工作岗位并降低收入。[3]戴利等生态经济学也认为，"贸易经济学家所说的'没有额外的资源'只是指没有增加额外的劳

[1] Haavelmo T, Hansen S. On the strategy of trying to reduce economic inequality by expanding the scale of human activity[J]. Population, technology, and lifestyle: The transition to sustainability, 1992: 46.

[2] Herman E.Daly, Joshua Farley. 生态经济学原理和应用（第二版）[M]. 金志农，等，译. 北京：中国人民大学出版社，2014: 329.

[3] Herman E.Daly, Joshua Farley. 生态经济学原理和应用（第二版）[M]. 金志农，等，译. 北京：中国人民大学出版社，2014: 330-334.

动或资本，但是额外产出的资源成本并不能简单地忽略不计。"

总之，目前的国际贸易并非是它所标榜的自由贸易。

## 第四节　打破后工业的神话——制造业的回归

广义的后工业社会含有一个产业替代演进的误导信息。它使得人们认为工业并不重要[1]。为了追求后工业社会这个不存在的神话，许多国家已经通过去工业化，去掉了整个经济大厦的基础，忽略了服务业和制造业之间的联系，过度放大了虚拟经济的作用……并已经为此付出了足够多的代价。

事实上，服务部门不可能离开制造业而独立存在。世界经济论坛的研究表明，"服务业的迅速增长在很大程度上是由制造业的创新生态系统的乘数效应推动的"[2]。尤其在当今产业间的界限已经模糊的背景下，单独依靠服务业难以实现经济增长。

### 一、后工业社会经济问题的根源——过度地去工业化

后工业社会产生的背景是当时美国等国家的农业、制造业都足够发达，足以支撑人们的生产生活以及服务业的发展，当时的工业需求实现了饱和。在这种情况下产生了生产力的"盈余"，盈余转化为生产性服务（为了更好地进行生产）和个人性服务（为了更好的生活品质）等。然而这种"盈余"的自然转化与扩大被"去工业化"过程硬生生地把支撑的基础去掉了。生产性服务与生产的关系被拉长或打断了，个人服务与消费、虚拟经济把持了整个经济大厦，但这个大厦的基础已经被砍，坍塌是迟早的事。也就是说，后工业本身并没有什么问题，只是发展过了"度"——过度的去工业化导致削弱了它原本的建立基础/支撑条件，忽视了制造业与服务业之间的必然联系。

另一方面，后工业化的知识轴心也被发展过了"度"。"知识是第一生产力"是任何社会都具有的特点，并非后工业社会所特有。知识阶层发展为社会权贵也不是后工业社会才出现的现象。后工业社会将这一特征过分强调，并规定知识的价值高于劳动的价值，由此产生了经济价值的"微笑曲线"，推动制造业等实体经济的发展弱化与外流。知识能创造价值，但并不意味着摆脱劳动的知识能创造更多的价值。

---

[1] Daniel Townsend. The Post-Industrial Myth[J/OL]. 2008-03-05[2015-3-20]. https: //robertoigarza.files.wordpress.com/2008/03/art-the-post-industrial-myth-townsend-2008.pdf.

[2] 世界经济论坛（WEF）. 制造业的未来——推动经济增长的机会（二）[R]. 国研网，编译. 北京：世界经济论坛，2012.

## 二、重新看待制造业的作用——让生产回归城市

1. 服务部门不可能离开制造业而独立存在

贝尔将服务部门进一步划分为第三、四、五产业。按照贝尔的分类[1]，参考乔・瑞恩等的分析[2]，我们进一步对服务业进行解析，探讨其与制造业的关系。

贝尔所定义的第三产业，包括公共性质的交通运输、通讯和公共事业[3]。其中，交通运输行业依赖于道路、铁轨、机场、汽车、火车、飞机、轮船；互联网需使用计算机、手机等终端设施、广播装置、数据处理设备、交换设备；公共设施中的各类输送管道、能源挖掘提炼装置、发电设备、净水装置……也无一不是制造业的产品。

第四产业，包括企业性质的商业、金融业、保险业、地产业。其中，商业和地产业所交易的物品是制造业生产的产品；金融和保险服务"需要通讯和信息科技产品的支持，金融部门的信贷资金只能投入到实业中"[4]。即，其服务的介质无一不是制造业的产品。

第五产业，包括个人性质的生活服务与医疗、教育、娱乐、研究、政府。生活的服务行业中，如理发、美容、洗衣店都需要借助于工具或产品；旅游产业要借助于交通工具及其他产业（如住宿餐饮）；住宿、餐饮、服装服务所提供的产品，医疗所需的设备、药物、手术工具，娱乐产业所需的音响、拍摄仪器，各类设计（工业、建筑等）表达呈现的载体，教育、研究、政府所需的基础设施与工具……无一不是制造业的产品。

而贝尔没有提到的创意产业、环境保护产业等新兴产业，也需要借助于一定的有形产品。

也就是说，后工业所强调的服务实质上是建立在制造业生产的基础上的[5]。无论是服务于生产的生产性服务，还是服务于提升生活品质的服务，都"要么依赖于制造业所生产出来的物质产品，或者是完全依靠那些能够提供服务的机器"[6]，都不能离开制造业而独立存在。制造业站在所有服务业的背后，静静地支撑着。似乎看不到它的存在，却一刻也离不开它。

---

[1] [美]丹尼尔・贝尔．后工业社会的来临——对社会预测的一项探索[M]．高铦，王宏周，魏章玲，译．北京：新华出版社，1997: 15．原文为：If we group services as personal (retail stores, laundries, garages, beauty shops); business (banking and finance, real estate, insurance); transportation, communication and utilities; and health, education, research, and government; then it is the growth of the last category which is decisive for postindustrial society. And this is the category that represents the expansion of a new intelligentsia—in the universities, research organizations, professions, and government. 引自Daniel Bell. The Dimensions of PostIndustrial Society[M]// The Coming of Post-Industrial Society. New York: Basic Books, 1973: 101.

[2] 乔・瑞恩，西摩・梅尔曼．美国产业空洞化和金融崩溃[J]．商务周刊，2009 (11): 46-48.

[3] [美]丹尼尔・贝尔．后工业社会的来临——对社会预测的一项探索[M]．高铦，王宏周，魏章玲，译．北京：新华出版社，1997: 130.

[4] 乔・瑞恩，西摩・梅尔曼．美国产业空洞化和金融崩溃[J]．商务周刊，2009(11): 46-48.

[5] 金碚，刘戒骄．美国"再工业化"观察[J]．决策，2010(2): 78-79.

[6] 乔・瑞恩，西摩・梅尔曼．美国产业空洞化和金融崩溃[J]．商务周刊，2009(11): 46-48.

2. 服务业若要实现价值，必须跟制造业相结合

对后工业社会而言，缺失的制造业不仅仅是木桶原理中短缺了的木条。而是整体储水能力的驱动力——当它长的时候会拉动其他木条变长，而当他缩短的时候亦会拉动其他木条一起变短。A. 凯撒（A.Kaiser）针对德国大都市区的研究证明，去工业化的程度越低，商业服务与工业的互动关系越强。世界经济论坛的研究也表明，“服务业的迅速增长在很大程度上是由制造业的创新生态系统的乘数效应推动的”[1]。

现在“制造业和服务业之间的界限已经模糊”[2]，通过“管理有形产品，提供无形的服务利益”[3]已经成为盈利的重要方式。但英国却由于制造业的缺失，导致创意产业被架空——出现了“好的设计不能够进入市场”以及无法批量生产的现象[4]。

3. 传统制造业是发展高新技术产业的重要条件

传统制造业不只是服务业的基础，也是新兴/高技术制造业的基础，一是许多高技术制造业生产的中间产品或零部件正是传统制造业的产品[5]；二是所有生产部门（包括农业、能源、高新制造业等）都需要依赖于生产工具、机械设备或者智能设备。因此，传统制造业的缺失会使经济发展进入一种“被迫失利”的状态。许多产业“会因为与生产机械的厂商关系疏远，而得不到最能满足其需求的机械，最终也会失去技术优势，形成恶性循环”[6]。

现在全球激烈竞争，尤其高新产业，已经不再是过去的价格竞争了，周期快、创新快，淘汰也快，新兴制造业的发展也有赖于知识经济的发展，但创作、想法、知识必须“投资于有形的产品”[7]，至少要有生产原型。在这个过程中，“知识、文化服务业与制造业之间的相互关系起着关键的作用”[8]。此时，经济的链条已经变成：将知识和文化服务投入于制造→通过相应的制造带动服务→服务业与制造业共同作用，推动产品的更新、服务的改进、知识的累积。在此过程中，若有一个环节因地理位置等原因而链接不够迅速通畅，就有可能被淘汰。

[1] 世界经济论坛（WEF）：制造业的未来——推动经济增长的机会（二）[R]. 国研网，编译. 北京：世界经济论坛，2012.

[2] Dieter Läpple. Cities in a competitive economy: a global perspective[C]. Rio de Janeiro: urban age city transformations conference, 20131024: 16.

[3] Daniel Townsend. The Post-Industrial Myth[J/OL]. 2008-05-05[2015-3-20]. https: //robertoigarza.files.wordpress.com/2008/03/art-the-post-industrial-myth-townsend-2008.pdf: 11.

[4] Daniel Townsend. The Post-Industrial Myth[J/OL]. 2008-05-05[2015-3-20]. https: //robertoigarza.files.wordpress.com/2008/03/art-the-post-industrial-myth-townsend-2008.pdf: 12.

[5] 刘戒骄. 美国再工业化及其思考[J]. 中共中央党校学报，2011, 15(2): 41-46.

[6] 乔・瑞恩，西摩・梅尔曼. 美国产业空洞化和金融崩溃[J]. 商务周刊，2009 (11): 46-48.

[7] Daniel Townsend. The Post-Industrial Myth[J/OL]. 2008-05-05[2015-3-20]. https: //robertoigarza.files. wordpress.com/2008/03/art-the-post-industrial-myth-townsend-2008.pdf：12.

[8] Dieter Läpple. Cities in a competitive economy: a global perspective[C]. Rio de Janeiro: urban age city transformations conference, 20131024: 16.

4. 制造业对经济发展有乘数效应

制造业是对经济发展具有最高乘数效应的因素之一[1]，它是知识积累和创造就业机会的主要驱动力[2]。美国商务部经济分析局的研究表明，由于单独依靠服务业难以实现经济的增长，制造业对美国经济的乘数效应比其他任何行业都大。每1美元的制造业增加值都会给其他部门带来1.4美元的增加值[3]。豪斯曼（Hausmann）等人的研究显示制造业发展与经济增加值增长的相关性高达0.75[4]。

据UNIDO统计分析，2012年全球最有竞争力的国家（排名处于前1/5）占了世界市场增长值的近83%[5]。排名前5位为德国、日本、美国、韩国和中国。其次是以高科技产品出口为导向的瑞士、新加坡和荷兰，以及欧盟中竞争力上升最快的国家捷克共和国、爱尔兰和匈牙利等[6]。这些国家的共同特点是对制造业的注重或庞大的制造业基础——德国因其较高的工业产品出口水平而具有最高的竞争力[7]。由于对工业的高度重视（工业4.0等概念就缘起于德国），其2011年的制造业出口额是2000年出口额的2.67倍[8]。日本因其庞大的制造业基础和高新技术产品出口而具竞争力；美国因其庞大的生产基础；韩国因对中型和高新技术制造业的高占有率；中国因在全球贸易中的高占有率而具有较大竞争力[9]。

另一方面，工业份额下滑的国家或地区，其竞争力也多处于长期下滑的状态（图1-22）。由于严重的去工业化，2000～2012年，加拿大、英国、意大利和法国的竞争力排名平均下降了7～10个位次；奥地利、瑞典和葡萄牙也因制造业收缩而下降；而严重缺乏实体经济的卢森堡等，其竞争力位次则长期显著下滑[10]。图1-23解释了去工业化与不同国家或地区竞争力变化的关系。

[1] UNIDO (United Nations Industrial Development Organization). The Future of Manufacturing: Driving Capabilities, Enabling Investments[R]. Geneva, Switzerland: World Economic Forum, 2014: 9.

[2] Dieter Läpple. Cities in a competitive economy: a global perspective[C]. Rio de Janeiro: urban age city transformations conference, 20131024: 5.

[3] World Economic Forum, Deloitte Touche Tohmatsu Limited. The Future of Manufacturing—Opportunities to drive economic growth[R]. A World Economic Forum Report, Geneva, Switzerland: World Economic Forum, 2012: 9.

[4] Hausmann R, Hidalgo C A, Bustos S, et al. The atlas of economic complexity: Mapping paths to prosperity[M]. Cambridge: MIT Press, 2014.

[5] UNIDO (United Nations Industrial Development Organization). The Future of Manufacturing: Driving Capabilities, Enabling Investments[R]. Geneva, Switzerland: World Economic Forum, 2014: 18.

[6] UNIDO (United Nations Industrial Development Organization). The Future of Manufacturing: Driving Capabilities, Enabling Investments[R]. Geneva, Switzerland: World Economic Forum, 2014: 20.

[7] UNIDO (United Nations Industrial Development Organization). The Future of Manufacturing: Driving Capabilities, Enabling Investments[R]. Geneva, Switzerland: World Economic Forum, 2014: 18.

[8] World Economic Forum Deloitte Touche Tohmatsu (Firm). Manufacturing for growth: strategies for driving growth and employment[R]. Geneva, Switzerland: World Economic Forum, 2013: 5.

[9] UNIDO. The Future of Manufacturing: Driving Capabilities, Enabling Investments[R]. Geneva, Switzerland: World Economic Forum, 2014: 18.

[10] UNIDO. The Future of Manufacturing: Driving Capabilities, Enabling Investments[R]. Geneva, Switzerland: World Economic Forum, 2014: 20.

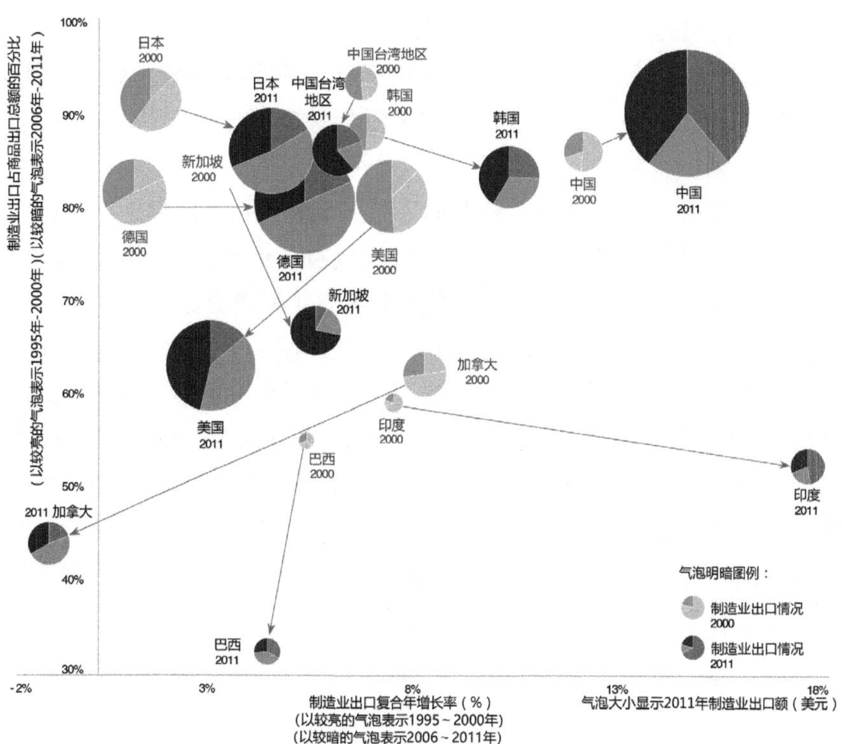


## 图1-22 经济竞争力和制造业的关系[1]

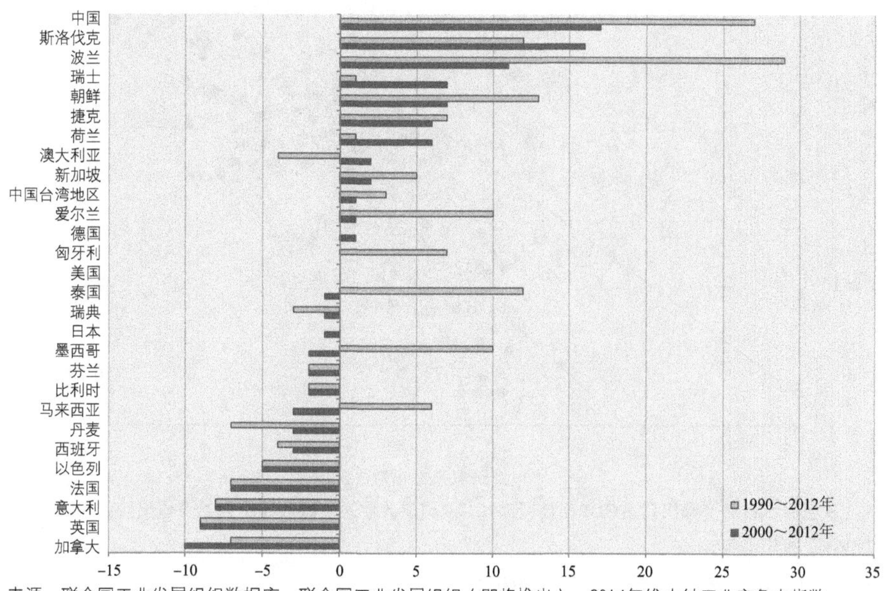


来源：联合国工业发展组织数据库，联合国工业发展组织（即将推出），2014年维也纳工业竞争力指数

## 图1-23 不同国家或地区工业竞争指数变化[2]

[1] World Economic Forum Deloitte Touche Tohmatsu (Firm). Manufacturing for growth: strategies for driving growth and employment[R]. Geneva, Switzerland: World Economic Forum, 2013: 5.

[2] UNIDO. The Future of Manufacturing: Driving Capabilities, Enabling Investments[R]. Geneva, Switzerland: World Economic Forum, 2014: 20.

5．产业多样化是经济健康发展的保障

后工业化和全球化是导致各地产业结构不健全的重要原因。后工业社会因去工业化而产业空洞化；工业城市、农业城市为更好地实现出口，也往往使本地生产趋于单一化与专业化。

从理论的角度分析，专业化、聚集化、“少而精”的大规模生产，比“大而全”的、复杂的多产业格局，更具生产效率和经济效益。但研究证明，这或许对某一个单一产业的生产是成立的，对于整体的经济系统却并不成立。

哈佛大学国际发展中心主任豪斯曼和麻省理工学院的伊达尔戈，通过对128个国家或地区的发展状况、出口产品的情况进行跟踪，得出“经济复杂性以及制造业与一国的繁荣程度密切相关：制造能力以及产品组合越先进，则该国家或地区越繁荣”❶的结论。

豪斯曼和伊达尔戈将人均收入和经济复杂性指数（ECI）进行相关性分析，得到自然资源出口占GDP比例小于10%的国家或地区中，“经济复杂度指数可以解释人均收入变化情况的75%”（图1-24）。当把自然资源出口纳入回归分析，得到“经济复杂性和自然资源解释了各国或地区人均收入变化的73%”❷（图1-25）。

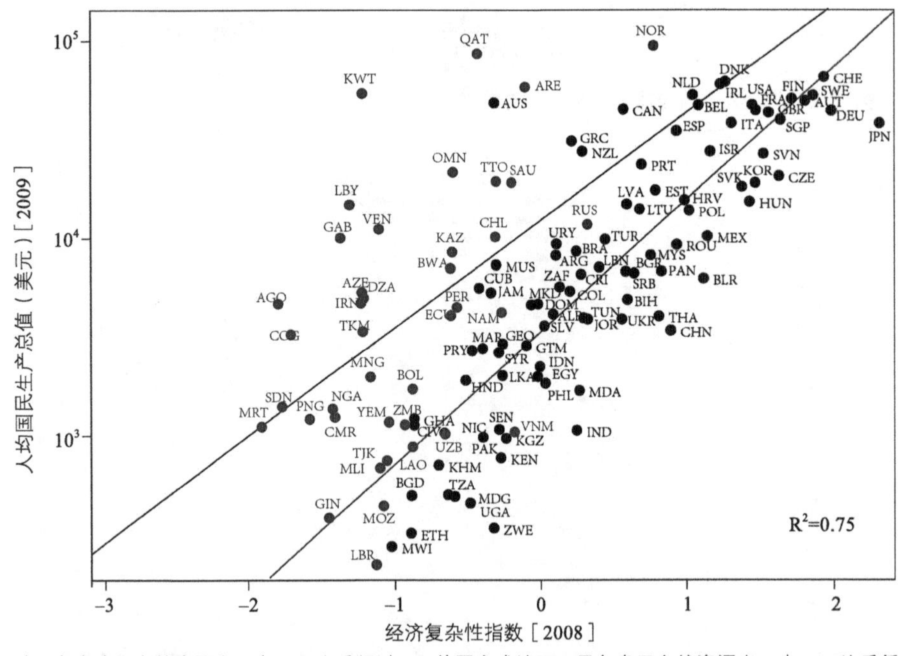


注：灰色表示自然资源出口占GDP比重超过10%的国家或地区；黑色表示自然资源出口占GDP比重低于10%的国家或地区。

**图 1-24　经济复杂性与人均收入的相关性**❸

❶ 里卡多·豪斯曼（Ricardo Hausmann）和塞萨尔·A. 伊达尔戈（César Hidalgo）经济的复杂性与制造业的未来，转引自：世界经济论坛（WEF）. 制造业的未来——推动经济增长的机会（三）[R]. 国研网，编译. 北京：世界经济论坛，2012-10-11/2015-06-20.

❷ 世界经济论坛（WEF）. 制造业的未来——推动经济增长的机会（二）[R]. 国研网，编译. 北京：世界经济论坛，2012.

❸ Hausmann R, Hidalgo C A, Bustos S, et al. The atlas of economic complexity: Mapping paths to prosperity[M]. Cambridge: MIT Press, 2014.

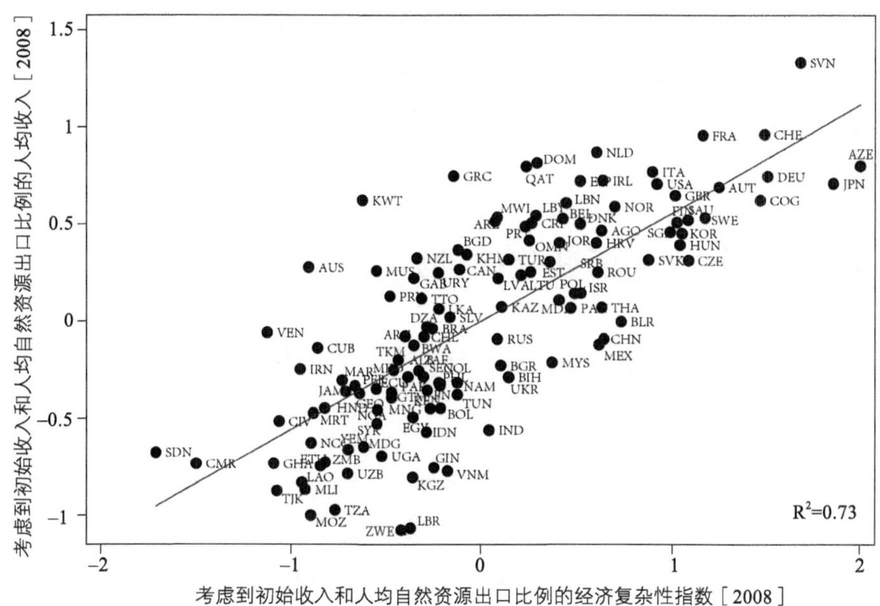


**图 1-25　经济复杂性与人均收入的关系** ❶

此外，通过进一步对各国家或地区产品空间结构的分析，他们发现“紧密联系的产品共享了大部分必要的知识量”，因而“一个高度连接的产品空间有利于提高一国经济的复杂性”；又因“多数制成品都是网络的中心，它们往往与许多其他产品相连”，使得制造业成为嵌入/共享知识与链接多种产业的中坚环节。通过与资源产出型行业（如采矿、石油以及农业等）对比，他们发现制造业更多地与自身（其他制造产品）和其他产业相链接，也更容易将自身的技术拓展，而“成功采掘矿产所需的知识并不能轻松地将自身转作其他用途，将本国的自然财富转化为可自我保持的增长过程中总会遇到瓶颈与麻烦，这也是处于边缘、产品链接少的发展中国家无法迎头赶上的原因”❷；金融业等服务业又“无法在制造业发展之前就预先存在，它必须与制造业共同发展”。生产性服务与生产不可分割，而科研、设计、开发、营销、财务、人力资源管理、法律都“必须良好互动，将各自的知识结合来制造产品”❸，并依托于产品积累知识，从而得到发展。关键功能的缺失是无法（或难以）实现这样的链接的，难以形成与知识相结合的完整结构。

仅靠出口产品的特征来衡量经济复杂度水平是有局限的。因为即使制造业的发

❶ Hausmann R, Hidalgo C A, Bustos S, et al. The atlas of economic complexity: Mapping paths to prosperity[M]. Cambridge: MIT Press, 2014.

❷ 里卡多・豪斯曼（Ricardo Hausmann）和塞萨尔・A. 伊达尔戈（César Hidalgo）经济的复杂性与制造业的未来，转引自：世界经济论坛（WEF）：制造业的未来——推动经济增长的机会（三）[R]. 国研网，编译. 北京：世界经济论坛，2012.

❸ 里卡多・豪斯曼（Ricardo Hausmann）和塞萨尔・A. 伊达尔戈（César Hidalgo）经济的复杂性与制造业的未来，转引自：世界经济论坛（WEF）：制造业的未来——推动经济增长的机会（三）[R]. 国研网，编译. 北京：世界经济论坛，2012.

展也应当以满足本国需求为前提，故而真实的产业复杂性应该要比豪斯曼等人所测算的还要高，但并不影响得出相同的结论。

总之，制造业是整个经济（复杂性）的关键所在[1]；而经济的复杂性与人均收入水平正相关。

## 三、重新看待这个不断变化的世界

在审视过后工业存在的问题、分析过制造业的重要作用之后，我们需要放眼全球与未来，重新审视这个动态的世界。

1．后工业社会的再工业化政策

金融危机爆发后，欧美国家对其经济体系进行了反思。他们意识到其虚拟经济已经严重背离实体经济；意识到服务业与实体经济的脱节；意识到其生产能力的降低；意识到制造业的发展水平不能与其经济社会发展水平相匹配；意识到后工业社会的谬误之处；意识到他们“需要的不是一个新的经济体，而是需要一个真实的经济体。”[2]~[5]

于是美国总统奥巴马于2009年底发出了“向实体经济回归的信号”[6]；在2010年通过了《制造业促进法案》；并在2012年度国情咨文中表示，要使美国经济长盛不衰必须实施再工业化政策[7]。该政策的核心是大力发展先进制造业，尤其新能源装备制造业，其主要载体是中小企业[8]。其目的是吸引制造业的回流、弥合制造业与服务业界线、发展可再生能源、重构实体经济[9][10]。

其他后工业经济体也提出了类似的再工业化政策。据李大元、王力等整理，“英国正在改变‘重金融、轻制造’的观念，2009年公布‘制造业新战略’和《英国低碳转型计划》，将400万英镑用于帮助制造业。英国前首相布朗表示，无论任何时候制造业都是英国经济获得成功的关键，振兴制造业首先必须改变对制造业的偏见[11]。商务大臣彼得·曼德尔森也呼吁振兴本地制造业，以重新发挥制造业与服务业的良

[1] Dieter Läpple. Cities in a competitive economy: a global perspective[C]. Rio de Janeiro: urban age city transformations conference, 20131024: 16.

[2] 乔·瑞恩，西摩·梅尔曼．美国产业空洞化和金融崩溃[J]．商务周刊 2009(0): 46-48.

[3] 章昌裕．“再工业化”对我国制造业的影响[J]．开放导报，2011(4): 85-88.

[4] 陈宪．“再工业化”不是“工业化”[J]．传承，2012 (9): 65.

[5] 赵景来．第三次工业革命与新经济模式若干问题研究述略[J]．国家行政学院学报，2013 (4): 113-117.

[6] 章昌裕．“再工业化”对我国制造业的影响[J]．开放导报，2011(4): 85-88.

[7] 赵景来．第三次工业革命与新经济模式若干问题研究述略[J]．国家行政学院学报，2013 (4): 113-117.

[8] 王力．发达国家“再工业化”颇多无奈[J]．世界知识，2011(24): 48-49.

[9] 章昌裕．“再工业化”对我国制造业的影响[J]．开放导报，2011(4): 85-88.

[10] 廖峥嵘．美国“再工业化”进程及其影响[J]．国际研究参考，2013(7): 1-7.

[11] 李大元，王昶，姚海琳．发达国家再工业化及对我国转变经济发展方式的启示[J]．宏观经济探讨，2011(8): 23-27.

性互动作用[1]。法国'新产业政策'中明确将工业置于国家发展的核心位置，提出了法国制造业产量的增长目标及具体措施。即使制造业一直领先的德国也提出'启动新一轮工业化进程'计划，利用新能源等高新技术改造现有产业。日本将制造业作为产业政策核心，制订了《制造基础白皮书》，决心提升制造业的竞争力。"[2][3]

从实施情况来看，撤资召回工厂容易实现，科技研发环节易于实现，但是各国的再工业化都遇到了相同的问题——"长期虚拟经济过度发展导致制造部门可用的技术工人严重缺乏"[4]。据王力整理，"英国皇家国际事务研究所称，欧洲正饱受专业领域缺乏新血之苦，包括医药与核能发电等部门。德国工商总会调查指出，尽管失业率高，但有七成德国企业报告找不到足够的优秀工匠、技师与其他技术劳工，德国工程师协会也报告说全国约有3.6万个工作找不到适合的人选。"[5]这是多年生产力不足产生的必然结果。

个人认为，各国的再工业化政策还有一个问题，就是过度重视新兴产业而忽视基础制造业。如前文已经分析过，基础制造业和产业的复杂度对新兴高科技产业的发展至关重要，忽视这个基础环节的再工业化有可能与服务业的架空发展一样，最终也会出现问题。

抛开再工业政策中出现的问题不说，"再工业化"本身是后工业经济体在出现了问题之后的修正过程，是逻辑上的"否定之否定"。用通俗的话说，是"撞了南墙"后的"回头"。这个"回头"并不是回到过去的"工业化"。它是一个循环往复的螺旋上升的过程，尤其是注重了可再生能源的利用、中小企业的发展、制造业与服务业的链接。但它也确实反映了后工业社会经济体对于过度去工业化的反思。这次实体经济的回归，已经产生了一些成效。美国制造业的比重开始增长，生产性服务有效运转，就业率回升。张欣分析认为："美国经济发展战略的历史转变表明，实体产业才是经济健康发展的持续动力"[6]。而这整个过程，也使得后工业社会理论和产业演化理论不攻自破。

当发达国家对其去工业化和虚拟经济过度发展深刻反思，采取措施让实体经济回归的时候，作为发展中国家，我们为何还要冲着"南墙"发展呢？

2. 新兴经济体的迅速发展与消费需求的急剧增加

由于制造业对经济的巨大推动作用，新兴经济体迅速发展。与之相伴的是新兴经济体中中产阶级的增长与消费需求的急剧增加。就增长量而言，"消费需求将从

[1] Dieter Läpple, Beyond the Myth of the Post-Industrial City[C]. Salzburg: SCUPAD Congress 2010: "Bringing Production Back to the City", 2010: 35.

[2] 李大元，王昶，姚海琳．发达国家再工业化及对我国转变经济发展方式的启示[J]. 宏观经济探讨，2011(8): 23-27.

[3] 王力. 发达国家"再工业化"颇多无奈[J]. 世界知识，2011(24): 48-49.

[4] 王力. 发达国家"再工业化"颇多无奈[J]. 世界知识，2011(24): 48-49.

[5] 王力. 发达国家"再工业化"颇多无奈[J]. 世界知识，2011(24): 48-49.

[6] 张欣，崔日明. 后危机时代美国再工业化战略对我国的启示与影响研究[J]. 江苏商论，2011(2): 147-149.

2009年的21万亿美元增长到2020年的56万亿美元，其中80%的增长来自亚洲"[1]。而就各国在消费量中所占的比值而言，"2012年，印度和中国的中产阶级消费仅占全球的5%，而日本、美国和欧盟则占60%，到2025年，上述这两个部分的消费将相等"[2]。也就是说，新兴国家的消费需求将会高到"足以抵消发达国家整体的消费"[3]（图1-26、图1-27）。

如此巨额的消费增长，隐含着两方面的危机。一是对于这些新兴国家自身，应当首先考虑其国内消费需求的满足，如果其经济重心还在出口贸易上，难免顾此失彼。在消费增长的同时，倘若新兴经济体选择去工业化，减少生产，必定会引发全球范围的供需不平衡。另一方面，对于依赖于这些新兴经济体的后工业经济体而言，如果不发展自己的生产能力，后果不堪设想。从这个意义上讲，对于这些新兴国家和后工业经济体，发展本地生产都势在必行。

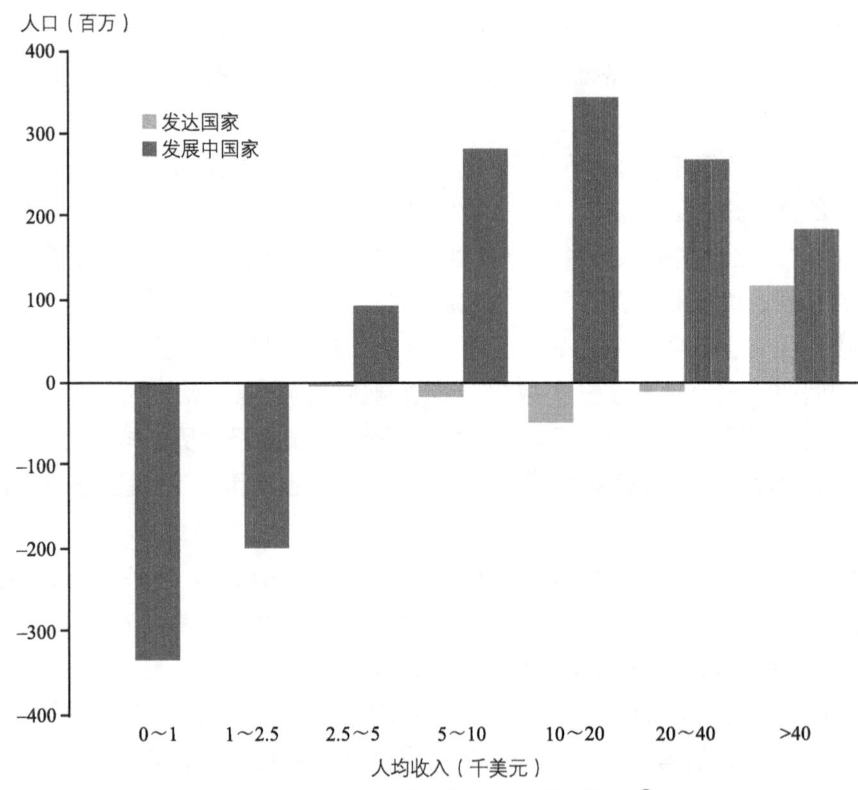


图1-26　2011～2020年按收入组别划分的人口变化情况[4]

[1] Kharas H. The emerging middle class in developing countries[J]. Global Development Outlook: OECD Development Center Working Paper, 2010(285): 27.

[2] 世界经济论坛（WEF）. 制造业的未来——推动经济增长的机会（四）[R]. 国研网，编译. 北京：世界经济论坛，2012-10-29/2015-06-20.

[3] Kharas H. The emerging middle class in developing countries[J]. Global Development Outlook: OECD Development Center Working Paper, 2010(285): 28.

[4] Hepburn D. mapping the World's Changing Industrial Landscape[J]. Chatham House, 2014.

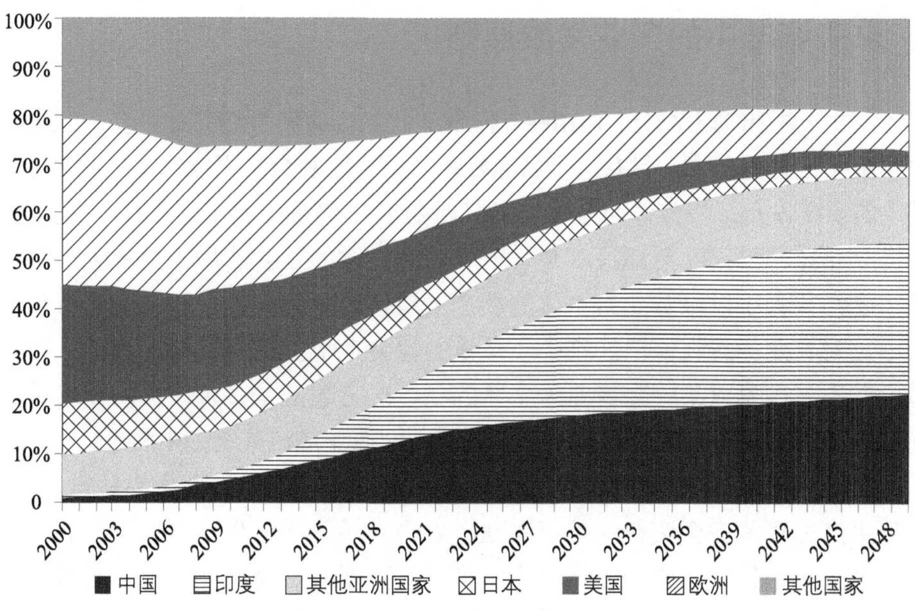


**图 1-27　2000 ~ 2050 年全球中产阶级消费占比❶**

后工业社会的规则是“消费决定生产”。现在西方国家消费量巨大，掌握着话语权。一旦新兴经济体的消费量超出了后工业经济体，就会产生两个结果：一是消费继续决定生产，但话语权掌握在新兴国家手中，因为其消费量更大；二是由于供不应求，生产决定消费。无论产生哪个结果，对后工业经济体都是不利的。从这个意义上讲，后工业经济体发展本身的生产势在必行。

3. 后工业过程的复制

伴随着新兴经济体的发展，劳动力价格（及劳动生产率）提升，制造业的中心不断转移。新加坡、韩国、中国台湾等早期被产业转入的国家和地区，由于劳动力价格显著上升，已经发生了去工业化与产业转出。制造业重心转移至中国等国家，如今其劳动力价格也有了提升，并开始出现了制造产业的转出。

也就是说，现有的产业转移逻辑是：A将制造产业转移到B，当B也发展至劳动力价格过高，A与B一起将产业与污染转移至C，当C的劳动力价格也过高了，A、B、C一起将产业与污染转移至D……

这样的转移逻辑造成的结果有三点：一是反复转移的过程中有很大的浪费；二是推动了污染在全世界范围的转移；三是按这种逻辑继续发展下去，当全世界的竞技水平都提升后，最后又有谁来生产全世界的消费所需呢？

❶ Kharas H. The emerging middle class in developing countries[J]. Global Development Outlook: OECD Development Center Working Paper, 2010(285): 29.

## 四、未来城市中的产业发展原则

阿尔文·托弗勒（Alvln Toffler）将后工业社会命名为继农业社会、工业社会之后的“超级工业社会”[1]。尽管这个名称相较“后工业社会”更能体现工业在城市经济发展中的重要作用。但整体而言，“超级工业社会”仍是隶属于工业社会的发展阶段。

农业社会、工业社会都是以某一个产业为主体的社会。后工业社会产生的种种问题，已经宣告了以服务业为主体的社会发展模式是错误的；而工业社会和后工业社会中，对农业的忽视，已经产生了严重的粮食危机。鉴于已有的教训，新的社会发展模式不应该是以某一个产业为主体的社会。它理应是多种产业均衡发展，相互之间链接通畅、互为支撑的社会。未来的城市制造业应该具有如下特征：

1. 绿色生产：考虑产品的全生命周期，采用可降解的本地生物材料（如纤维）或其他生产过程的安全废料；使用物理、生物的手段进行生产与处理；利用可再生能源或自身产生的废气废热进行生产，将能耗降低到自身生产的可再生能源能够满足的程度；每一个企业都纳入城市整体的材料流、能源流、废物流之中，与其他绿色生产部门（农业、能源）高度整合。

2. 与当地需求结合：结合本地的资源消耗、服务、生态与文化进行生产；不仅是针对当地的个性化定制，而是在产品研发、生产、销售、服务、回收、处理、再设计的整个过程，都密切考虑当地需求；将上述的整个产业网络与城市布局相结合，并深深嵌入城市肌理中[2]。

3. 中小规模、分布式布局：未来的制造业不再是“标准化批量生产”[3]，更多的是个体化定制、实时、就地生产。由于产品变化快，仅需要少量启动资金的中小规模企业，反而更加灵活，适应性强；由于数字技术、3D打印、一次成型加工工艺的应用，不需要大型流水线设备；由于产品更新换代快，不需要大的库房；由于没有污染，城市的其他功能可以和它相融合，而不再是将其隔离；由于不需要大型厂房与仓库，未来城市制造业在尺度上也很容易和城市的其他功能相融合，因而城市制造业可以成为城市混合功能的重要组成，空间生产的重要内容，与城市分布式可再生能源生产系统、分布式农业生产系统、分布式废弃物处理回收系统相结合。

4. 与服务业紧密联系、相互依赖：服务无法离开物质产品而单独存在；生产性服务直接服务于生产；生产的产品也必须与良好的服务相结合才能更好地被消费、使用；许多产品销售的是创意或者售后服务；创意研发与生产密切结合，能反映客户需求[4]，使好的设计更快地进入市场……总之生产与服务的界限越来越模糊。在这

---

[1] 江盈盈，贾倍思，村上心. 后工业社会环境中的人与住宅[J]. 新建筑，2011(6): 23-29.

[2] Dieter Läpple. Cities in a competitive economy: a global perspective[C]. Rio de Janeiro: urban age city transformations conference, 20131024: 18.

[3] Dieter Läpple. Cities in a competitive economy: a global perspective[C]. urban age city transformations conference, 2013: 18.

[4] 廖峥嵘. 美国“再工业化”进程及其影响[J]. 国际研究参考，2013(7): 1.

样的情况下，应该在功能上打破原有产业束缚，比如让“生产性服务业直接受雇于工业部门”[1]，让研发部门都有一定的生产能力；还应该在空间上强化生产与服务的依存关系，使定制—生产—销售—服务在空间上联系更为紧密，具有高度的可达性。总之，未来城市中的服务是为了更好地生产和提高市民福祉；城市中的生产是为了更好地为市民的生活服务。创新、互动、合作与高度可达性，使两者之间几乎没有区别。

5. 产业结构多样化、均衡化：产业结构多样化、均衡化当然不是历史的倒退。我们所构想的社会，是产业机构均衡、多样、复杂，有生命力的生产性社会，是三种产业均衡发展、相互之间链接通畅的社会，是与当地需求相结合，能在各产业迅速反应做出反馈的社会，能在不稳定、迅速变化的世界竞争中保证安全性和应急性的社会。复杂的经济体系，功能更加强大，在全球危机面前更有弹性。

6. 具有完善的产业支持系统：为城市制造业生产服务体系提供相应的配套设施与服务包括资源流管理系统、基础设施建设、大数据分析、信息管理系统以及相应的法规等。

7. 全球性与本地性相结合：网络已经打破了传统地域的限制，世界各处的任何创意与文化成果，都能借由发达的通信网络第一时间到达世界各地，并直接在各地生产、展示、销售、消费、服务、回收、反馈……这不仅可以使各环节紧密融合、提高效率，在产品中融合各地自己的文化技艺与生态特色，更能产生真正的文化交流与碰撞。

# 第五节　适应时代的变革——分布式网络布局

## 一、从垂直整合型到分布式的生产方式变革

“一种建筑形制的发展演变必然是和某个时代所具有的生产方式相适应和吻合的。”[2]当生产方式发生了变革，新的城市与建筑也应“重新调整以适应新的社会和经济条件”[3]（柯布西耶）。今日城市与建筑的处境，与发生现代建筑革命的20世纪初极其相似——同样迎来了产业革命（第三次产业革命）、新能源（可再生能源）的普及应用、设计建造方式（数字化）的突破以及通信系统（网络）的革新，人们的生产生活方式同样发生了重大改变。

---

❶ Dieter Läpple, Beyond the Myth of the Post-Industrial City[C]. Salzburg: SCUPAD Congress 2010: “Bringing Production Back to the City” 2010: 26.

❷ 傅筱．从工业化生产方式看现代建筑形制的演变[J]．建筑师，2008(5): 5-13.

❸ [法]勒·柯布西耶．走向新建筑[M]．陈志华，译．西安：陕西师范大学出版社，2004.

就生产方式而言，现代建筑革命处于第二次工业革命阶段，完成了“由分散的手工作坊，到机器化大规模生产”的转变。就能源而言，石油作为当时的新能源，生产（开采）位置有局限性，“而且从探测、钻孔、提炼获取石油到运送至消费者手中，步骤繁多，投资巨大。为了收回投资，只能采取运营整个行业的一切手段，这一切都需要一个在高度集权管理模式下运作的垂直整合型公司进行操作”❶。就通讯而言，电话作为新的通讯模式得以快速发展，也是由于当时的生产方式需要一个“集中、垂直整合的通信媒介”❷来应对。就工业生产而言，由于大型厂房、库房、制造机械、模板成本等原因，集中化、专业化、大尺度、大规模、大批量的生产，有利于减少各环节的成本，获得更多的利润，可以说，“垂直整合型生产是大规模生产最有效的途径”❸。

将这种生产模式推广至其他，则产生了集中化大规模的农业生产、城市集中供水、城市集中的垃圾处理终端以及城市中严格的功能分区（表1-6）。

当代与现代建筑革命时期的背景相似之处　　表 1-6

| 时间 | 产业革命 | 新能源 | 新通讯 | 设计建造 | 建筑 | 城市 | 人民需求 |
|---|---|---|---|---|---|---|---|
| 20 世纪初 | 第二次产业革命 | 石油 | 电话 | 新机械、新材料 | 古典元素拼贴 | 城市结构不适应汽车 | 住房需求 |
| 21 世纪初 | 第三次产业革命 | 太阳能 | 网络 | 数字化 | 抄袭复制与符号拼贴 | 资源、环境、经济危机 | 资源的生产无法满足消费需求、生存需求 |

然而，当今时代所对应的时代背景却是第三次工业革命，太阳能新能源和网络通信。集中化大规模生产已经不再适宜。第三次工业革命理论认为当代的生产方式是“分散化、个性化、就地化、数字化和合作式”❹的，特点是“就地化的，生产者与消费者合一的模式”❺；数字化革命的代表保罗·麦基里也认为当代的生产方式“使得大规模流水线制造从此终结，甚至可能是一种分散、自给自足的生活方式取代城市化生活。”❻也就是说，目前的生产方式正经历以“大企业为主导，集中生产，全球分销”模式，到向‘中小规模企业或个人，分布生产，就地销售，网络共享’的新模式转变，使得生产结构和社会结构都趋于扁平化和网络化”❼（图1-28）。

❶ [美]杰里米·里夫金. 零边际成本社会：一个物联网、合作共赢的新经济时代[M]. 北京：中信出版社，2014: 46.
❷ [美]杰里米·里夫金. 零边际成本社会：一个物联网、合作共赢的新经济时代[M]. 北京：中信出版社，2014: 22.
❸ [美]杰里米·里夫金. 零边际成本社会：一个物联网、合作共赢的新经济时代[M]. 北京：中信出版社，2014: 46.
❹ 戚聿东，刘健. 第三次工业革命趋势下产业组织转型[J]. 财经问题研究，2014 (1): 27-33.
❺ [美]杰里米·里夫金. 第三次工业革命：新经济模式如何改变世界[M]. 张体伟，译. 北京：中信出版社，2012.
❻ 赵景来. 第三次工业革命与新经济模式若干问题研究述略[J]. 国家行政学院学报，2013 (4): 113-117.
❼ 杜传忠，王飞. 产业革命与产业组织变革——兼论新产业革命条件下的产业组织创新[J]. 天津社会科学，2015 (2): 90-95.

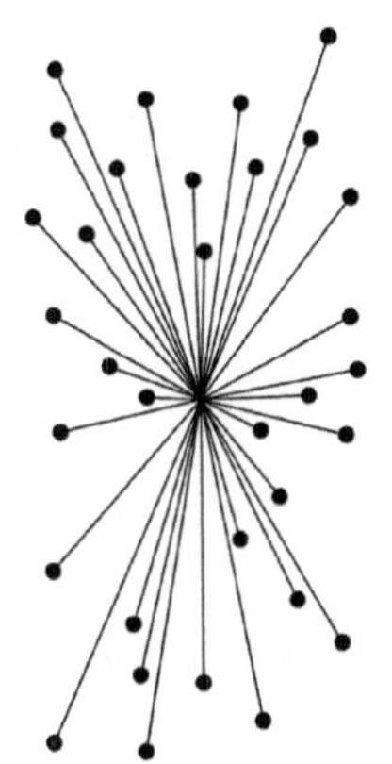
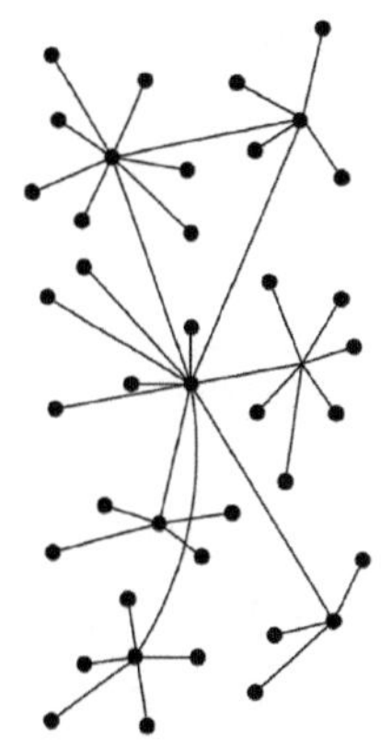
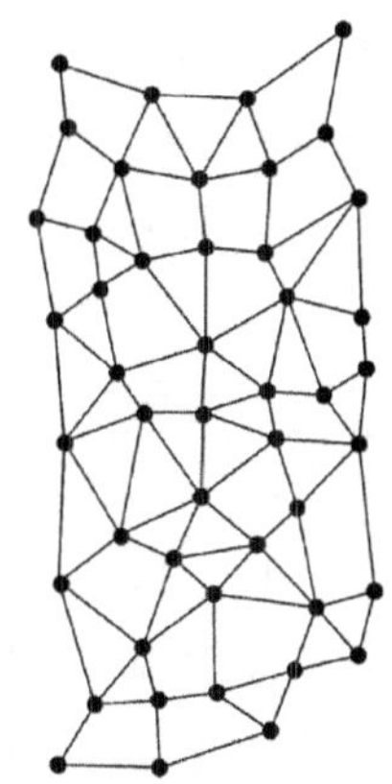

**图 1-28 中央系统、去中心化系统与分布式系统的拓扑结构** ❶

就能源而言，可再生能源作为目前的新兴能源，几乎不具有产地的限制，是分布式的。其生产成本低、环节少，没有高深的技术门槛，能够实现生产与消费的一体化。就通讯而言，网络作为新兴的通讯模式，不仅是分布式的，还消除了物理空间中“地点”的意义，“使大量物质流被成功虚拟化而转化为信息流，传统的地理集群的空间局限被逐渐突破”❷。就工业生产而言，由于3D打印等制造技术的进步，大型厂房、库房、流水设备等正逐渐消失，模板的成本下降，个性化定制的成本已与大规模生产无异。如今生产与服务的界限已经模糊，生产与消费的结合可以大大缩短生产周期和运送距离，更灵活地满足需求。这一切都在催生着新的生产模式。

事实上，许多产业形态都正在发生着变化❸。如，摄影已从专业人员使用专业器材拍摄，在专业场地冲印到任何人都可以利用手机拍摄，再利用无线打印机随时随地打印（人人都是摄影师与被拍摄者）。音乐从专业人员、专业设备到人人都可以在网上发布其创作的音乐（人人都是唱作者与听众）。电影从专业技能、多设备、高昂的投资到普通人也可随时上传视频、制作并上传微电影甚至电影（人人都是视频制作者与分享者）。媒体从专业技能与设备到公众号、自媒体（人人都是信息生产者与阅读分享者）。驾车从少数专业司机到可以借助优步等软件成为新的“出租车”司机（人人都是司机）。售卖从必须有商场、库房，甚至大面积的停车空间到人人都可以在网上售卖（人人都是销售者），网店可以提前预定，按预订数量销售……未来制造业将会是什么样的形态，我们或许难以猜测，但有两大趋势是肯定的：一、行业技术门槛降低，使每个人都变成“产消者”成为可能。二、对物质或物理空间的要求降低，使每一种行业都呈现“分布式”成为可能。

总之，第二次工业革命时期，其新兴的能源与通信技术，使其更适宜于大规模垂直整合型的布局方式；而第三次工业革命的今天，新兴的能源与通信技术，需要

❶ https://cryptostellar.com/can-blockchain-revolutionize-healthcare/.

❷ 孙柏林.“第三次工业革命”及其对装备制造业的影响[J]. 电气时代，2013 (1): 18-23.

❸ [美]凯文·凯利. 必然[M]. 北京：电子工业出版社，2015.

有与之相适宜的中小规模的分布式布局。一如数字化革命的代表保罗・麦基里所述，“这将使得大规模流水线制造从此终结，甚至可能使一种分散、自给自足的生活方式取代城市化生活”[1]。

## 二、各类资源的分布式生产布局

1. 可再生能源的分布式系统

新能源生产和互联网应用是第三次工业革命的核心驱动力。其中太阳能、风能等可再生能源具有分布式的特点（图1-29），而互联网技术“是一种点对点的分散式技术”[2]（图1-30）。故两者相结合所产生的新的城市系统也必定适宜于分布式布局（图1-31）。

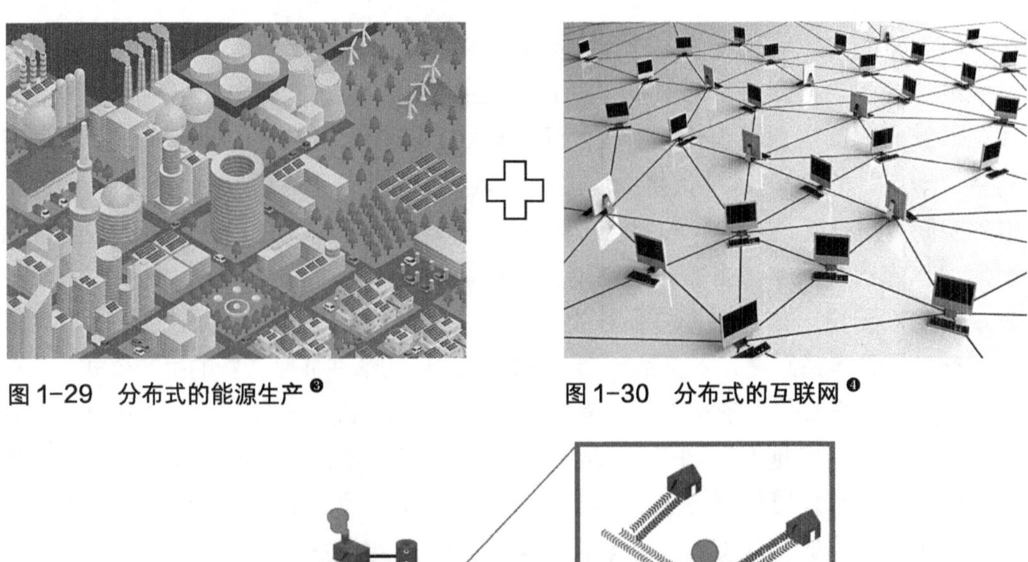

图 1-29　分布式的能源生产[3]　　图 1-30　分布式的互联网[4]

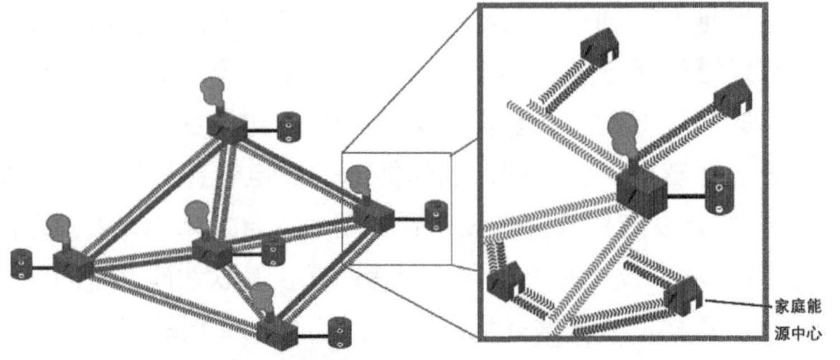


图 1-31　分布式的能源系统（生产、储存、消费与管理）[5]

现有的大型太阳能或风能发电设施，通过远途高压输电线输送到使用地区的做法，传输过程耗能高，能源效率低，大量占地，且无法实现与用户的实时交互，难

[1] 赵景来．第三次工业革命与新经济模式若干问题研究述略[J]．国家行政学院学报，2013 (4): 113-117.

[2] 赵景来．第三次工业革命与新经济模式若干问题研究述略[J]．国家行政学院学报，2013 (4): 113-117.

[3] http://www.memoori.com/growth-spurt-distributed-energy-resource-management-systems/.

[4] https://digitalisationworld.com/news/50436/ficolo-achieves-rapid-growth-with-network-as-a-service.

[5] https: //www.id.iit.edu/wp-content/uploads/2016/06/meshcommunity_presentation.pdf.

以满足变化的需求。故而应对于以可再生能源为主要能源、网络化数字化为主要技术手段的未来，分布式布局成为城市的最佳选择。在这个过程中，传输能耗的减少，智能化信息反馈与管理，城市结构的改变以及经济调控的参与，都有助于减少城市中的人均能耗。如今，分布式能源系统已在生态村、生态城市中广泛使用。

总之，对于可再生资源的生产，分布式、就地化的供需一体，绝对是最佳选择。

2. 制造业等其他资源的分布式系统

城市的分布式不限于能源系统的分布。农业、制造业、服务业等产业的布局，与废弃物处理、废水回收等资源的收集利用都开始趋向于开放、平行、分散、网络化的协同共享的模式。

对制造业而言，这一转变的实现有5个契机。

（1）绿色生产技术的进步（尤其是生物、物理制造方式取代化工产业），使工业生产对城市其他功能的干扰和危害变小。

（2）工业与服务业的界限变得模糊，产业的交叉改变了产业形态与内容，也改变了对产业的空间要求。

（3）生产者与消费者间紧密的沟通可有效满足个性化和及时性的要求，而产品的快速更新换代也减少了库存量。

（4）连锁企业的发展模式，国际设计公司的崛起，体现了专利、设计、品牌国际化，而物质本地化所带来的经济效益。

（5）3D打印等技术已经证实了全球设计本地生产消费的可行性，一次成型技术降低了量身定制和小规模生产的成本，而其尺度也使生产空间变小。最重要的是它降低了制造业的进入门槛。

这5个契机，使未来工业生产的内容、过程、规模与形态都将发生改变。工业对城市其他功能的干扰和危害变小，其所需的空间也减小。这使得新型工业如零售业般，可有效与城市的其他功能混合。

不同于农业、能源、传统服务业与废弃物处理等资源以社区为分布式布局的基本单位，生活服务型工业和生产服务型工业分别以街区和城市为基本单位，而一时难以变革的传统工业以区域为基本单位进行分布。最终形成各类资源相互链接的开放式、扁平化布局。

## 三、分布式布局的优点

分布式系统具有如下优点[1]：

（1）适应于新的生产方式与组织方式，与新能源和新通讯方式相匹配

[1] http://www.smallisprofitable.org/207Benefits.html；http://www.pig66.com/weixintoutiao/dianzandang/2016-03-10/733924.html.

（2）更及时、更准确地满足用户需求

- 由于生产与用户间的距离（线路）短，可以更快地匹配负荷高峰；
- 可以密切跟踪需求的变化，更精确地匹配需求的变化。

（3）更智能、更有效地进行控制与管理

- 由于系统针对的用户数量有限，它可以更好地与大数据采集和智能管理等技术相结合，完善使用量采集、监控、管理与调控；
- 可以让用户个性化定制其使用量和使用时间，并根据整体系统的调配情况优化用户端的配置，形成扁平优化的负荷曲线。

（4）更加具有可靠性、弹性

- 由于线路短，减少了在传输过程中供应中断的风险；
- 单个模块发生故障时，其他设备仍继续工作；
- 系统内的多个单位同时出现故障的可能性低。即使自己的电源供电出现故障，还可以利用其他系统的能源供给，提高了系统的可靠性；
- 尤其适用于孤岛、偏远地区和灾后重建。

（5）优化整体系统的效率，减少资源浪费

- 管线短，输送过程中产生的资源浪费少；
- 降低无功电流，相应增加了实际电流，提高了能源效率；
- 避免建设大量昂贵的输送基础设施，减少相关的资源浪费；
- 可以整合多种资源，或整合多种形式（如采用冷、热、电三联产），提高资源的综合利用率。

（6）选址灵活，占地少，对场地影响小

（7）设备模块化，更小的尺寸单元

- 模块化、标准化，使设备易于携带搬运，可以更容易地被转售；
- 采用标准件，可以与其他行业共享常用的生产设备；
- 采用模块化，有利于维修，也有利于技术升级。

（8）具有经济效益

- 提供了商机，分散了发电所有权的经济效益[1]。

（9）降低投资成本与财务风险

- 节省固定资产投资、抵御过度建设的金融风险、降低制造商的财务风险；
- 调试及运行的成本更低。

（10）更少的时间成本，建设周期短

- 更短的建设与施工时间；
- 发电快，见效快。

（11）更少的人力成本

[1] http://cleantechnica.com/2011/08/23/why-we-should-democratize-the-electricity-system-part-1/.

- 设备少，自动化程度高，因而需要更少的员工来管理和维护设备；
- 分布式资源培育机构结构呈网状，学习更快，更具有适应性。

（12）更低的运营、维修成本

- 需要更少的设备，减少维修和保养；
- 模块化设计也减少了维修成本。

（13）更加民主，扁平化

- “代表了电力系统的所有权和控制权的转换”❶；
- 分布式布局对应于扁平化的生产方式和社会结构，“有助于实现经济民主、改善收入分配和生产社会化”❷；
- 更高的居民参与度。

# 第六节 整合重构——空间战略规划

## 一、行业、功能、资源与空间的整合重构

城市与建筑突破各种行业、功能和空间的限制，进行全方位整合。

（1）行业整合。伴随着交叉学科、系统科学的发展，分工作为现代工业的产物，也从专业化向复合化发展，强调学科融合与协同创新，培养通识人才。

（2）资源的整合：各类资源的生产与消费是相互制约的。以农业资源为例，其生产加工需要借助土地、水和能源，其产品及废弃物可作为绿色制造业的原料、生物燃料或有机肥料。因此，试图提高农业生产效率可能会消耗更多能源。*Nature News*中曾得出结论：“在未来产生足够的食物是可能的，但会大幅度削弱其他资源，尤其是水”❸。事实上，如果其他资源不足，粮食问题是不可能解决的。

再以生物燃料为例。城市建设大量消耗化石燃料并占用耕地→化石能源的消耗与稀缺性导致生物燃料的出现与迅速推广→生物燃料导致对农业资源的占用（一方面使得用于食用的农作物减少，一方面占用了耕地）→耕地的占用使土地资源更为稀缺，迫使毁林和破坏草地，造成生态破坏→毁林后土地用于农业生产，现代农业需耗费大量能源与水资源并排放大量温室气体，而过程中能源的消耗又加剧了化石能源的稀缺性……因而任何一个针对单一资源的保护措施，都不可能真正达到目的。

（3）空间与功能的整合。城市也同样是一个整体的有机系统。早期城市发展的失序与其将城市肢解后再规划建设有重要关系。我们当然明白城市绝非部分之和，

❶ http://www.smallisprofitable.org/207Benefits.html.

❷ 贾根良．第三次工业革命带来了什么?[J]．求是，2013(6): 23-24.

❸ Butler D. Food: The growing problem[J]. Nature, 2010（07): 546-547.

不是当所有的建筑都是绿色建筑（或粘上光伏电板），再在路上种上树，城市就是生态城市了。也不是当道路交通、市政工程、生态、景观分别完善城市的基础设施支撑就完善了。任何头痛医头、脚痛医脚的措施都不能真正解决问题。

现在由于土地资源的稀缺、各产业功能的模糊与混合等原因，城市在空间和功能上的高度整合已经成为城市发展的必然。现有的立体城市、收缩城市、紧凑城市、垂直都市主义……以及地铁上盖建筑，城市综合体等理论与实践，尽管已从空间竖向（密集）利用和功能混合的角度出发，但从本质上讲仍然受制于城市的平面化布局和常规固有观念，也鲜少有生产功能的加入。城市规划早已不再是功能分区。存量规划、多规合一、自下而上的参与式等尝试也早已展开，而新兴的应对措施中，无论是分布式能源系统、都市农业体系、可持续交通体系、废弃物回收与再生产系统……都需要在整个城市的层面调动多方面进行综合调整，形成一整套全面完整的措施。

此外，绿色生产、智能网络、3D打印、Soho、物联网等新生事物，加速着传统功能分区的死亡，朝着复合化、高效化的方向发展。在存量规划的时代，我们需要对各种功能空间进行叠加和置换，在不增加用地的条件下，容纳更多人口与功能。

（4）空间与资源的整合。与此同时，城市空间被纳入了所有资源的生产消费之中，因而我们必须将资源与空间有效整合。具体来说，可将多种功能在同一空间中实现复合；可塑造利于资源生产的空间形式；可根据资源流向确定空间布局；可根据空间布局与资源流重新整合城市功能，进行系统的空间组织；可改变空间的分布模式（如更适于可再生能源生产和消费的分布式能源系统），优化空间对资源的组织方式——总之，只有通过战略空间规划的统筹引导，才能将城市由资源消费者转化为“产消者”[1]。

以“多种功能在同一空间中的复合”为例，目前主要是采用叠加和置换的操作手法。当然，它们是打破固有观念的第一步。如将景观置换为生产性景观；将路面附着太阳能光伏板形成太阳能路面；将屋顶叠加为太阳能屋顶或转化为屋顶农场等，将生产性功能与常规的空间复合。还可以在同一个空间中整合多种资源的生产。以“桥”为例，可以通过表面种植、上方架设太阳能板等方式，实现桥与资源生产的复合；还可以在空置空间（如空中）架设这种能够进行资源生产的桥，从而实现空间生产与资源生产的重构，如纽约的高线公园。

这种方式，使得城市的建筑、道路、广场、公园、水体、停车场、闲置土地以及基础设施都可以在现有条件上进行生产加工消费存储和资源回收，从而实现对城市面貌、空间结构、功能各方面的重组变革。

[1] 杰里米·里夫金. 第三次工业革命——新经济模式如何改变世界[M]. 张体伟，等，译. 北京：中信出版社，2012.

## 二、“分布式系统”与“整合重构”一体化

分布式是对应于一种资源而言的，如能源。但在每一个分布网络的节点上，却可以整合多种资源，提高资源的综合利用效率。

具体来说，如下图所示：

（1）目前的中央垂直型的资源系统，每一种资源都有一个中央处理系统（图1-32～图1-35）。

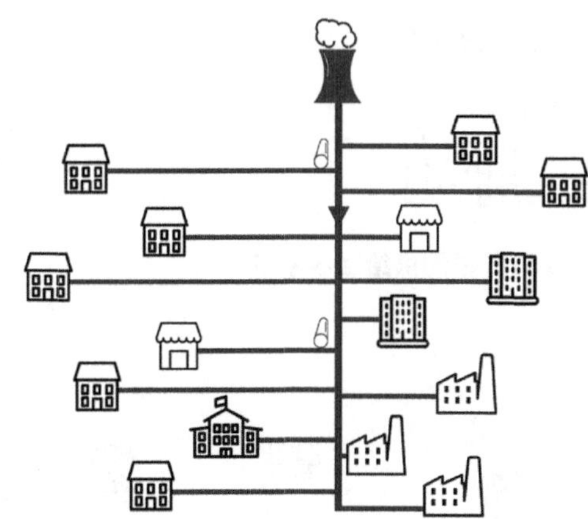

图 1-32　中央垂直的热能供给系统

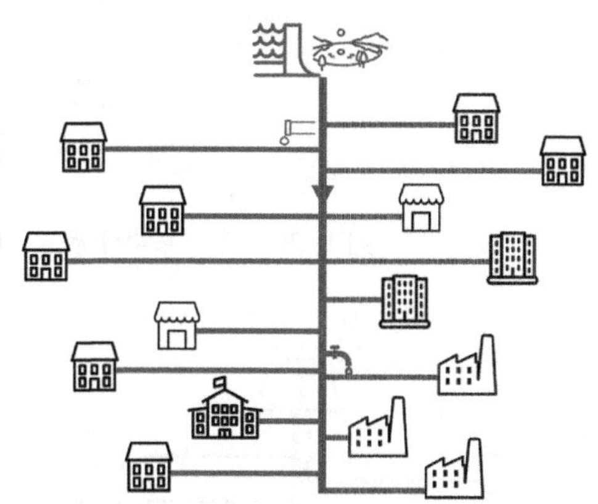

图 1-33　中央垂直的给水系统

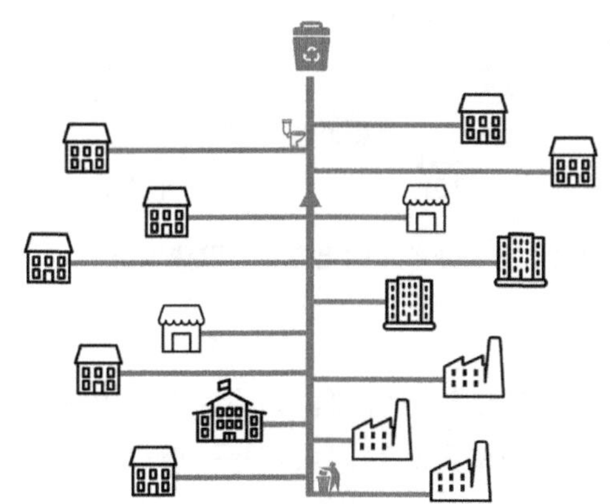

图 1-34　中央垂直的废弃物回收系统

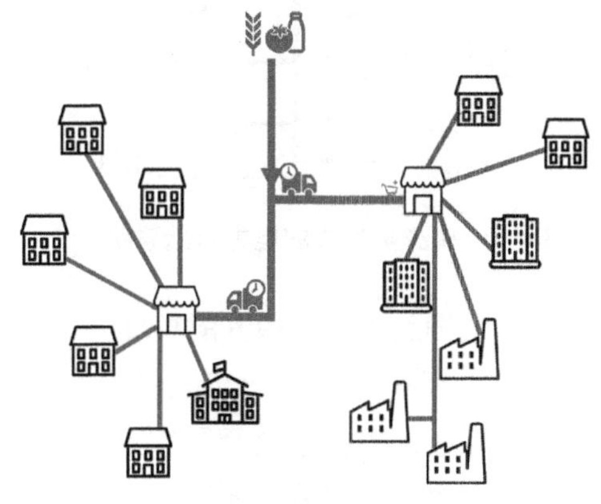

图 1-35　依赖外地的粮食供应系统

为了保证中央垂直模式的高效率，各类资源系统各自独立，几乎不与其他资源发生关系。于是产生了大量重复的管网和控制管理系统（图1-36）。传输过程中浪费了大量资源，更难以实现资源的整合。

（2）各类资源都可以分别从中央垂直式转变为分布式，将系统的尺度变小（图1-37、图1-38）。

图 1-36　垂直集中体系下，城市中多种资源的供给回收系统

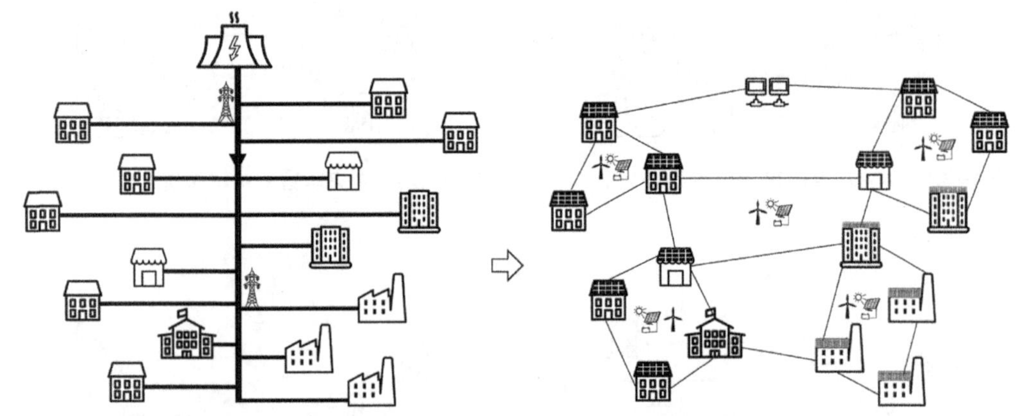

图 1-37　中央垂直式的电力供给系统

图 1-38　分布式的电力生产消费系统

于是得到（图1-39～图1-42）。

（3）但在每一个分布式供给系统内，可以整合多种资源，如冷、热、电联产，或处理回收的有机废物用于农业生产。这些不同的资源亦可以共用一个管理系统。

除了资源的分布与整合，城市功能亦可实现分布式与整合重构的一体化。如上文所述，未来制造业将如同零售业般，可有效与城市的其他功能混合。而居住、办公、工业、商业、教育……亦不再有明确的功能分区（图1-43）。

至此，我们得到了构建生产性城市的5大策略。将这5个策略进行提炼，得到生产性城市的概念与特征。

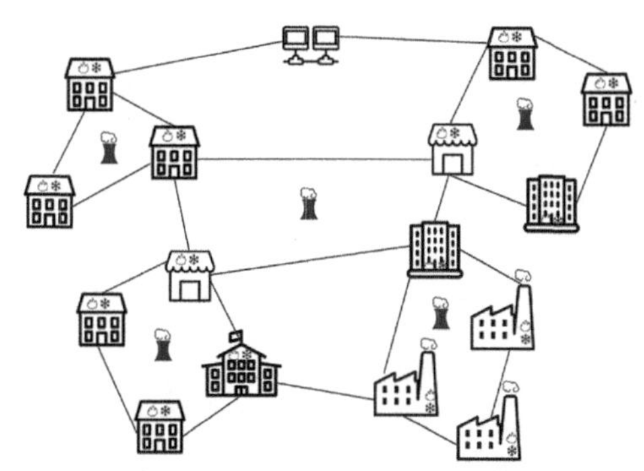

图 1-39　分布式废热、地热回收利用系统

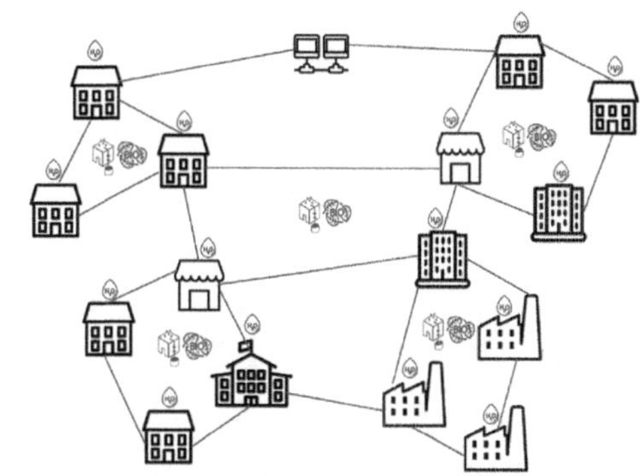

图 1-40　分布式雨水回收处理利用系统

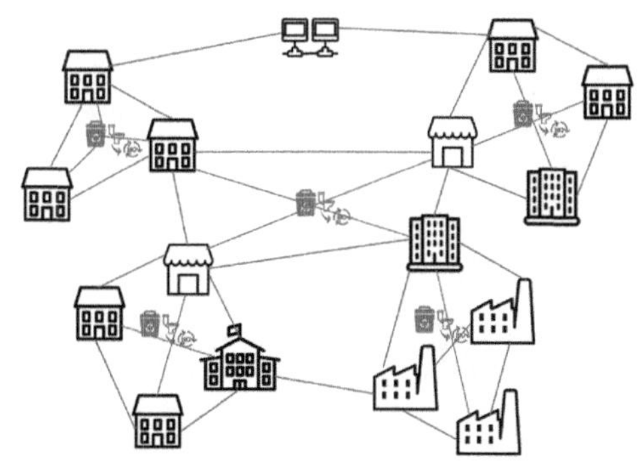

图 1-41　分布式废物回收处理再利用系统

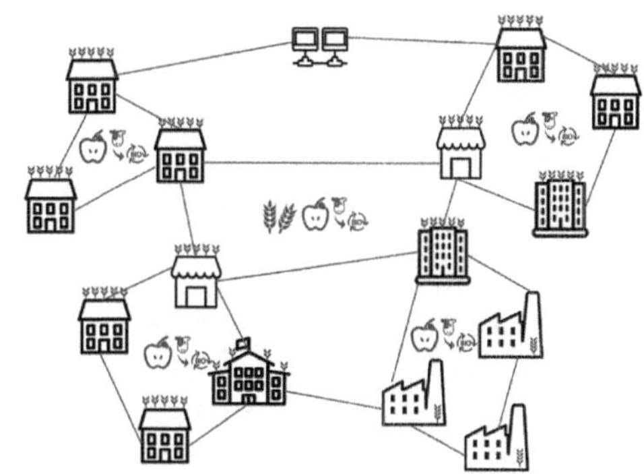

图 1-42　分布式农业生产消费系统

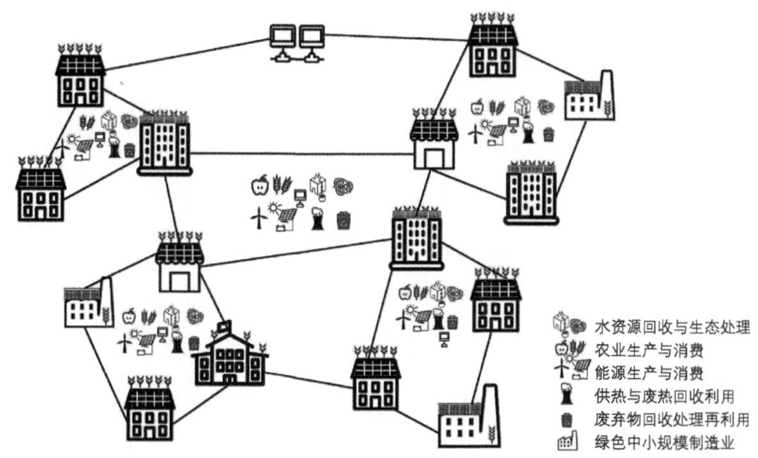


图 1-43　分布式系统与整合重构一体化

# 第二章　生产性城市概念建构

在第一章，我们得到了未来城市发展战略：（1）将城市由资源消费者转化为生产者；（2）避免盲目去工业化，要形成复杂均衡的产业体系；（3）在信息全球化的基础上，扩大内需并重新整合本地生产与消费；（4）适应生产方式变革，形成分布式布局；（5）重构资源与空间，实现三生空间融合。

这些战略在城市空间中的反映，即为生产性城市（图2-1）。

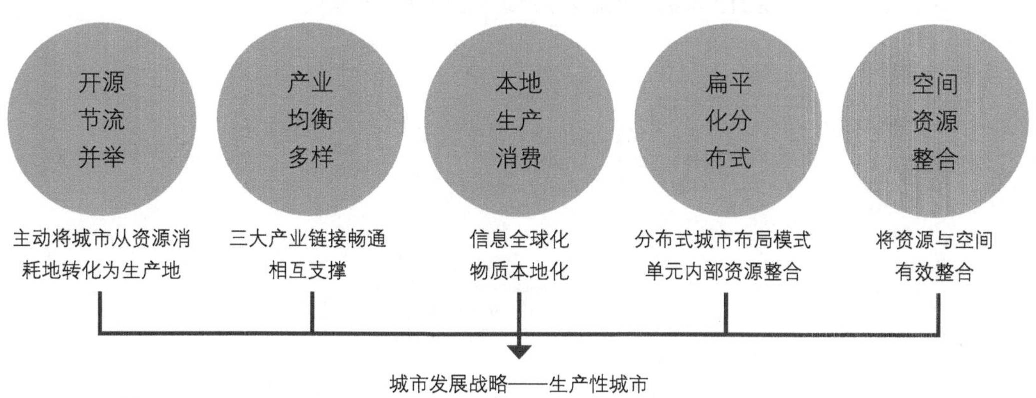


**图 2-1　生产性城市理念的构成要素**

## 第一节　生产性城市的特征

1. 生产性

将建筑、外部空间以及交通等基础设施作为资源的生产者，通过功能重组、功能叠加、功能混合、功能置换、保存利用、整合重构等方式，生产农业、工业、可再生能源、空间和文化资本，并再利用废弃物等资源，通过分布式的城市布局，形成"资源因特网"，达到相对的自给自足。

借用生态足迹理论分析：生态足迹超出生态承载力的部分为生态赤字（图2-2）。而减小生态赤字是实现可持续发展的前提。为减小生态赤字，与其只降低生态足迹（图2-3），不如在降低生态足迹的同时提高生态承载力（图2-4）。

决定生态赤字总规模的有5个要素（图2-5）。我们通常将注意力集中于控制人

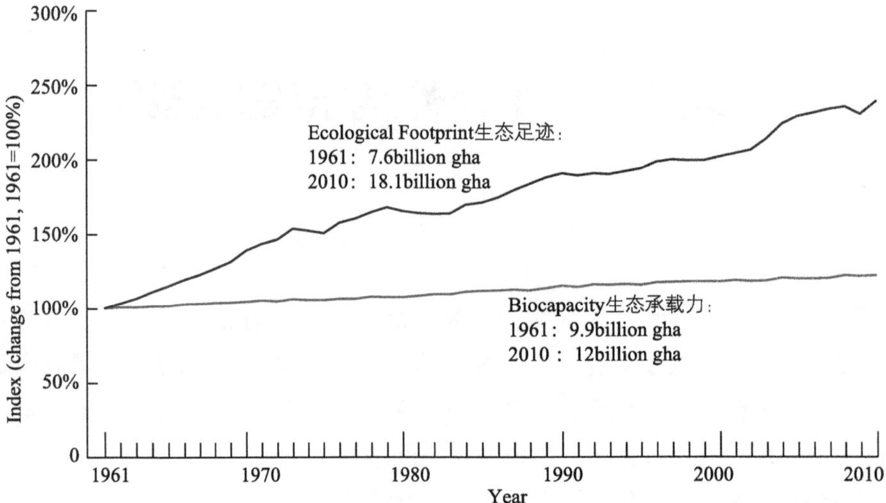


图 2-2　1961 ~ 2010 年生态足迹与生态承载力的变化趋势图[1]

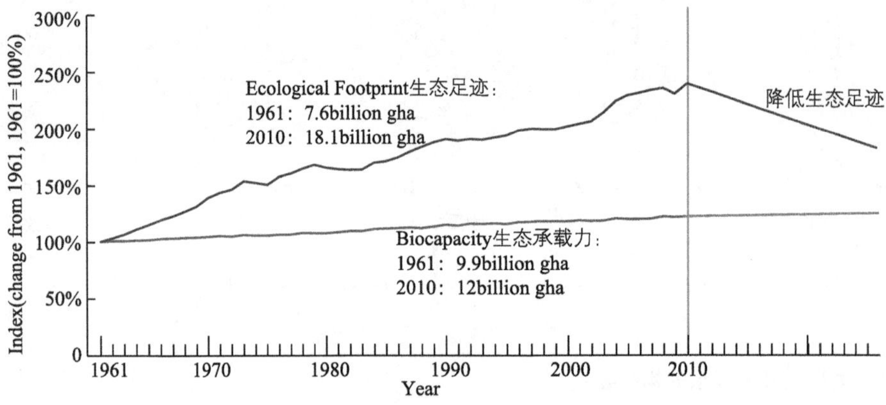


图 2-3　未来情景 1：只降低生态足迹的情况

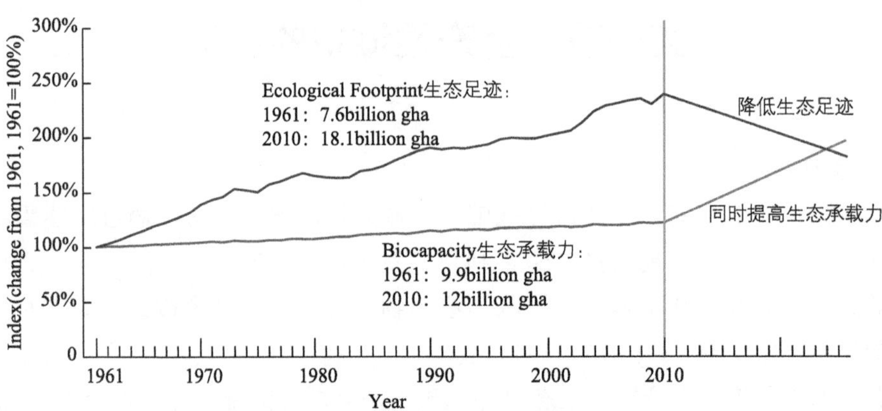


图 2-4　未来情景 2：降低生态足迹的同时提高生态承载力的情况

[1] WWF. Living Planet Report 2014: species and spaces, people and places[M]. World Wide Fund for Nature 2014. Switzerland: WWF, 2014: 56.

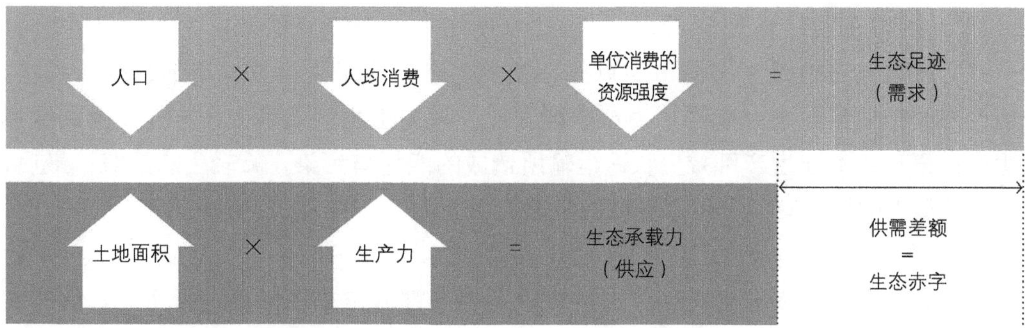


图 2-5　决定生态赤字总规模的五大因素[1]

口、人均资源消费以及单位消费的资源强度，还用化肥、农药等方式去提高生产力，却忽视了土地面积[2]。

如何提高生态生产性土地面积呢？生态足迹理论规定“各类土地在空间上是互斥的”。这条“空间互斥性”使不同类别的生态生产性土地可以相加，使生态足迹可以比较[3]，也使可用的生态生产性土地总面积成为“固定资产”。

但事实上，空间并不是二维的概念，也并非是互斥的。举例而言，屋顶农业、屋顶太阳能就分别实现了建设用地与耕地、能源地的复合（图2-6）。而生产性城市要探讨的，就是如何有效打破空间互斥性，最大化地增加生态生产性土地面积。

需强调的是，承载力的提高并不代表城市生态系统有“无限膨胀承载能力”[5]，更不意味着人类可以对资源更加肆无忌惮的挥霍。“开源”与“节流”并举，始终是生产性城市要坚守的原则。

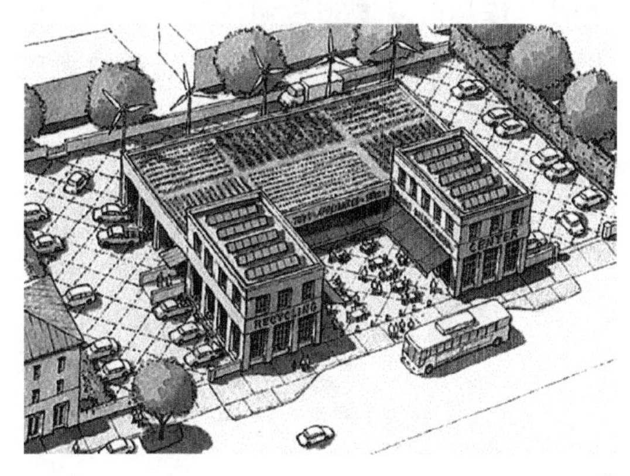


图 2-6　耕地、能源生产用地与建设用地的复合[4]

---

[1] WWF，中国环境与发展国际合作委员会．中国生态足迹报告2012：消费、生产与可持续发展[R]．瑞士格兰德/北京：WWF，2012.

[2] 生态足迹理论认为，大多数的资源和生态服务都是在土地上生产的，因此，人类的每一种消费都可以用生产它所需的土地/水域面积来衡量。这种具有生态生产能力的土地，称为生态生产性土地（Ecologically Productive Area）或生物生产性土地。它替代了各类自然资本，而成为统一的“度量单位”——某区域人口所需的生态生产性土地面积总和计为生态足迹，用一个地区用于资源再生的生态生产性土地面积之和为生态承载力。世界自然基金会，中国环境与发展国际合作委员会．中国生态足迹报告2012：消费、生产与可持续发展[R]．北京：世界自然基金会，2012；Rees W, Wackernagel M. Urban ecological footprints: why cities cannot be sustainable—and why they are a key to sustainability[J]. Environmental impact assessment review, 1996, 16(4): 223-248.

[3] 杨开忠，杨咏，陈洁．生态足迹分析理论与方法[J]．地球科学进展，2000, 15(6): 630-636.

[4] Duany A. Garden cities: Theory & practice of agrarian urbanism[M]. Gaithersburg, MD: Duany Plater-Zyberk & Company, 2011.

[5] William Rees, Mathis Wackernagei. Urban ecological footprints: why cities cannot be sustainable and why they are a key to sustainability[J]. Environmental impact assessment review, 1996, 16(4): 223-248.

2. 生态性

生产性城市也是生态城市。首先，减少生态赤字是生产性城市的目标；其次，生产性城市使用可再生能源，发展永续农业，采用生物制造等生产方式，强调绿色生产；第三，本地生产可减少长途运输所造成的能耗与污染，减轻生态超载；最后，生态承载力的提高有利于生态环境的恢复。

3. 主动性

面对资源的枯竭与生态生产力的下降，生产性城市是主动地进行生产，而非被动地减少资源消耗。

主动性是生产性城市与其他理论的重要区别。城市收获等蕴含生产性思想的理论侧重于在生态系统的生产能力之内让城市与自然形成完整的循环代谢系统，它更强调消费系统输出物的再利用，其策略多致力于降低生态足迹；而生产性城市并不把自然生态系统视为固定资本，它更强调资源系统输入端的作用，其策略多致力于提高生态承载力。借助理查德·罗杰斯在《小小地球上的城市》中所绘的城市循环系统分析图（图2-7）进行分析，生产性城市是在该城市循环系统的基础上，通过增加生态生产性土地面积加大了自然系统与城市系统的接触面，并通过加强人与自然的相互作用改变城市资源的流动顺序（图2-8）。生产性城市是资源的产消者，它强化了资源的输入面，改变了城市内资源的流动顺序。相对而言，生产性城市对待可持续发展的态度更为主动。

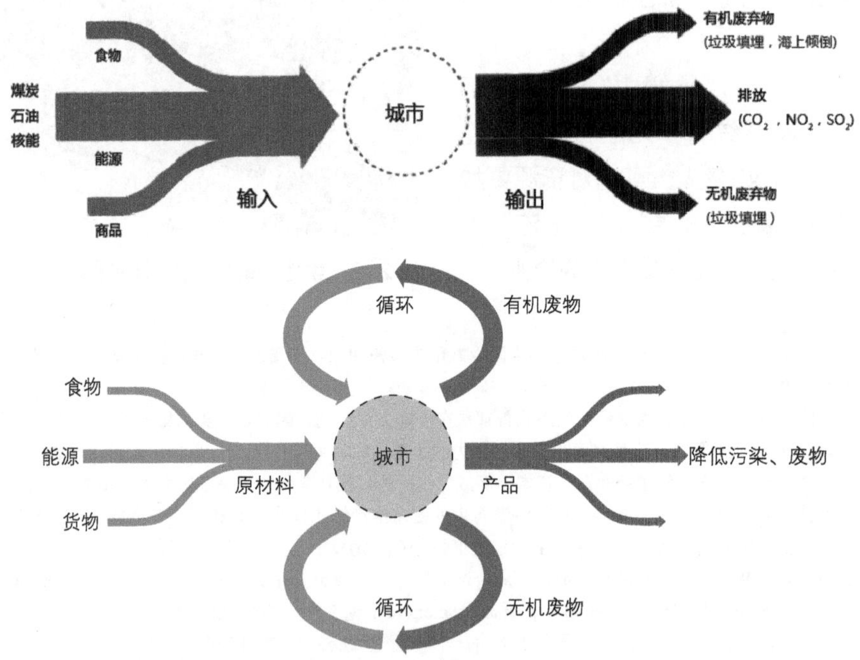


**图 2-7 理查德·罗杰斯绘制的城市循环系统**[1]

[1] 理查德·罗杰斯. 小小地球上的城市[M]. 北京：中国建筑工业出版社，2004.

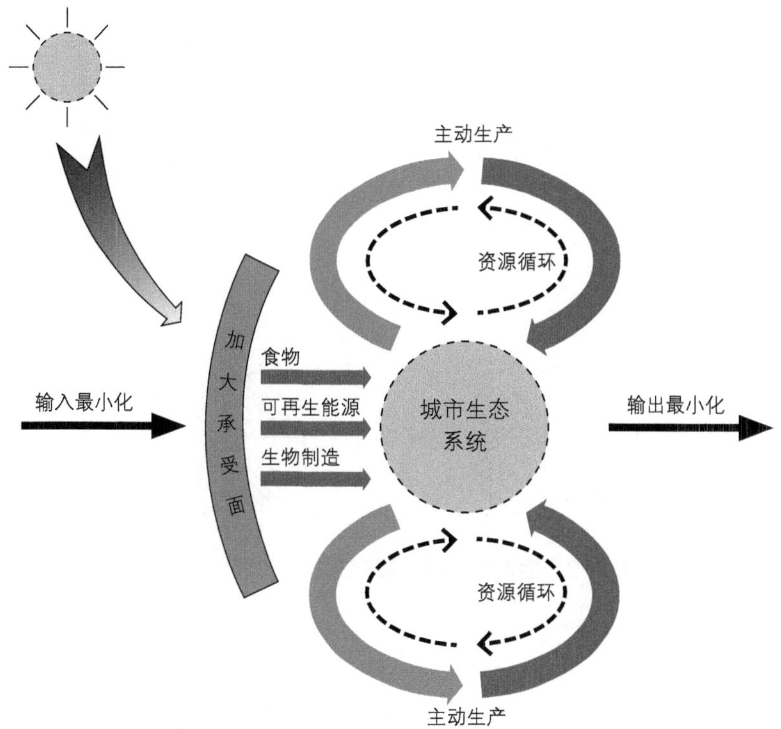


**图 2-8　生产性城市循环系统** [1]

4. 一体化

除了各类资源的生产消费一体化外，生产性城市强调空间与功能的一体化。生产性城市致力于在地球有限的土地面积上增加生产性土地的面积，因而必须打破互斥性进行空间生产——如在道路上方铺设太阳能板，使交通与能源面积复合。空间与生产性功能叠加、复合与重构，有利于从人类需求的角度有机整合不同功能的空间，使各种功能有机重组，功能之间转换流畅。此外，空间与生产功能的一体化，会影响居民的生活方式，生产出社会空间，有利于城市的精神生产。

5. 本地化与层次性

目前，我们在全球尺度上实现着自给自足。为减小生态足迹，生产性城市通过建构一组组高度协同的横向网络，在不同尺度上实现有极差的供销关系。首先，每个城市都生产它所需要且能够生产的资源。在此基础上，一组生产性城市通过城际互补构成互相依赖的关系。每个城市缺少的资源由体系内的其他城市供给（图2-9）。这些城市通过补给支撑在一定区域范围形成更大程度的自给自足。区域内缺少的资源则在区域间互相补充，实现地区互利。由此递推，以城际互补→地区互补→国际互补的顺序，在互相调剂余缺的基础上形成具有层次的体系。在城市内部，也以社区为本地资源供需一体化的基本单元，以不同级别的共享中心为纽带，存在着相似的层次体系（图2-10）。

[1] 作者以图2-7为基础绘制。

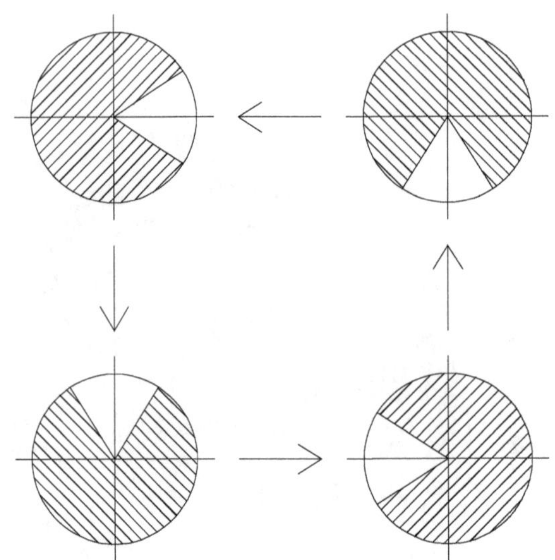

图 2-9　生产性城市的城际互补

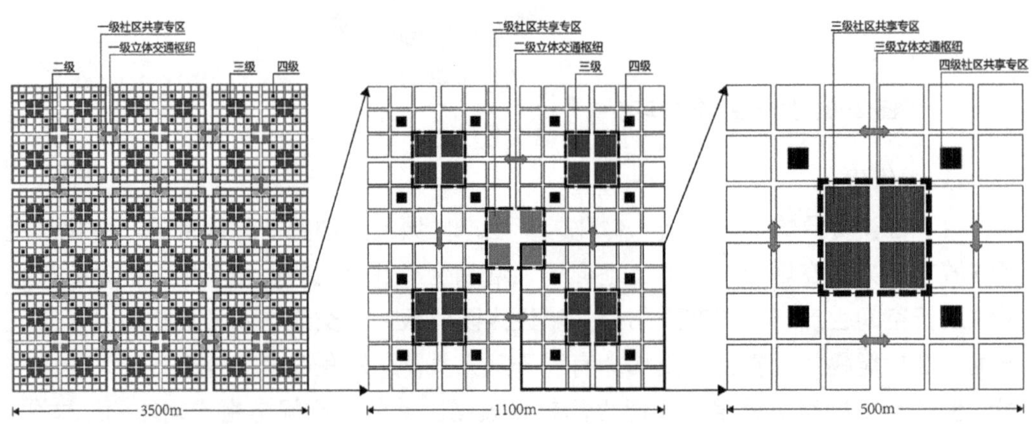


图 2-10　城市内部的层次体系假想模型[1]

需再次强调，本地化和区域化的自给自足，并不意味着封闭。生产性城市是简·雅各布斯所描述的“文化产品为主要动力的交流活动最大化和交通流量最小化”[2]的写照。

[1] 陈格格绘。

[2] [美]理查德·瑞吉斯特. 生态城市——重建与自然平衡的人居环境（修订版）[M]. 王如松，译. 北京：社科文献出版社，2010: 324.

# 第二节 生产性城市的定义

## 一、“生产性城市”概念的文字梳理过程

在确定了生产性城市的建构策略和生产性城市的特点之后，开始对“生产性城市”的概念进行文字整理工作。按照《简单的逻辑学》中，对界定定义术语的要求：“根据要定义事物与其他事物相联系的方式，给它一个精确的‘位置’……要尽可能严格地划定他所代表的事物的边界”[1]，对生产性城市进行定义。当然，在此之前需要参考已有的生产性城市概念。

1. 步骤一：定性——“将要定义的术语放入最相近的类别”[2]

在人们熟知的概念中，生产性城市是可持续发展城市，也是生态城市。尽管生态城市并不能完全概括生产性城市的特点，只能说二者有交集。但可以确定的是，生产性城市的最终目标是实现人与自然的可持续发展。

至于生产性城市的性质，它是城市发展理念，是城市发展策略，也是城市空间战略规划，或城市设计方法。但总体来说，它首先是城市发展理念，在这一理念的指导下才有具体的策略与方法。规划与设计都是在理念指导下的后续工作。从这个角度分析，将生产性城市的所属类别限定为：

“一种城市可持续发展理念。”

当然，生产性城市的属性，也可以是“城市”本身（即“生产性城市是……城市”）。

2. 步骤二：明晰最突出的特征——“确定其与同类中其他事物的不同特性”[3]

厘清思路，分析生产性城市与其他概念的区别。由此，进一步明晰了生产性城市的特征。

生产性城市的最主要特征——生产性

它与其他可持续发展理念概念区别的最主要区别——主动性、生产性（尤其是工业生产与空间生产）、本地供需平衡（或最大限度地满足本地需求）、一体化（尤其是空间的整合性）。

如果强调生产性城市的不同特征，就会得到不同的定义（表2-1）：

[1] 麦金纳尼. 简单的逻辑学[M]. 北京：中国人民大学出版社，2008: 44.

[2] 麦金纳尼. 简单的逻辑学[M]. 北京：中国人民大学出版社，2008: 45.

[3] 麦金纳尼. 简单的逻辑学[M]. 北京：中国人民大学出版社，2008: 45.

**以生产性城市的不同特征为出发点得到的定义　　表 2-1**

| 特征 | 生产性城市定义 |
|---|---|
| 突出生产性 | 生产性城市是以绿色生产为主要特征的城市。它通过生产能源、食物、制造品和空间等城市生存发展所需的各类资源，充分利用废弃物资源，并保护文化资本，以求最大限度地实现本地自给自足与可持续发展 |
| 突出主动性 | 生产性城市是通过挖掘城市的生产潜力，提高城市综合承载力，以主动地改善城市与生态系统关系并可持续发展的城市 |
| 突出一体化 | 生产性城市是打破各类资源的空间互斥性，将原本各自孤立的城市功能与城市空间进行整合，通过土地复合利用等方式，创造更多的空间用以生产城市所需的各类资源，从而在城市“零占地”的同时，实现城市资源的供需平衡与可持续发展 |
| 突出目标 | 生产性城市是城市的资源生产量与消耗量平衡的城市 |

3. 步骤三：文字整理

上述的概念描述过于繁杂，或细节性太强。借鉴亚里士多德对人的定义方式——“人是理性的动物”，以及《简单的逻辑学》中对害怕的定义方式——“害怕是一种情绪，促使我们逃避所感知的危险”[1]。笔者尝试用更简练的方式将生产性城市的性质与最主要特征进行整合，得到如下几种表达方式：

- 生产性城市是一种新的城市可持续发展理念。它通过主动生产实现本地供需平衡。
- 生产性城市是以主动生产为主要特征，以满足本地需求和可持续发展为主要目标的城市。
- 生产性城市是主动生产本地所需的资源，以实现可持续发展的城市。
- 生产性城市是通过主动生产各类资源，最大限度地满足本地需求的城市。

4. 步骤四：小组讨论

由于生产性城市是生产性城市研究小组的共同课题，成员结合各自的研究方向，共同探讨了生产性城市（或生产性建筑）的概念，最终得到表2-2。

**生产性城市研究小组成员对生产性城市的定义　　表 2-2**

| | |
|---|---|
| 张玉坤 | 生产性城市是一个以绿色生产为主要特征，有机整合的多层次城镇体系；在每个层次的最小范围内，可最大限度地实现自给自足，主动地实现城市的可持续性 |
| 郑婕 | 生产性城市是通过绿色生产最大限度地满足本地需求的城市<br>（其他版本详见上文） |
| 韩丹 | “生产性城市是一个以绿色生产为主要特征，有机整合的多层次城镇体系；该体系利用保留、置换、叠加、整合与重构的基本方式，试图建立最恰当区域范围内完善的产业结构，为城市的可持续发展提供了开源节流的新思路”[2] |

[1] 麦金纳尼．简单的逻辑学[M]．北京：中国人民大学出版社，2008: 47.

[2] 韩丹．基于生产性功能补偿的绿色交通研究[D]．天津：天津大学，2014；Dan H, Yukun Z, Rui Z. Production analysis of traffic space[C]. Singapore: International Conference on Architecture and Civil Engineering, 2016.

续表

| | |
|---|---|
| 倪涛 | “生产性城市的农业生产，意在通过人与自然的共生模式，建立基于城市农业的循环经济和生态系统；特别强调生产性城市的每个层次范围内本地生产的重要性；充分考虑食物的生产、加工、分配、消费以及废物回收过程，缩短食物里程，减少各环节能耗；以农业为向导创新城市规划方法，将城乡一体化提升至城市总体布局的战略高度”❶ |
| 肖路 | “生产性城市是通过绿色生产最大限度地满足本地需求的城市。它以城市日常运作必要性物资的生产及循环利用为根本出发点，满足城市一定范围内的自给自足，最大限度挖掘城市的生产性潜能、产业结构的合理度、资源配置的系统效率，实现不同层次城镇区域的可持续化”❷ |
| 王秉天 | “生产性建筑是以主动生产社会资源和生态资源为目的一般建筑形式。它具备生产性功能，合理调配资源，减少运输耗能，节能产能，零用地，并向城市供给”❸ |

最后，对生产性城市的概念进行了进一步地明晰。提出：“生产性城市”是一个以绿色生产为主要手段，有机整合农业生产、能源生产、空间生产和文化资本保护与物质资源利用等多功能于一体的多层次城镇体系，在每个层次的最小范围内，开源、节流、保护并举，积极主动地进行绿色生产，力求最大限度地自给自足，实现城乡可持续发展。

笔者将这一概念给他人阅读，反映“开源、节流、保护并举”等内容，需要解释才能明白。在讨论、修改后，得到如下定义。

## 二、“生产性城市”的最终定义

“生产性城市”是以可持续发展为宗旨，以绿色生产为主要手段，有机整合农业生产、工业生产、能源生产、空间生产、文化资本保护与废物利用等多种功能于一体的多层次城镇体系。在每个层次的最小范围内，主动挖掘城市生产潜力，力求最大限度地满足居民的可持续性生存与发展需求。

其要点是：

- 以可持续发展为宗旨，绿色生产为手段，给城市和建筑加入生产性功能。
- 生产类别：借鉴于联合国千年生态系统评估中的“生态系统服务”概念。它包括“为人类提供如食物、燃料、纤维、洁净水及生物遗传资源等各种产品”的供给服务、气候等的调节服务，精神方面的文化服务以及在养分循环等方面维持地球生命条件的支持服务❹。结合本书对后工业城市弊端等内容的分析，得出：城市所能提供的生态系统服务（食物、燃料、纤维、

❶ 倪涛．生产性的城市与建筑农业研究[D]．天津：天津大学，2014.

❷ 肖路．生产性城市理论下碎片化绿地的用地评估及设计 —— 以米兰为例[D]．天津：天津大学，2014.

❸ 王秉天．建筑的生产性变革研究[D]．天津：天津大学，2014.

❹ 千年生态系统评估 生态系统与人类福祉：评估框架[M]．张永民，译．北京：中国环境科学出版社，2006: 69; http://www.millenniumassessment.org/en/index.aspx.

水、空间、废弃物处理），经济服务（制造业与服务业）与文化服务，构成了城市的生产内容。即，整合农业生产、林业生产、工业生产、能源生产、空间生产、文化资本保护与废弃物资源利用于一体。

- 生产空间：建筑、交通、基础设施、开放空间等，所有可能的空间。
- 生产策略：充分利用现有空间（如在空地上种植粮食）、生产性功能叠加（如将路面附着太阳能光伏板形成太阳能路面[1]）、置换（如将景观置换为生产性景观[2]）、集成（太阳能与交通一体化）、重组（如在屋顶设置种植温室，温室顶面覆盖透明太阳能板）以及创造新的空间形式（如垂直农业）。
- 实施策略：对该城市的资源需求与生产潜力进行评估、分析与预测；制定详细的策略清单，并整合多家单位、统筹多种资源，制定整体的实施方案；利用、创造所有可能的空间进行相适宜的资源生产，深度挖掘城市的生产潜力；完善城市生产性绿色基础设施，构建分布式资源网络；通过经济与政策的手段进行引导和控制，通过教育与生产环境引导生活方式的改变……
- 现实意义：借用衡量可持续性的“社会—经济—环境三重底线框架”[3]分析生产性城市的意义。其社会意义是：使城市更具安全性与弹性，有利于居民的饮食安全与健康，有利于塑造居民可持续的生活方式，有利于归属感的建立，有利于本地文化塑造和文化资本的保护，有利于整合城乡关系。其经济意义在于：新的生产方式与生产内容能够带来经济契机，提供市场，有利于本地产业发展，有利于市民就业，有利于更好地更及时地满足居民需求。其环境意义在于：采用可再生能源可减少污染排放，本地化可减少运输能耗，农业生产有利于养分循环、美化城市、利用闲置空间。而最重要的，生产性城市可以有效解决城市发展与资源供给极限之间的矛盾，是实现城市可持续发展的必由之路。

## 三、生产性城市概述

1．生产性城市理论的内涵

生产性城市是一种城市发展模式，也是一种城市可持续发展战略或理念。其目标和实现方式可以借用生态足迹理论进行分析。在该理论中，减小生态足迹与生态承载力的供需差额（生态赤字）是实现可持续发展的前提。

2．生产性城市中生产的内容

生产性城市通过提高城市的综合承载力来解决城市的供需矛盾。城市综合承载

[1] Zhao H D, Ling J M, Fu P C. A Review of Harvesting Green Energy from Road[J]. Advanced Materials Research. 2013(723): 559-566.

[2] Viljoen A. CPULs: Continuous productive urban landscapes[M]. London; New York: Routledge, 2005.

[3] 李宇亮，邓红兵，石龙宇．城市可持续性的内涵及研究方法[J]．生态经济，2015, 31(08): 20-26.

力“是在一定的经济、社会和技术水平条件下，以及在一定的资源和环境约束下，某一城市的土地资源所能承载的人口数量及人类各种活动的规模和强度的阈值”[1]。城市的综合承载力是由资源承载力、生态环境承载力和社会经济承载力构成的整体。[2]因此，生产性城市中的生产对象也涉及这三个方面：

- 资源方面：生产或有效利用城市与居民生存所需要的基本资源[3]，如农业、可再生能源、水、土地/空间资源。
- 生态方面：生产维护有利于城市生态环境建设的各类资源，如生产林木等生态资源，有效利用废弃物资源等。
- 社会经济方面：生产或有效利用城市发展所需的基本资源，如制造品、知识与文化资本以及人力资源。

需说明的是，每一个生产性城市并不需要（或不具备条件）生产上述的所有产品，如火车、飞机和军工等大型基础装备。这些大型设备在洲际、国家或区域尺度上生产销售，暂不在本书的讨论范围内。即，生产性城市中的制造业仅指日常生活用品与小型生产工具的制造。

3. 生产性城市的内部组成要素

生产性城市由生产性建筑和生产性外部空间组成，并由一系列生产性基础设施予以支撑。生产性建筑是生产性城市的基本组成单元，生产性外部空间又可以进一步划分为生产性广场、生产性绿地、生产性交通等。

4. 生产性城市的评判标准

生产性城市的目标是实现本地资源的自给自足。换言之，这个城市生产的资源总量应等于甚至超出其资源消耗总量。因此，并不能因为某个城市中存在生产，就将其称为生产性城市。

举例而言，笔者在山东居住的某社区，尽管社区内种植大量蔬果、使用太阳能路灯，每家每户都有菜园、均使用太阳能热水器……它也远远达不到生产性社区的标准。首先，它的农业和能源产量不足以满足其需求；其次，该小区每户建筑面积约300平方米，严重浪费土地资源；最重要的，即使社区内果蔬的产量能够满足居民食用需求、其太阳能产量能够满足所有居民的电力和供暖需求，但由于该社区远离城市中心，居民每日往返于工作与居住间，会消耗大量的化石能源。因此这样的社区或许能发展成为“农业生产性社区”“太阳能生产性社区”，却无法成为“生产性社区”。对生产性城市而言，其评价标准也是如此。不能仅看有没有生产，还要看产量是否与消耗量平衡；不仅要看单一资源的产消平衡，更要从整体上进行考虑。

---

[1] 国际欧亚科学院中国科学中心，中国市长协会，中国城市规划学会与联合国人居署. 中国城市状况报告2014/2015[M]. 北京：中国城市出版社，2014: 16.

[2] 国际欧亚科学院中国科学中心，中国市长协会，中国城市规划学会与联合国人居署. 中国城市状况报告2014/2015[M]. 北京：中国城市出版社，2014: 16.

[3] 基本资源的内容参考联合国千年生态系统评估中的“生态系统服务”所列资源得出。

# 第三节　研究生产性城市的意义

提出生产性城市理论，构建城市资源生产消费策略，实现城市的生产、生活、生态一体化发展，具有重要的战略、社会、经济、环境与学术意义。

## 一、解决城市发展中资源供需矛盾的战略意义

（1）转变城市发展方式的关键环节

目前我国城市处于生态超载状态。仅靠“节流”，不仅不能满足日益增长的消费需求，也非长久之计。须以全新的思路看待城市发展——让城市主动“开源”以承担生产者的角色。只有当城市生产的资源比消耗的更多，才能从根本上解决城市的可持续问题。既然可持续发展的目标是提升城市综合承载力，而承载力的提高意味着增加城市用于资源再生的生态生产性土地面积；而要提高生态生产性土地面积就需要打破各类土地之间的空间互斥性。因此，探讨如何有效打破城市与资源生产空间的互斥性，从而增加生产性土地面积，成为转变城市发展方式的关键环节与突破口。

（2）保障国家粮食安全、能源安全与生态安全，提高城市弹性

粮食和能源是我国居民生存与经济发展的命脉。目前我国粮食自给率已低于国家安全警戒线，至2030年产需缺口将达1.4亿吨[1]，占目前全球交易额的46%；就能源而言，2014年我国石油对外依存度高达59.5%[2]，至2035年需求量将占全球净增长的49%[3]。由于需求过大，资源未来进口空间也将受限。故，美国前国家安全助理将粮食和能源视为中国的软肋。

在城市中实现资源生产，可以改善这一供不应求的状态，降低对外依存度，维持价格稳定；同时也有助于减少化石污染、能源排放，保障生态安全。而在一个个的社区实现生产与消费一体化，可以在城市尺度形成扁平化分布式的布局，降低系统内的多单位同时故障的可能性，提高城市资源系统的可靠性，有利于应对极端气候与灾难，提高城市弹性。

（3）减缓城镇化建设和资源生产所面临的土地压力

中国正处于城镇用地迅速扩张的特殊时期。2010～2015年间，我国建成区面积增加了12044.31平方公里（图2-11），而耕地却减少了2696平方公里（图2-12）。据国务院发展研究中心推算，未来十年城镇化还需34000平方公里的土地[4]。由于城郊建设

[1] 中国粮油网。中国粮食消费需求与供给缺口预测[EB/OL] .[2015-6-15]. http://www.grainnet.cn/zt/forecast.html.

[2] 钱兴坤．国内外油气行业发展报告[M]．北京：石油工业出版社，2015.

[3] BP. BP Statistical Review of World Energy 2014[R]. London: British Petroleum, 2014: 6.

[4] 国务院发展研究中心和世界银行联合课题组，李伟，Sri Mulyani Indrawati，等．中国：推进高效、包容、可持续的城镇化[M]．北京：中国发展出版社，2014: 25.

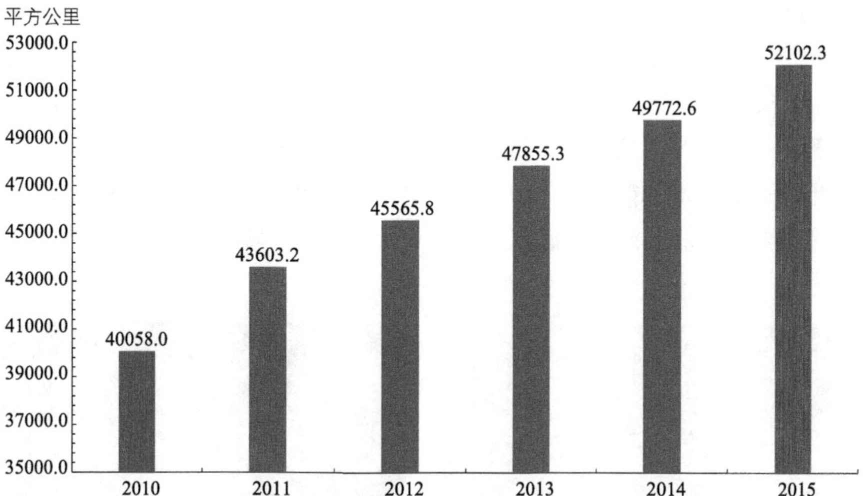


**图 2-11 2010 ~ 2015 年我国城市建成区面积变化**❶

注：2011年城市建设用地面积不含上海市。

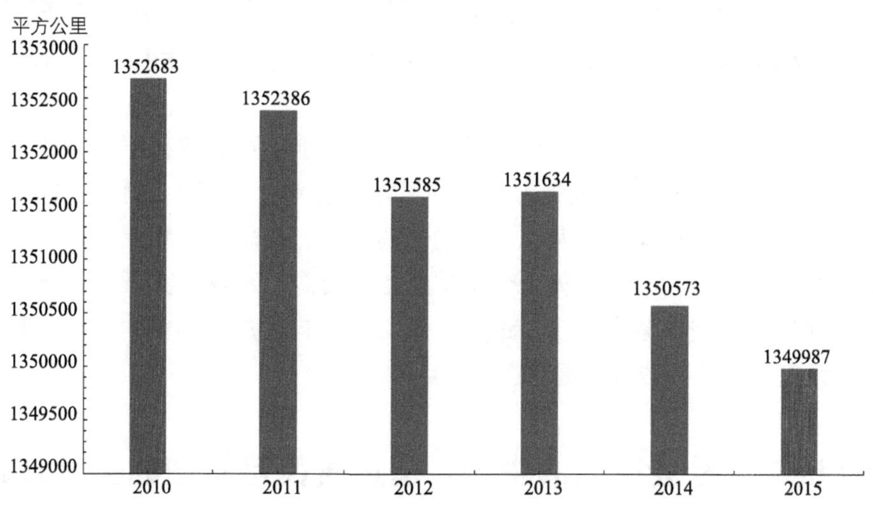


**图 2-12 2010 ~ 2015 年我国耕地面积变化情况**❷

用地扩张需求强烈，因此建设占地大部分仍是城镇周边的优质耕地。此外，目前的耕地面积主要靠“占地补偿”的手段来维持，可全国可靠的后备耕地仅剩20000平方公里左右，库存告急，难以为继。

与此同时，为满足可再生能源生产的需求，大量的光伏农场（Solar Farm）也开始占用大量土地，如中民投宁夏新能源综合示范区电站占地约6万亩。尽管2017

❶ 数据来源：城市建设年鉴

❷ 数据来源：国土资源公报

年国土资源部、国务院扶贫办和国家能源局已联合印发《关于支持光伏扶贫和规范光伏发电产业用地的意见》(国土资规〔2017〕8号)，不允许光伏产业侵占基本农田[1](图2-13)，但却依然存在光伏设施侵占生态用地(图2-14)、假借农光互补侵占普通农用地等钻政策空子的行为。换言之，资源生产用地之间也存在“抢地”现象。总之，在保障生态用地与现有耕地的前提下，建设用地与资源生产用地之间，不同资源的生产用地之间均存在激烈竞争。因此，打破其“空间互斥性”成为解决矛盾的新思路。

图 2-13　光伏设施侵占农业生产用地[2]

图 2-14　光伏设施侵占生态生产用地[3]

研究致力于在城市有限的面积上增加生产性土地，可有效补偿城市建设造成的土地占用。首先，城市中大量的闲置空间可增加资源生产用地的有效供给；其次，在城区中生产蔬果、糖类、棉花以及生物燃料作物，可减少它们农村对小麦等粮食作物的耕地占用，有利于从整体上合理配置土地资源；而城区太阳能生产，不仅不额外占地还能与消费端紧密结合；最后，城市空间与生产性功能的重构有利于从居民需求的角度整合多种资源，提高空间利用率。

## 二、促进城市社会空间的生产，塑造居民可持续的生活方式

(1)在研究成果指导下进行社区建设，可重塑社会关系，营造归属感。目前的城市格局从空间和精神上瓦解了熟人社会。而资源生产与共享活动能增加居民互相接触的机会，生成社会资本，促进邻里交往，提升社区凝聚力。

(2)研究成果可为老年人创造生产性养老场所，实现老有所为，老有所乐。让老年人开展生产性活动或组织管理工作，不仅锻炼身体、缓解老人退休后的心里不适，还能实现老年人的创造性与价值。

[1] 国土资源部. 国家能源局关于支持光伏扶贫和规范光伏发电产业用地的意见[EB/OL]. 2017-10-10[2019-5-15]. http://www.mlr.gov.cn/zwgk/zytz/201710/t20171010_1609303.htm.

[2] https://www.lowcarbon.com/our-portfolio/portfolio-overview/our-projects/four-burrows/.

[3] https://www.solarpowerworldonline.com/wp-content/uploads/2017/09/Bird-Machine.jpg.

（3）研究成果可为儿童和青年人创造教育与放松场所。生产性幼儿活动空间增加了儿童接触有机种植和绿色技术的机会，有助于从小形成生态环保理念。青年人参与生产活动可以减轻精神压力，吸收负面情绪。

（4）研究成果可为失地农民和外来人员创造融入城市生活的机会。失地农民有经验和参与生产性活动的积极性，城市生产性活动一方面可以为他们提供工作或活动机会，让他们从经济、行为习惯和心理需求都有着适应城市生活的过程；另一方面，通过让失地农民和外来人员向城市原住民讲解耕种知识等生产技能，可以加快他们融入城市生活中的进程。

总之，生产性活动不仅适用于多种人群，得到其相应的社会空间，还可通过让他们参与绿色生产活动，引导其转变生活方式，进而主动改变生活环境，实现城市的“自主发展”与完善。

## 三、推进城市经济结构向均衡、复杂、健康的方向转换

（1）生产性功能回归，提升城市经济活力。本地生产能够更好地更及时地满足居民需求，而有序地让使制造业回归城市，并与服务业、居民的日常生活紧密结合，可发挥制造业对经济发展和技术革新的乘数效应，有效推动经济健康发展；可减少对国际贸易的依赖，促进就业，提升经济生产力；可强化对本地需求的重视，减少对他国的经济依赖。

（2）减少居民开支，增加经济收益。生产性活动可为家庭提供有机食物和清洁电力，减少相关开支；而新的生产方式与生产内容，能够带来经济契机，有利于相关产业发展；此外，基础设施建设和生产活动可为市民提供就业，环境品质的提升也能拉动所在区域的经济价值。

（3）投入少而收益高的建筑节能新举措。俞孔坚教授的褐石公寓改造项目证明，采用阳台农业可以用较少的投入、简单的方式将普通住宅转化为绿色低碳建筑[1]。由于农业阳台对户外环境的缓冲作用和生态墙的降温作用，住户在夏季不开空调就能满足舒适度要求。刘烨和李保峰也分别通过实证研究证实，这些措施节能效果显著，且不需对围护结构造成过大的干扰[2][3]。

## 四、对目前混乱的自发生产行为进行系统指导，优化城市环境

（1）改变资源消耗模式。资源生产消费的本地化，厨余垃圾、作物秸秆等有机废物的循环利用，废水处理系统与“活的机器”、沼气系统的连接，能够改变原有城市资

[1] 俞孔坚，宋本明．低碳住家——北京褐石公寓改造设计[J]．建筑学报，2010(8): 33-36.

[2] 刘烨，穆大伟，张玉坤．农业种植对室内环境影响研究初探[J]．建筑节能，2014(1): 66-70.

[3] 李保峰，刘娟娟，张卫宁．基于都市农业理论的兼农住宅策略研究——以武汉为例[J]．建筑师，2012(6): 48-53.

源单向流动的方式，赋予城市自我更新、自我调节、自我循环的可持续发展能力。

（2）对自发生产性行为的引导。目前市民自发性的生产行为虽体现了居民的生产诉求，却也产生了一定的混乱与问题，需要系统指导。以农业为例，设计与管理可以提高土地利用率，减少市民的随意圈地行为，保障产品的分配，减少摩擦，还能为其提供基础设施和技术服务，使生产有序化、规模化、景观化。此外，如何减少不同资源生产的用地冲突，如何高效地整合多种资源，也需要专业人员的设计与指导。

总之，提高城市综合承载力，让城市能主动、自发、有序地进行“光合作用”，是实现城市可持续发展的必由之路。亟需对其实现策略、实施方法、相关技术进行深入研究。

# 第三章 生产性城市理论研究与设计实践综述

一个新时代只有在做了默默的事前准备工作之后才会来到。如果我们把这革新跟过去相比，这就是革命。

——勒·柯布西耶（1920）

生产我们所消耗的，消费我们所生产的。

——安德列·高兹（1970）

生产性城市这一概念并非凭空杜撰，而是建立在大量城市生产性思想的基础上的。事实上将城市由单纯的资源消费者转化为生产者的思想由来已久。从18世纪勒杜的绍村理想城，1826年杜能基于农业圈的孤立国；到1898年霍华德的田园城市，1949年希尔伯塞姆的新区域模式，1960年黑川纪章的农业城市……无不蕴含着生产性思想。在当代，频繁发生的能源、粮食与经济危机，促使着人们在不同维度对城市生产进行了探索，产生了诸如零能耗城市、农业生产性城市、“再工业化”等理论与政策。近10年来，以生产性为出发点的设计理念，如“城市收获”等概念开始涌现。“生产性城市”概念也应运而生。相关研究与设计在2015年前后呈现“井喷”趋势。

本章首先对生产性城市研究现状进行总述。在明晰生产性城市研究发展脉络的基础上，从理论和实践两个方面，对当今国内外具有代表性的城市生产性思想进行介绍、梳理与对比。以期为下文提出生产性城市概念、归纳生产策略和设计手法打下理论基础。

## 第一节 “生产性城市”研究与设计现状总述

“生产性城市”的研究有几条并行发展的脉络。总体来说包括两大类：一是不同领域对生产性城市的探索（包括经济学、都市农业和制造业），该领域中的“生产性城市”与本书所指的概念并不完全相同；二是与本章所指相同的“生产性城市”研究，它涉及几个不同的研究团队（IELEI、IAAC和其他）。这几个研究分支，各自独立却也相互影响着（图3-1）。

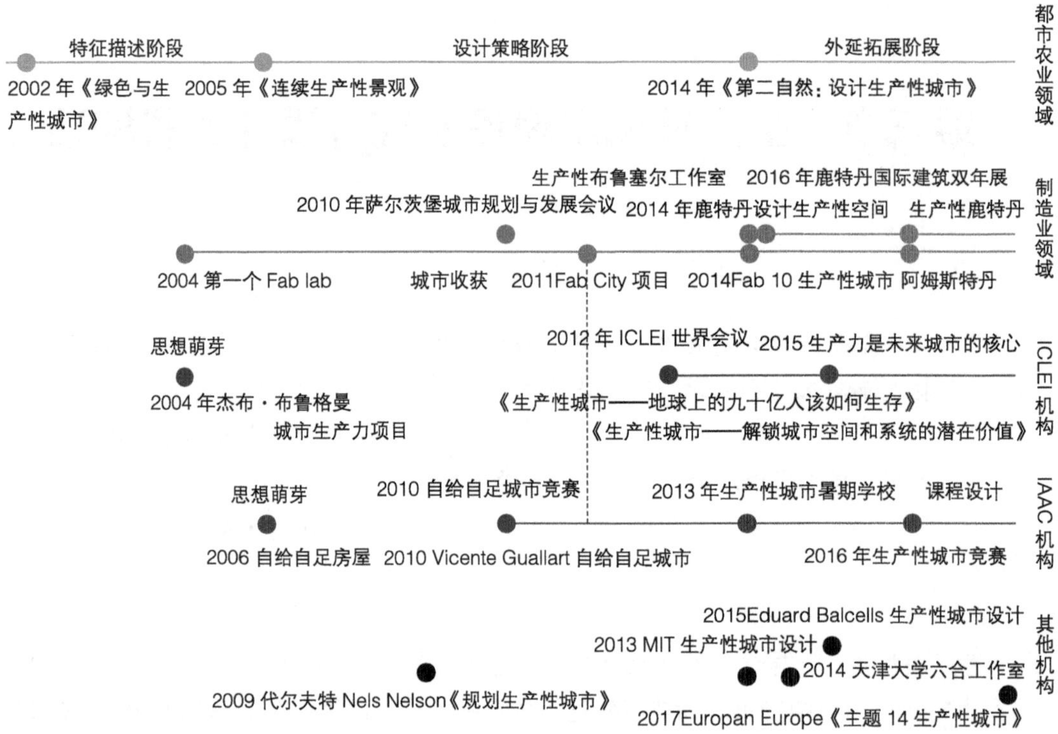

特征描述阶段 设计策略阶段 外延拓展阶段
2002 年《绿色与生产性城市》 2005 年《连续生产性景观》 2014 年《第二自然：设计生产性城市》
都市农业领域

生产性布鲁塞尔工作室 2016 年鹿特丹国际建筑双年展
2010 年萨尔茨堡城市规划与发展会议 2014 年鹿特丹设计生产性空间 生产性鹿特丹
2004 第一个 Fab lab 城市收获 2011Fab City 项目 2014Fab 10 生产性城市 阿姆斯特丹
制造业领域

思想萌芽 2012 年 ICLEI 世界会议 2015 生产力是未来城市的核心
2004 年杰布·布鲁格曼城市生产力项目
《生产性城市——地球上的九十亿人该如何生存》
《生产性城市——解锁城市空间和系统的潜在价值》
ICLEI 机构

思想萌芽 2010 自给自足城市竞赛 2013 年生产性城市暑期学校 课程设计
2006 自给自足房屋 2010 Vicente Guallart 自给自足城市 2016 年生产性城市竞赛
IAAC 机构

2015Eduard Balcells 生产性城市设计
2013 MIT 生产性城市设计
2014 天津大学六合工作室
2009 代尔夫特 Nels Nelson《规划生产性城市》
2017Europan Europe《主题 14 生产性城市》
其他机构

**图 3-1 目前在各领域出现的“生产性城市”研究与实践探索**

# 一、不同研究领域对“生产性城市”的研究探索

传统经济学、都市农业和制造业等领域都有各自的“生产性城市”概念。

## （一）传统经济学中的“生产性城市”

“生产性城市”这一词语最早出现在经济学领域，多指生产效率高或富有生产力的城市。在经济学中，这一概念比较普遍，并一直沿用至今。其主要的倡导者是联合国人居署。

1. 聚集效应与高效率

大多数该领域的研究基于传统的经济学解释（聚集效应）。如Kristian Behrens在《生产性城市：归类、选择和聚集》（*Productive Cities: Sorting, Selection, and Agglomeration*）中强调了规模经济与聚集效应的作用[1]。布鲁金学会曾对世界最高产的城市（The Most Productive Cities）进行了排名，这些城市以世界14%的人口产生了全球48%的出口量。分析认为这多得益于大的劳动力市场、良好的公共基础设施

[1] Behrens K, Duranton G, Robert-Nicoud F. Productive cities: Sorting, selection, and agglomeration[J]. Journal of Political Economy, 2014, 122(3): 507-553.

以及更多的消费潜力[1]。不同于其他仅限探讨经济情况的论文，Jane-Frances Kelly等在《生产性城市》中，通过对澳大利亚最大的四个城市进行分析，得出知识密集型企业的聚集、城市内系统化的连接性（交通能力、通勤时间/距离）等因素对城市生产效率的重要性[2]，将城市交通布局与经济效益放在一起探讨。

2. 提供本地就业机会

也有一些研究突破传统经济学解释，得出一些新的结论。如Nirmala Last在《经济趋势与生产性城市》（*Economic Trends & The Productive City*）中通过对现在西方城市经济趋势和失业情况的分析，提出了生产性城市的关键问题在于"当地的经济是否可以提供给大部分居民以获取适当生活方式的机会"[3]。将生产性城市与本地就业机会相联系。

更为明确地提出两者间关系的是联合国人居署。它将高效的城市（Productive City）和弹性城市、绿色城市等共同作为"世界城市运动"（World Urban Campaign）的主题，目标是促进就业[4]。他们认为："城市创造体面就业机会的能力很大程度上取决于经济增长。通过对教育和城市基础设施投资、消除对企业不必要的限制、改善城市当局的资金效率等方式可以提高城市的生产力，从而实现经济增长并为城市居民创造体面的就业机会"[5]。

总体而言，经济领域中的"生产性城市"探讨了如何使我们的城市在经济上更有效地发挥作用。

## （二）都市农业中的"生产性城市"

由于农业的生产性特点，都市农业领域也有"生产性城市"一词。该词义的发展经历了三个阶段。

1. 特征描述阶段

第一阶段为特征描述阶段，"生产性"只是作为一个修饰性的形容词——生产性城市一词最早出现于Wolfgang Tuber和de Zeus在2002年发表的《绿色与生产性城市》（*Green and Productive Cities: A Policy Brief on Urban Agriculture*），该文侧重于讲述都市农业实施与管理政策[6]；由RUAF基金会2006年出版的《面向未来的城市农业：绿色生产性城市的城市农业》（*Cities Farming for the Future: Urban Agriculture for Green and Productive Cities*），为政府决策者、规划师、城市中的农民与企业提供了

[1] Istrate E, Berube A, Nadeau C A. Global MetroMonitor 2011: Volatility, growth and recovery[M]. Washington: Brookings Institution, 2012.

[2] Kelly J F. Productive cities: opportunity in a changing economy[R]. Australian: Grattan Institute, 2012.

[3] Economic trends & the productive city [OL]. http://www.slideshare.net/Annie05/economic-trends-the-productive-city-presentation?qid=6ef7374a-6389-4814-b3c5-424d2844e291&v=qf1&b=&from_search=1.

[4] http://mirror.unhabitat.org/categories.asp?catid=683.

[5] http://mirror.unhabitat.org/categories.asp?catid=683.

[6] Wolfgang Teubner. And de Zeeuw, H. Green and productive cities: a policy brief on urban agriculture[R]. Bonn, Germany: ICLEI and ETC, 2002.

都市农业实施监管的行动指引[1]。这一阶段称为上述文章虽涉及生产性城市这一词汇，却没有对生产性城市进行说明，并非作为专有词汇。

2. 设计策略阶段

第二阶段为设计策略阶段，将偶然为之的“生产性”上升为有意而为的城市发展策略。随着都市农业领域的发展，从农业的角度探讨城市的相关研究也增多，专有名词与理论相继出现，如The Edible City、Agricultural Urbanism、the Diggable City、Hungry City等，将“生产性”纳入城市发展策略的研究也应运而生——André Viljoen和Katrin Bohn于2005年出版的《连续生产性景观》（*Continuous Productive Urban Landscape*）从理论与实践两个方面探讨都市农业与城市（景观、休闲）空间网络的融合[2]。2012年德国出版的《战略城市景观——城市自然生产力》（*Strategie Stadtlandschaft—Natürlich Urban Produktiv*），将生产性城市推到了城市发展战略的高度。[3]

我国都市农业研究中的“生产性城市”研究亦属于这个阶段。如浙江大学高宁的《基于农业城市主义理论的规划思想与空间模式研究》和山东建筑大学徐娅琼的《农业与城市空间整合模式研究》论文中的“生产性城市”一词，都是作为“生产性景观”概念的拓展。

3. 外延拓展阶段

第三个阶段是概念内涵和外延的拓展，强化了空间生产、经济生产、环境生产和社会生产等内容。代表研究是André Viljoen和Katrin Bohn于2014年出版的《第二自然：设计生产性城市》（*Second Nature Urban Agriculture: Designing Productive Cities*）。他们提出一个城市需要通过基于“空间”的考虑来搭建起粮食系统规划与都市农业设计之间桥梁，并认为更广泛的、生产性的意义上的城市空间生产（Space Production）是CPUL City与CPUL最显著的不同[4]。尽管如此，其生产内容仍局限于农业生产，书中明确提出他们所论述的是食物生产性城市[5]（A Food-productive City）。

## （三）制造业中的“生产性城市”

制造业由于后工业和全球化的原因而在消费城市中消失，并因此产生了严峻的经济、社会与环境问题（详见第一章第一节）。西方国家反思后实施了再工业化政

[1] Van Veenhuizen R. Cities farming for future, Urban Agriculture for green and productive cities [M]. Leusden, The Netherlands: RUAF Foundation, IDRC and IIRP, ETC-Urban agriculture, 2006: 2-17.

[2] Viljoen A, Bohn K. Second nature urban agriculture: designing productive cities[M]. London; New York: Routledge, 2014.

[3] Viljoen A, Bohn K. Second nature urban agriculture: designing productive cities[M]. London; New York: Routledge, 2014: 34.

[4] Viljoen A, Bohn K. Second nature urban agriculture: designing productive cities[M]. London; New York: Routledge, 2014: 15.

[5] Viljoen A, Bohn K. Second nature urban agriculture: designing productive cities[M]. London; New York: Routledge, 2014: 17.

策。与此同时，3D打印等高科技小型制造工具的发展，共享经济的兴起和个性化定制的风潮，推动城市中产生了大量新型中小规模的制造业。这里涉及3个主要的概念或组织，让生产回归的探讨、生产性大都市区与制造城市。

1. 让生产回归城市的讨论与城市收获（Urban Harvest）

2010年度的萨尔茨堡城市规划与发展会议（SCUPAD）的主题为“让生产回归城市（Bringing Production Back to the City）”，包括《打破后工业社会的神话》（Dieter LÄPPLE）、《城市制造业》（Adam Friedman）、《城市在绿色工业中的作用》（Philipp Rode）、《都市农业》（Wouter Leduc）等主题发言。[1]

发布于其中的《城市收获——实现生产性城区的规划方法》（*Urban Harvesting as Planning Approach Towards Productive Urban Regions*）提出了生产性城区和城市收获的设计方法。城市收获致力于“在城市环境系统内（包括城市森林、城市河流、城市能源、城市农业、城市矿场、城市空间），收集任何可再生的原生资源与二次资源，并在城市环境系统中（再）利用它们。从而改变我们对城市只消耗资源的传统观念，让城市中的人（或活动）可以生产资源”[2][3]。它是与生产性城市最为接近的城市设计理念（图3-2）。

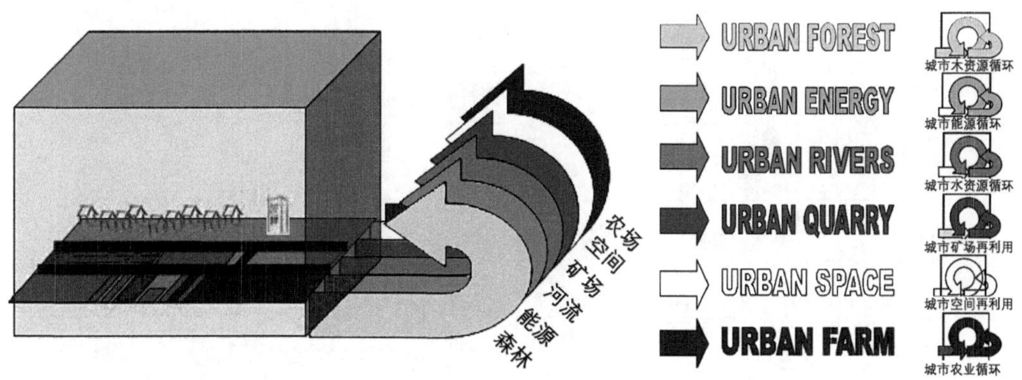


**图 3-2 城市收获概念图解**[4]

2. 生产性大都市（The Productive Metropolis）

（1）设计生产性空间

2014年鹿特丹国际建筑双年展期间举行了名为“设计生产性空间”（Productive

---

❶ http://www.scupad.org/web/content/2010-scupad-congress-program.

❷ Rovers, R., Rovers, V., Leduc, W., Gommans, L., Sap, H., & van Kann, F. Urban harvest+ approach for 0-impact built environments, case Kerkrade west[J]. International Journal of Sustainable Building Technology and Urban Development, 2011. 2(2): 111-117.

❸ Leduc, W. R., & Van Kann, F. M.. Spatial planning based on urban energy harvesting toward productive urban regions[J]. Journal of Cleaner Production, 2013 (39): 180-190.

❹ Ronald Rovers. Urban Harvest, and the hidden building resources[C]. R.Rovers , Cape Town: CIB World Building Congress. 2007: 14-18.

Space By Design）的讨论会议。会议的核心问题是能否设计出另外一种城市发展模式。这种模式基于人与空间的生产力，而不会开发利用土地和自然资源[1]——这与我们所设想的生产性城市完全一致。

（2）生产性城市布鲁塞尔

生产性布鲁塞尔工作室（Atelier Productive BXL）是由布鲁塞尔环境委员会（BRAL）、改善环境基金会（BBL）与布鲁塞尔建筑工作室于2014年联合发起的。其主任正是设计生产性空间会议的主席Joachim Declerck。这个项目的目的在于探讨布鲁塞尔城区中的空间设计和（未来）经济之间的关系。历时几个月的研究，他们提出"应将制造业重新引入到城市中"。通过引入生产，建立知识、创新和生产之间的联系，可形成循环经济和更可持续的经济链，为将来实现生产性城市奠定基础（图3-3）。[2]

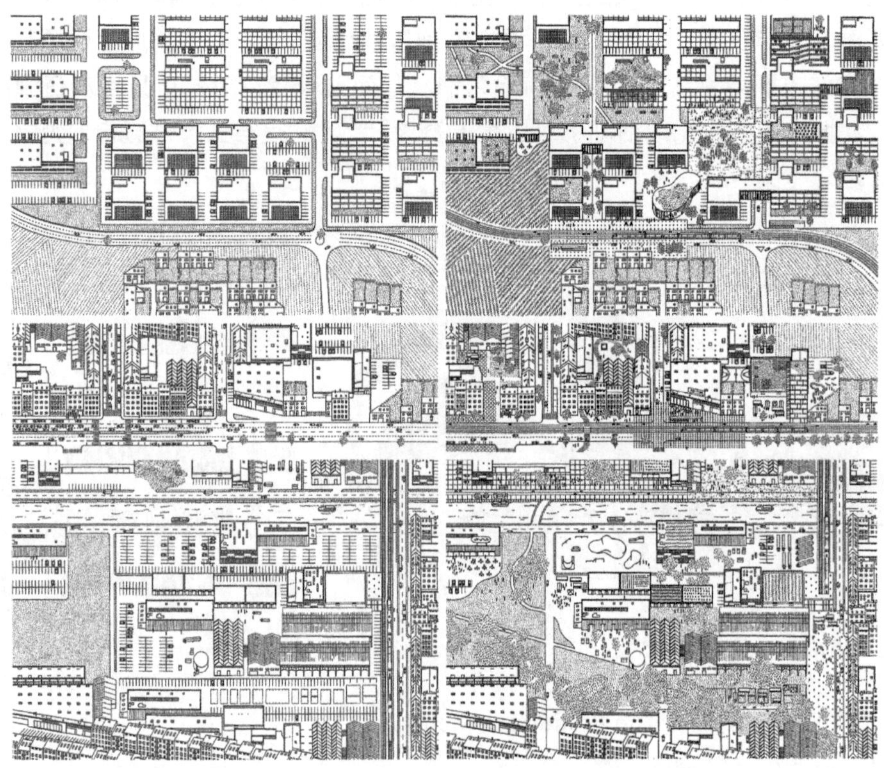

图 3-3　生产性布鲁塞尔设计前后（Productive BXL）[3]

在此基础上，2016年鹿特丹国际建筑双年展（IABR）与布鲁塞尔联合举办了布鲁塞尔生产性都市区工作坊（Atelier Brussels Productive Metropolis）。以布鲁塞尔

[1] Can design help us find an alternative model of urban development, one that does not capitalize on the exploitation of land and natural resources, but on the productive capacity of people and space[R/OL]. IABR. http://iabr.nl/en/conferentie/bydesign_report.

[2] http://www.architectureworkroom.eu/en/work/atelier_productive_bxl/.

[3] http://www.eva-le-roi.com/index.php/project/productive-bxl/.

为例，通过设计研究探寻生产性城市的发展模式和空间类型。在展示中，他们提出“健康的城市是生产性城市”（A Healthy City is A Productive City）[1]。

（3）生产性城市鹿特丹

2016年鹿特丹国际建筑双年展（IABR）的中心主题为“未来的经济”（The Next Economy）。他们认为制造业有利于实现资源循环、增加社会包容度和提升本地价值。但发展新型制造业，不仅需将创新和生产紧密结合，最重要的是它应深深根植于城市结构之中。为此，IABR开展了几个生产性城市都市区的工作坊。除了上述的布鲁塞尔外，它还与鹿特丹市协作开展了“鹿特丹——生产性城市”（Rotterdam: Productive City）设计研究工作坊。该工作坊由Daan Zandbelt主持，目标是开发一种新的不仅仅由服务业驱动的城市。这个城市能够解决失业问题，同时减少其腹地的$CO_2$排放（图3-4）。[2]

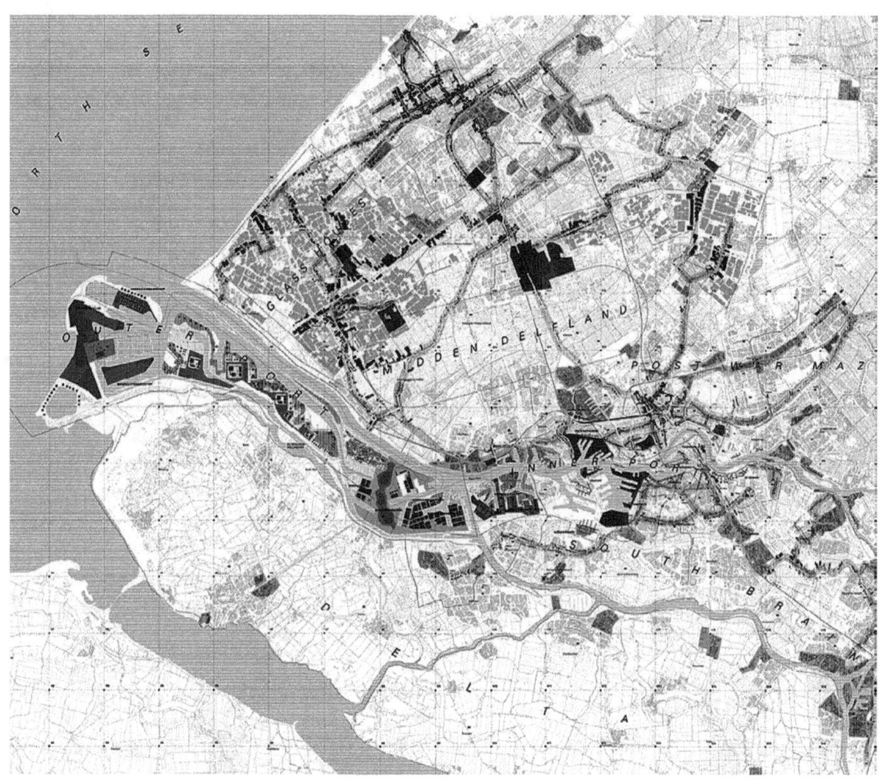


图 3-4　鹿特丹海牙都市圈的发展前景[3]

[1] http://www.architectureworkroom.eu/en/work/atelier_brussels_the_productive_metropolis/.

[2] https: //emurbanism.weblog.tudelft.nl/urban-region-networks-201516-the-productive-city/research-design-studio-a-strategy-for-the-productive-city/；http://www.dezwartehond.nl/nieuws/daan_zandbelt_ateliermeester_rotterdam_de_productieve_stad_tijdens_iabr_2016&lang=en_US.

[3] http://iabr.nl/en/projectatelier/pa2016_rotterdam2.

该工作室提出了7个可以加强区域制造业经济的发展策略：

- 使经济进入公共领域
- 循环景观（使用可再生的资源、产品与能源，使本地景观更富价值。）
- 重新探讨商业街空间
- 成长生活工作（由于工作和生活之间的界限越来越模糊，应在社区尺度中整合生产与消费、学习、工作、制造和再发明的空间，促进和鼓励相关活动，以及参与者之间的互动。）
- 生产性服务站（能够为客户提供最精确和及时的产品与服务，满足更多地“按需”功能变得越来越重要，在鹿特丹海牙大都市区内均布置生产性服务站，提供诸如电动车充电站、共享自行车、便利店、特定的工具生产，维修和保养等服务，并与各个区域部分的具体需要相结合。）（图3-5）

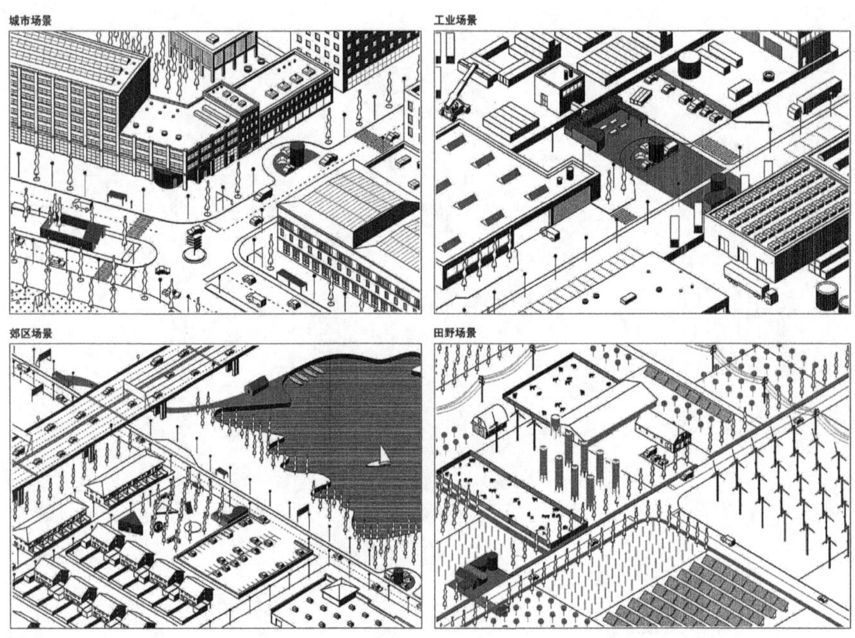


图 3-5　生产性服务站[1]

- 学习型城市（创新和教育是未来制造业经济的动力，应将教育、研究、测试、制造等功能多样化地紧密结合。）
- 重新定位工作区[2]

3．制造城市（Fab City）与生产性城市

制造城市（Fab City）是由遍布在全球的制造实验室（Fabrication[3] Laboratory）

[1] http://iabr.nl/en/projectatelier/ontwikkelperspectievenpartm16.

[2] http://iabr.nl/en/projectatelier/ontwikkelperspectievenpartm16.

[3] Fabrication与大规模机械化生产（manufacture）的不同之处，在于它偏向于小规模个性化定制与艺术化生产。

构成的网络[1]，其目标是建构将“本地生产”与“全球网络相连”相结合的，自给自足的城市[2]。

（1）制造实验室（Fab Lab）

制造实验室配备了先进的仪器与技术，提供研发、设计、制造以及教育培训等服务，为每一位公民提供数字制造技术支撑[3]。它原本是麻省理工学院（MIT）原子中心（CBA）于2004年发起的拓展项目，如今已遍布全球40多个国家。他们通过互联网共享项目与工艺，形成了世界上最大的创作者社区之一[4]。它可以支持本地生产，也可以与其他实验室共享信息。正是这样的机制使它能够成为“一个服务于地方行动的全球性的大脑”（图3-6）。[5]

**图 3-6 一个典型的制造实验室内部** [6]

（2）制造城市Fab City项目

2011年，CBA与西班牙加泰罗尼亚高级建筑学院（IAAC）、Fab基金会等机构在利马推出了Fab City项目。Fab City是一种新的城市模型，它利用这个分布式的全球制造实验室网络，将城市“从产品进垃圾出”的模式转变为“数据进数据出”[7]。简言之，物质在本地生产，而信息、数据、设计与知识在全球共享（图3-7、图3-8）。

为实现这一目标，2016年4月，全球近1000个制造实验室之间实现了核心能力的共享，向着“数据的进出口”迈进了一大步。至于本地的物质生产，Fab City欲建构“从家用3d打印机，到社区制造实验室，到城市制造工厂，到全球生产基础设施”的分层

❶ http://blog.fab.city/2016/03/11/welcome-to-fab-city.html.

❷ http://fab.city/about/.

❸ http://fab.city/faq/.

❹ http://lameva.barcelona.cat/bcnmetropolis/en/dossier/dels-fab-labs-a-les-fab-cities/.

❺ http://fabfoundation.org/what-is-a-fab-lab/.

❻ https: //www.fablabs.io/.

❼ Locally productive, globally connected self-sufficient cities [DB/OL]. [2016-01-23]. http://fab.city/whitepaper.pdf.

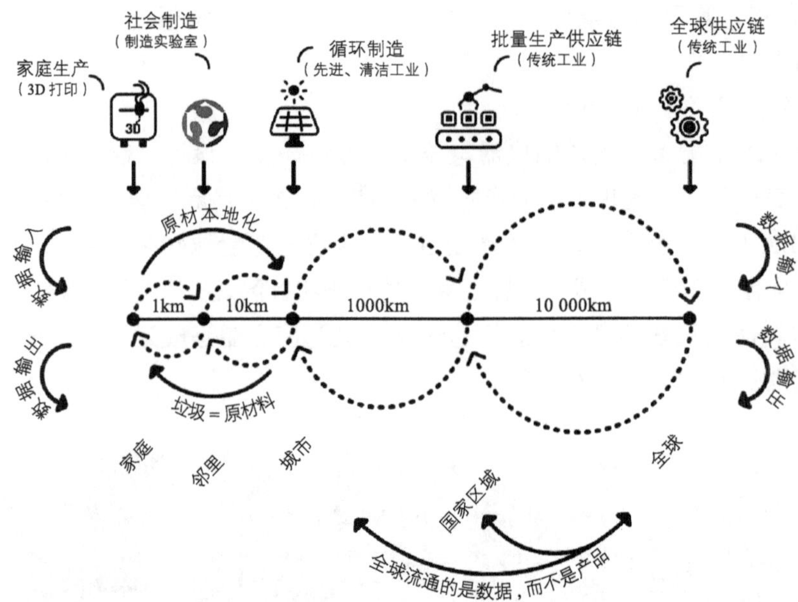


图 3-7　制造城市的分层级制造体系（物质的本地化）[1]

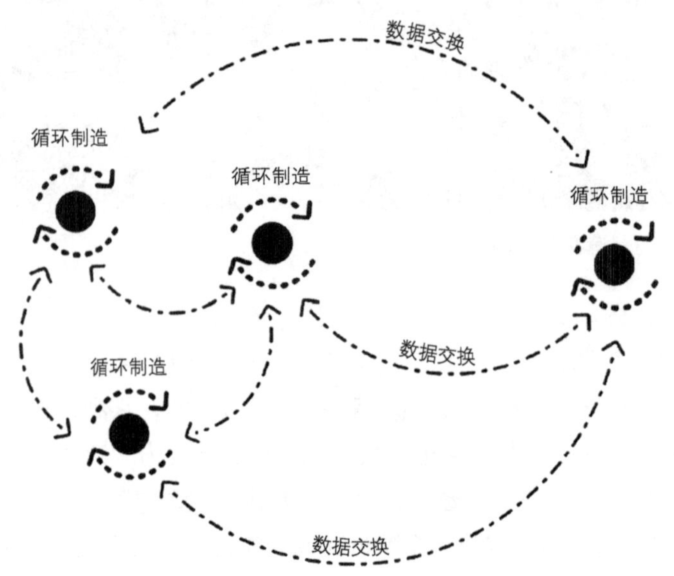


图 3-8　制造城市的信息共享体系（数据的全球化）[2]

级的制造体系[3]。并借助于分布式能源生产、使用加密数字货币的新经济、食物生产与永续农业、面向未来的教育、循环经济以及与政府和民间团体合作等方式予以支撑[4]。

---

[1] Locally productive, globally connected self-sufficient cities [DB/OL]. [2016-01-23]. http://fab.city/whitepaper.pdf.
[2] Locally productive, globally connected self-sufficient cities [DB/OL]. [2016-01-23]. http://fab.city/whitepaper.pdf.
[3] Locally productive, globally connected self-sufficient cities [DB/OL]. [2016-01-23]. http://fab.city/whitepaper.pdf.
[4] Locally productive, globally connected self-sufficient cities [DB/OL]. [2016-01-23]. http://fab.city/whitepaper.pdf.

（3）FAB10与生产性城市

全球的制造城市每年都会举行一次讨论分享的盛会。之所以强调2014年于巴塞罗那召开的FAB10，是由于它将生产性城市作为项目的三大主题之一（数字化制造、生产性城市与新兴社区）。其中生产性城市议题的关键词是：新的制造业、为市民创新的城市基础设施、公共政策、新兴经济与再工业化[1]。

正是在这次会议中，涌现出一大批以“生产性城市”研究为主题的论文。如来自希腊雅典国家技术大学（NTUA）的Dimitris Papalexopoulos，基于城市创新生态系统（UIE）研究，提出“生产性城市是由小规模生产者构成的互联网络，他们不仅是制造商还包括可以促进新的城市生产活动的生产者，如都市农业和可再生能源生产”[2]；James Brazil基于城市环境之间关系的多样性和复杂性提出了“合作生产性城市”（The Co-Productive City）[3]；Maria Koutsari研究了希腊出现的生产性创意社区[4]；Oscar Javier Perez Ollervidez提出为实现城市的生产力，需创造生产性空间（Productive Space）[5]等。

（4）生产性城市：巴塞罗那5.0

制造城市的目标是开发一个完全的生产性城市（The productive city）[6]——能够通过知识共享来解决当地的问题。在当地生产能源、食品、商品，使用废物作为原料，回收塑料进行3D打印，或用旧家电来生产新的设备[7]。巴塞罗那作为致力于开发这一项目的试点之一，预计将在2054年实现自给自足，成为生产性城市。

（5）制造城市阿姆斯特丹

制造城市阿姆斯特丹（Fab City Amsterdam）是2016年4月至6月，在户外进行的可持续与自给自足城市项目。其间，学生、科学家和企业家等居住于此，通过集体实验与测试，共同探讨创建未来城市环境的新途径[8]——除了数字化建造，还包括可再生能源生产、交通运输的新方式、水处理、当地粮食供应以及废弃物重新使用的多种可能性[9]（图3-9）。

[1] https: //www.fab10.org/e.

[2] Dimitris Papalexopoulos, Urban Innovation Ecosystems, Athens: Towards a productive citySchool of Architecture, [DB/OL]https: //www.fab10.org/en/papers/66.

[3] James Brazi., INSITU: The Co-Productive City [DB/OL]. https: //www.fab10.org/en/papers.

[4] Maria Koutsari, Emergent creative and productive communities in the city center of Athens [DB/OL]. https: //www.fab10.org/en/papers.

[5] Oscar Javier Perez Ollervidez, BNY. Making a Productive Space improve the city's “Productivity” [DB/OL]. https: //www.fab10.org/en/papers.

[6] http://lameva.barcelona.cat/bcnmetropolis/en/dossier/dels-fab-labs-a-les-fab-cities/.

[7] http://lameva.barcelona.cat/bcnmetropolis/en/dossier/dels-fab-labs-a-les-fab-cities/.

[8] http://blog.fab.city/2016/04/06/fab-city-amsterdam.html.

[9] http://europebypeople.nl/on-campus/.

图 3-9 制造城市阿姆斯特丹（Fab City Amsterdam）[1]

制造城市尽管以制造业的“本地生产+全球信息共享”为出发点，却在探索本地生产的过程中加入了对其他资源的考量。在经历了十年的实践研究之后，他们将“生产性城市”作为“制造城市”的目标，使这两个概念有一定的重合。事实上，两者的内涵和目标是一致的——消除全球尺度上的生产与消费分离对环境和经济的影响。

## 二、整合性的“生产性城市”研究与设计探索

### （一）ICLEI 与“生产性城市”的提出

随着人们对资源关系讨论的深入（如Nexu[2]），人们意识到单一资源的生产战略不能解决复杂的城市问题。整合多种资源生产的思想开始涌现，如再生城市（Regenerative Cities）[3]，亲生物城市主义（Biophilic Urbanism）[4]，自给自足城市（Self-sufficient Cities）[5]等。生产性城市的概念也应运而生。

1. 思想萌芽

事实上，早在2004年，21世纪议程的提倡者之一，可持续发展地方环境倡议理事会（ICLEI，Local Governments for Sustainability）的发起人，加拿大城市

[1] http://www.acceleratio.eu/fabcity-amsterdam-till-june-26-2016/\http://www.3ders.org/articles/20160421-fabcity-sustainable-self-sufficient-cities-project-opened-its-doors-in-amsterdam.html; http://www.archdaily.com/789292/truetalker-pavilion-now-open-at-fab-city-amsterdam.

[2] http://www.gracelinks.org/468/nexus-food-water-and-energy.

[3] Girardet H. Creating regenerative cities[M]//Girardet, H. Schurig. S. The need to build regenerative cities. London; New York: Routledge, 2014.

[4] Reeve A, Hargroves C, Desha C, et al. Informing healthy building design with biophilic urbanism design principles: a review and synthesis of current knowledge and research[C]// Brisbane, Australia: Healthy Buildings 2012 -10th International Conference of The International Society of Indoor Air Quality and Climate (ISIAQ), 20120708-12.

[5] Guallart V. The Self-Sufficient City: Internet has changed our lives but it hasn't changed our cities, yet[M]. Calgary, AB, Canada: ACTA Press, 2014.

发展领域的权威专家杰布·布鲁格曼（Jeb Brugmann），曾建立了一个“未来实践”（The Next Practice）基金。该基金与ICLEI共同发起了“城市生产力”（Urban Productivity）项目，并将城市生产力作为未来城市规划理论发展的方向。提出“城市生产力可以作为未来十年城市发展与管理的基础概念而发挥关键性的作用”[1]。这是杰布生产性城市思想的萌芽。

2. 概念提出

2012年ICLEI世界会议的主题之一即为生产性城市。

在会议上，杰布·布鲁格曼进行了名为《生产性城市——地球上的九十亿人该如何生存》（*The Productive City—9 Billion People Can Thrive on Earth*）的主题报告。该报告对生产性城市的意义、它与生态城市在循环系统等方面的区别进行介绍，并通过需求分析对生产性城市的必要性进行量化直观的表达。他通过能源及食物的需求量（按现在每人的消耗量乘以将来的预计人数）与现在的产出量的差额进行对比，去除通过节约、新的回收方法等因素所能承担的量值，得到必须由城市负担一部分的能源、食物生产才能满足需求的结论。

随后他通过对目前能源生产（瑞典韦克舍）和农业生产（古巴哈瓦那和大温哥华区域）状况良好的城市进行分析，证实了在城市中进行这两类资源生产，能够在2050年实现供需平衡（图3-10、图3-11）。

最后，杰布提出“我们应该用城市生态学和次级生产，使城市成为一个资源的产生器，旨在一定区域内实现生产与消耗的平衡。而下一步的目标应该是生产性城市：城市产生比他们消耗的更多的资源，处理更多的垃圾”[2]。

在这次会议中，Parks Tau以南美城市Johannesburg的视角，将生产性城市定义为：“生产性城市是采用有效且高效的方式来管理其资源，从而满足其居民基本的社会经济需求”[3]。

3. 深入研究

杰布在2015年2月提出“生产力是未来城市的核心”。2015年3月，杰布又提出“在全球城市范围内能够最终实现可持续发展的有两个途径。一是净生产量，包括人类生存所需的食物和能源生产，以及经济价值的创造。二是能够在大范围极端环境下保持生产力的能力，即弹性。因此，城市可持续性=净生产力+弹性”。

[1] What’s Next? Exploring the concept of urban productivity[OL]. http://thenextpractice.com/whats-next-urban-productivity/.

[2] Jeb Brugmann. The Productive City—9 Billion People Can Thrive on Earth[C]. Bonn, Germany: ICLEI world congress. 2012. http://worldcongress2012.iclei.org/fileadmin/templates/WC2012/Documents/Presentations/P6-Brugmann1.pdf.

[3] Parks Tau. Building on a solid foundation towards a productive City of Johannesburg [C]. Bonn, Germany: ICLEI world congress 2012 http://worldcongress2012.iclei.org/fileadmin/templates/WC2012/Documents/Presentations/P6-ParksTau.pdf.

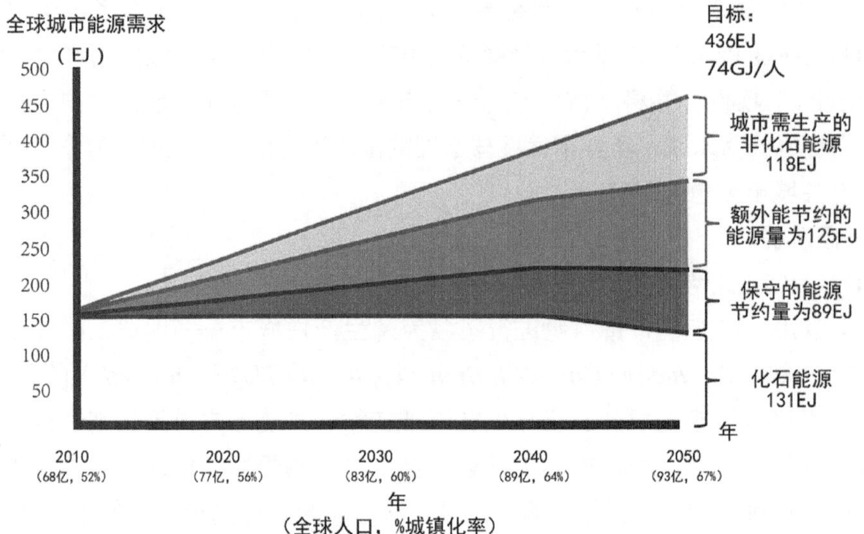


**图 3-10　2050 年城市能源供需计算**[1]

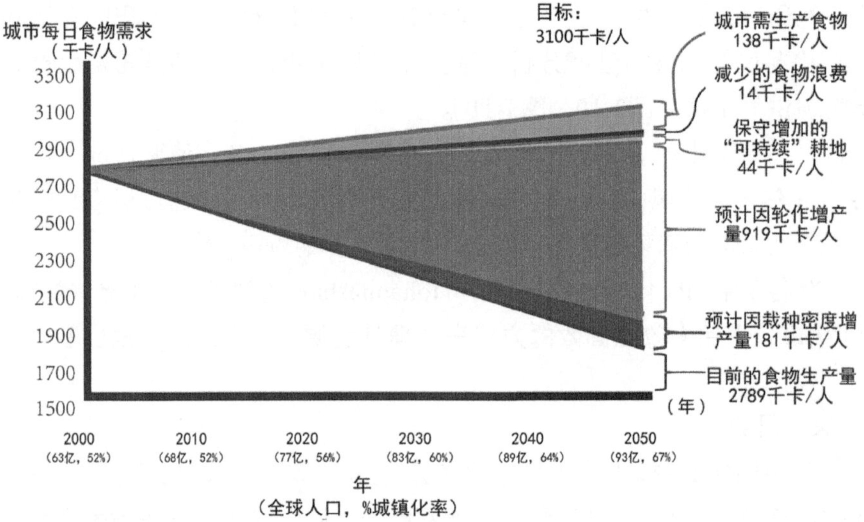


**图 3-11　2050 年城市食物供需计算**[2]

此外，在他的博客中透露到，他正在撰写一本称为《生产性城市——解锁城市空间和系统的潜在价值》（*The Productive City: Unlocking the Latent Value of Urban Places and Systems*）的书。探索为什么以及如何实现重新设计城市，使他们成为资源生产力的来源。

---

❶ Jeb Brugmann. The Productive City——9 Billion People Can Thrive on Earth[C]. Bonn, Germany: ICLEI world congress. 2012. http://worldcongress2012.iclei.org/fileadmin/templates/WC2012/Documents/Presentations/P6-Brugmann1.pdf.

❷ Jeb Brugmann. The Productive City——9 Billion People Can Thrive on Earth[C]. Bonn, Germany: ICLEI world congress. 2012. http://worldcongress2012.iclei.org/fileadmin/templates/WC2012/Documents/Presentations/P6-Brugmann1.pdf.

如今ICLEI的官网中已将生产性城市作为发展目标。并提出“生产城市不仅仅是改善当前或未来的城市系统的资源效率或生产力，而是致力于使城市在生态，经济和社会方面都达到净生产。”为了达到这一目标，ICLEI帮助其1200个成员城市提高他们整体的资源利用效率和更好地管理他们的自然资源，如土壤、水、动植物、矿产和能源资源，使他们成为生产性城市。具体来说，所使用的工具包括生态效益管理、土地利用、水资源管理、食品安全、城市农业、废物管理和回收利用。

## （二）IAAC 对“生产性城市”的探索

上文已述，西班牙加泰罗尼亚高级建筑学院（IAAC）与MIT等联合发起了Fab City的设计实践项目与城市发展理论。事实上，IAAC作为探索先锋概念的设计院校，也是生产性城市研究的先锋。

1. 自给自足的城市

该校创始人比森特·瓜利亚尔特（Vicente Guallart），发展了自知自足城市理论，并出版了《自给自足的城市》一书，勾勒了未来世界的蓝图，提出了本地自给自足和全球连接的原则[1]。（Fab City理论正是基于他的思想）

该书中充满了真知灼见。比如：a. 我们正在从工业化时代走向信息化时代，资源管理模式也正从集中化转变为分布式。b. 城市是一个多层次的系统，除了物理层和功能层外，还应加一个代谢层。那些能够以最少量的资源为周边地区创造价值的城市和地区将成为全球的领军者。c. 自给自足型城市街区应该运行在一个具有互联网的分布模式的能源和水的网络上。d. 在世界任何地方的任何人都能利用互联网上的共享知识和当地资源生产出任何产品。e. 在网络化社会中，我们可以同时打高速的全球系统和低俗的本地系统，文明若想自我超越，就要使用更少的能源，管理更多的信息。f. 每一个新的城市时代都有与之相应的经济模式（反之亦然）。g. 城市需要被设计为一个能量和信息和交换的封闭循环系统。城市要转变吸收产品生产垃圾的模式，进出城市的只能是一种东西，那就是信息，城市应在本地生产其所需要的资源，从“产品进垃圾出”转变为“数据进数据出”，等等。[2]

2010年该校举办了自给自足城市设计竞赛。参加的708份设计作品来自116个国家，通过开发策略应对在生态、信息化、社会化和全球化中新出现的挑战，响应栖息地的社会、文化、环境和经济条件，让城市实现自给自足的目标。同时也通过竞赛探讨和设想“21世纪的栖息地将是什么样的”[3]。

2. 暑期学校

2013年该校举办了名为生产性城市的全球暑期学校（图3-12）。

[1] https: //architecture.mit.edu/lecture/self-sufficient-city.

[2] [西]比森特·瓜里亚尔特（Vicente Guallart）. 自给自足的城市：智慧与可持续发展城市设计之路[M]. 万碧玉，译. 北京：中信出版社，2014.

[3] http://www.advancedarchitecturecontest.org/aac3/.

图 3-12 2013 年生产性城市全球暑期学校[1]

提出“生产性城市：能源、食物、知识、物品的生产为创造自给自足栖息地提供基本的必需品”该暑期学校的目的是通过生产上述资源应对目前城市环境中出现的机遇与挑战。其间在不同尺度上进行了生产性城市探索。

- 在城市尺度，识别潜在的生产区。
- 在建筑尺度，将重建一个“智慧城市街区”，能够生产资源，减轻对其他区的资源依赖。
- 在构造尺度，探讨能够适应本地气候、进行必需品生产的幕墙系统。[2]

3. 设计竞赛

2016年1月到3月，IAAC和Fab Lab Barcelona联合举行了“生产性城市”竞赛，提交了来自107个国家的310份作品。对如何实现生产性城市和生产性城市的空间形态进行了探讨。

一等奖的获得者是来自西班牙的Irene Ayala，他所设计的“食物废弃物”（FOOD WASTE）项目，以一个综合体为基本单位，将食品废弃物作为资源，用于能源生产、农业生产和产品制造。

此外，2015～2016年该校进行了一个生产性城市社区的方案设计探索。本书将在后面的章节进行详细解析。

## （三）其他“生产性城市”设计与理论探索

2009年12月荷兰代尔夫特理工大学的Nels Nelson发表了《规划生产性城市》（*Planning the Productive City*）一文[3]，文中以Stadshaven地区的总体规划与可持续发展战略为例，计算了该地区能源、水、食物的需求量和生产量，得出了可以在城市实现生产与消费平衡的结论[4]。尽管文中并没有述及这些生产量具体将如何实现，但该文一方面为鹿特丹能源法（一个通用的在城市规划中实现$CO_2$零排放的系统）提供参考，另一方面为生产性城市的可实现性提供了分析方法（图3-13）。

[1] http://www.iaac.net/globalschool/2013/productive-city-agenda/.
[2] http://www.iaac.net/globalschool/2013/productive-city-agenda/.
[3] Nels Nelson.Planning the productive city[D]. Delft: Delft Technical University, 2009.
[4] Nels Nelson.Planning the productive city[D]. Delft: Delft Technical University, 2009.

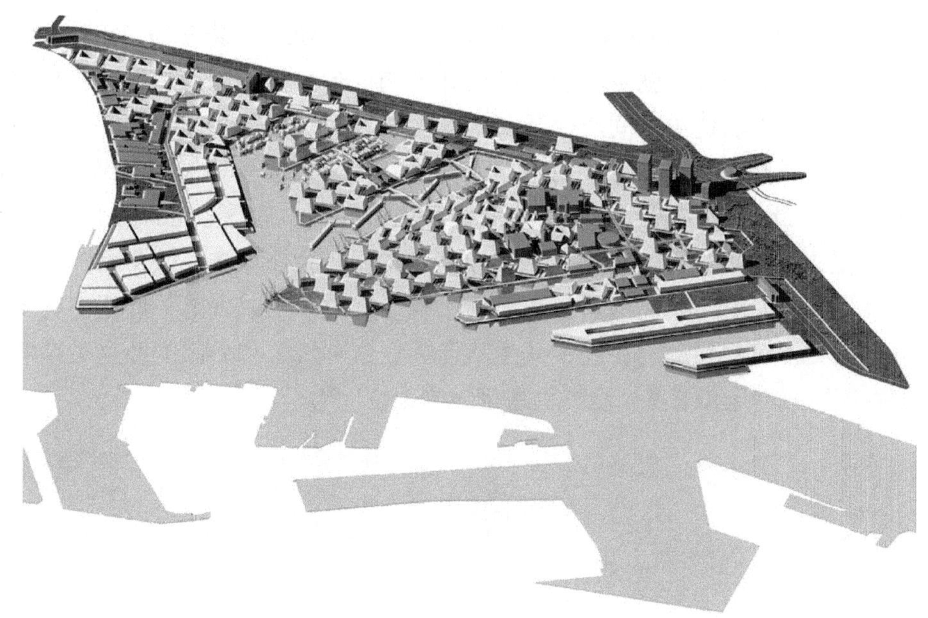

图 3-13 纳尔逊所设计的生产性城市 ❶

Eduard Balcells设计的自给自足社区（曾获得可持续界面“SUSTAINABLE INTERFACE”竞赛的二等奖）。他认为城市缺乏足够的空间用于生产活动，方案通过在所有建筑屋顶上增加使用功能和生产性空间，实现了其“生产性城市”的目标❷（图3-14）。

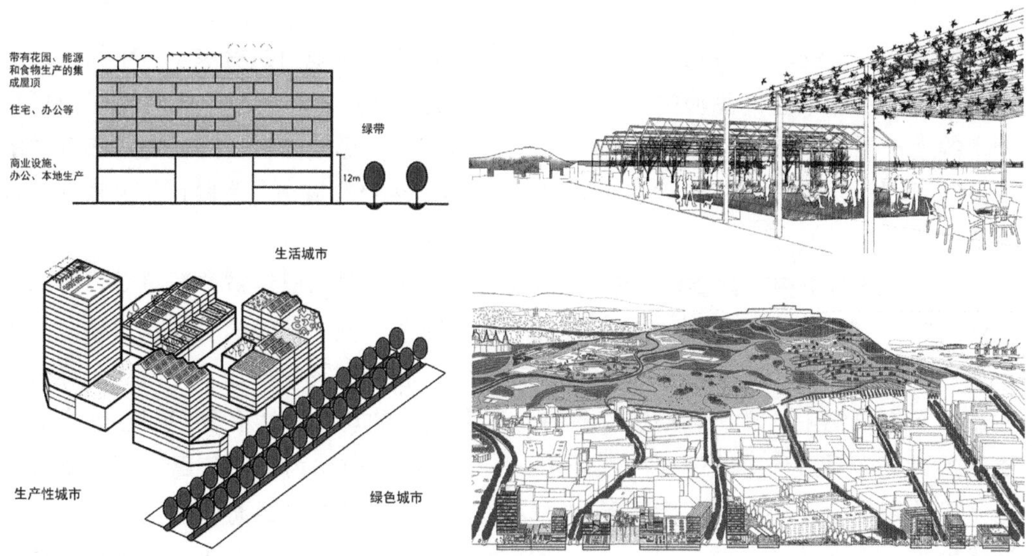


图 3-14 Eduard 设计的生产性城市 ❸

❶ Nels Nelson.Planning the productive city[D]. Delft: Delft Technical University, 2009.

❷ http://honurb.com/-project-52c.

❸ http://honurb.com/-project-52.

此外，法国Bres Mariolle建筑规划事务所领导的BMCA团队在2013年的大巴黎规划咨询会中所提交的方案就是基于生产性城市的概念。他们运用生态技术与都市农业策略使住房与天然资源之间产生互动，实现能源消费者和生产者的开发、逆转与平衡，从而完成整个系统在生产与消费之间的循环。而荷兰建筑事务所、MVRDV的Floriade 2022世界园艺博览会设计也是源于生产性城市理念（图3-15）。正如Winy Maas在接受采访时所述“我们将建造一座真正的绿色生态城市。城市将产出食物和能量，净化水源，资源循环利用且实现了生物多样性。可以说是一座能够自给自足的城市：人类、植物和动物在其中共生的世界。这种城区和郊区的共生关系能够为全球所关注的城市化和消费问题提供基础性的论证”[1]。

图 3-15　阿尔梅勒市 2022 年世界园艺博览会[2]

理论方面，Europan Europe提出了“生产性城市为当地组织提供了一个新的发展方式——在不影响空间品质的前提下——综合栖息地独特环境、工作环境以及任何种类的生产活动（商业、工艺、生产、物流、存储），形成弹性、舒适惬意和开放的城市空间”[3]，并将于2017年、2019年连续两届以“生产性城市”为题目举办欧洲设计竞赛。

在设计任务书中，评委们写道：“目前混合城市的概念已经被广泛接受。但这个‘混合城市’需要混合到什么程度呢？在后工业时代，城市建设的主体是居住区。为了让它们成为一个‘真正充满活力的城市社区’，我们在其中增加了办公场所和公共设施，尤其是酒吧、商店和餐馆等具有‘刺激性’的功能。然而我们却在这个城市更新的过程中系统地排除了生产性经济——仓库已经改建为阁楼公寓、厂房变成了艺术或休闲中心、棕地也成为了新的住宅区。生产性经济已经离开了城市，转移至边缘地带，造成了许多城市中生活与工作条件的不匹配问题。因此，尽管我们致力

❶ Rosenfield, Karissa.“Floriade 2022 proposal for Almere MVRDV” [OL] ArchDaily. 2012-07-04. https: //www.archdaily.com/251515/almere-floriade-2022-mvrdv.

❷ https: //www.mvrdv.nl/en/projects/floriade.

❸ http://www.europan-europe.eu/media/default/0001/12/e14_topic_en_web_pap_pdf.pdf.

于在城市更新的过程中实现功能混合，但我们所实现的混合程度却小于我们的期望值。这是因为生产性经济、制造业、维护和维修工作都是城市生活的组成部分，但当代城市却缺失了这个部分。当然，我们不应让钢铁厂回到市中心，但欢迎小规模城市制造业的回归，将越来越多的新型循环经济纳入城市之中。我们应该系统地为中小企业重建预留一些空间，避免出现生活、工作在城市空间上的不匹配现象（如住在城市中的水暖工，他们服务于城市却被迫只能在城市外找到可用的存储空间）。我们应该在城市中鼓励生产。将生产作为城市肌理的一部分，允许人们能够看到生产，能够培育和庆祝生产，并将它与日常生活相结合。"❶

天津大学张玉坤教授基于其多年对都市农业领域的研究和对后工业城市问题的思考，于2013年开始生产性城市研究，其中发表于2014年底的《基于生产性功能补偿的绿色交通研究》《基于分布式电力系统的城市区域规划策略研究》《生产性的城市与建筑农业研究》，分别就生产性城市的不同领域进行研究探索，是我国国内最早的"生产性城市"研究。其中韩丹同学就交通系统与能源生产系统的整合进行了大量的案例分析与文献综述，并在《光伏系统与道路的一体化》（*Organic Integration of Road Traffic With Photovoltaic System*）中就"一带一路"的能源生产潜力进行了计算。倪涛同学在其硕士论文中提出了"保留、置换、叠加、整合、重构"的5种操作方式，并在《城市环境中建筑的生产性策略浅析》中对建筑内可用的生产性空间进行探讨。

对于狭义的"生产性城市"研究而言，目前国外尚没有完整的生产性城市理论架构，国内尚无此概念的系统提出。但国外仅有的两篇文献和相关领域的研究、思想与设计案例对本研究有极大的启发意义。

## 第二节 蕴含生产性思想的理论概述

### 一、蕴含生产性思想的代表性规划设计理论研究

启蒙时代（18世纪），以勒杜的绍村理想城为代表，"欧文、潘伯顿、伯金汉姆和克鲁泡特金都提出了由农业绿带环绕的、人口有限的自给自足城镇设想"❷。随着城市的需求与供给系统变化，从产业供需角度出发的规划思想与运动涌现，包括1826年杜能基于农业圈的孤立国，1909年韦伯的工业区位论，1880～1914年间的回归土

❶ http://www.europan-europe.eu/media/default/0001/12/e14_topic_en_web_pap_pdf.pdf.

❷ 彼得·霍尔. 明日之城——一部关于20世纪城市规划与设计的思想史[M]. 童明，译. 上海：同济大学出版社，2009: 97-98.

地运动等❶。1898年霍华德发表了其城乡融合、高密度、自给自足的自治的田园城市。而生产（农业与绿化）和空间整合的设想也同样出现在柯布西耶的一系列设计作品中，其1930年的“阿尔及利亚的城市化方案A”，在峭壁上将18万人的居住单元与高速公路的支撑结构相融合，成为第一个纯粹意义上的“巨构城市”❷方案❸，也成为物质空间生产的始祖（图3-16）。

**图 3-16　柯布西耶设计的阿尔及利亚的城市化方案 A**❹

鲜为人知的是，以他为主导的CIAM《雅典宪章》（1933）尽管描述了四大功能，但并没有像后世所诟病的那样严格分区，反而提倡了考虑人的基本需求：“41. 现在工作地点（如工厂、商业中心和政府机关等）不再合理分布在城市综合体中”；“42. 工作地点与居住地点的连接不合理，这样使两者之间浪费的时间过长”；“46. 工作地点与居住地点之间的距离，应该在最少时间内可以到达”；“49. 与日常生活有密切关系而且不引起扰乱危险和不便的小型工业，应留在市区中为住宅区服务”；“71. 现在大多数城市中的生活情况，未能适合其中广大居民在生理上及心理上最基本的需要”；“78. 建立居住、工作和游息各地区间的关系，务使在这些地区间的日常活动可以在最经济的时间完成”❺等，并不是随后被强调的四大功能泾渭分明。

20世纪60年代涌现了一批巨构城市的设想（图3-17～图3-26）——荷兰艺术家康斯坦特（Constant Nieuwenhuys）提出的“新巴比伦”（New Babylon）城：“一个全部由柱子支撑或悬挂，面积巨大的、多层次的、具有遮蔽性的建筑网络空间结构，每层提供不同的功能需要”；法国建筑师尤纳·弗里德曼（Yona Friedman）的“空

❶ 彼得·霍尔. 明日之城——一部关于20世纪城市规划与设计的思想史[M]. 童明，译. 上海：同济大学出版社，2009: 97-98.

❷ 巨构城市是60年代由桢文彦首次提出，柯布西耶将他的城市描述为超级结构。转引自姚栋，黄一如. 巨构城市“10 万人生活的巨构”课程思考[J]. 时代建筑，2011(3): 62-67.

❸ 姚栋，黄一如. 巨构城市“10万人生活的巨构”课程思考[J]. 时代建筑，2011(3): 62-67.

❹ 肯尼斯·弗兰姆普敦. 现代建筑：一部批判的历史[M]. 上海：生活·读书·新知三联书店，2004.

❺ 国际建协. 北京宪章 [M]. 北京：清华大学出版社，2002.

间城市”（Spatial City）：“以一个可以无限延伸的网架建筑于城市之上15～20米的高处，在网架上以50%的面积建造新城市”；美国建筑师保罗·鲁道夫（Paul Rudolph）的“曼哈顿快速路”（Lower Manhattan Expressway）；瑞士建筑师贾斯特斯·达辛登（Justus Dahinden）的“山峰城市”（Hill City），瓦尔特·霍纳斯（Walter Jonas）的Intrapolis，以及英国的先锋建筑师团体建筑电讯（Archigram）的“插入城市”（Plug-in City）、“行动城市”（Walking City）与“瞬间城市”（Instant City）[1]等极富想象力的概念方案，促进了空间生产的发展。

日本依托仿生学原理建立的“新陈代谢”理论及其代表作：菊竹清训“海上城市”，矶崎新“空中之城”（当筒核上升到当时的东京天际线以上时，悬臂结构在水平面的不同方向上生长[2]）、丹下健三的波士顿海湾规划（“巨型结构剖面呈A形，其

图3-17　康斯坦塔 新巴比伦（1956～1974）[3]

图3-18　弗里德曼的空间城市（1959～1963）[4]

图3-19　瓦尔特·霍纳斯的Lntrapolis[5]

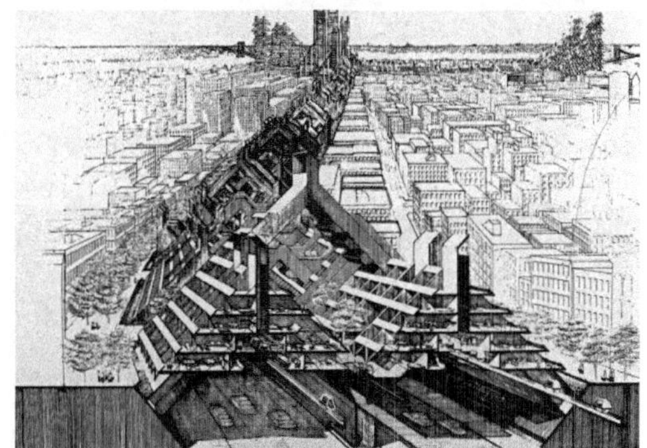

图3-20　保罗·鲁道夫 曼哈顿快速路[6]

❶ 未来建筑：在想象与真实之间[OL]. http://www.essential-architecture.com/STYLE/STY-072.htm.

❷ [美]林中杰. 丹下健三与新陈代谢运动[M]. 北京：中国建筑工业出版社，2011.

❸ https://www.cultweek.com/gallizio.

❹ Sophia. 可实现的乌托邦，“不可实现”的Yona Friedman[J]. 大美术，2007(7)：4.

❺ http://www.walterjonas.ch/.

❻ https://lithub.com/paul-rudolphs-strange-vision-of-a-cross-manhattan-expressway-and-other-unfinished-projects/.

图 3-21 Guy Rottier 的 Ecopolis, 1970[1]

图 3-22 贾斯特斯・达辛登的山形城市 1970[2]

图3-23 Enrico与Luzia Hartsuyker Biopolis 1965[3]

图 3-24 Archigram 的 Instant City 1968[4]

图 3-25 矶崎新的空中城市 1961[5]

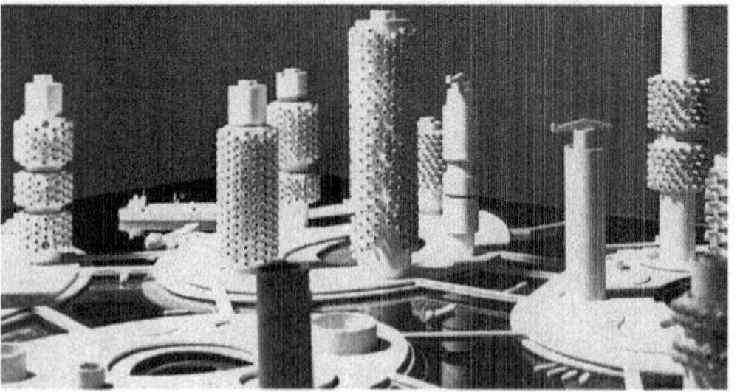

图 3-26 菊竹清训的海上城市 1965[6]

[1] https://artetcinemas.over-blog.com/2018/02/guy-rottier-archives-of-the-future.html.

[2] http://www.frac-centre.fr_en/art-and-archigrams-collection/dahinden-justus/hill-city-317.html?authID=286&ensembleID=1003.

[3] https://newperexod.com/predstavlyali-sebe-mir-budushhego/.

[4] https://www.freecadworld.com/archigrams-instant-city-concept-enables-a-village-to-become-a-kind-of-city-for-a-week-says-peter-cook/.

[5] https://www.archdaily.cn/cn/913412/ji-qi-xin-de-kong-zhong-du-shi?ad_name=article_cn_redirect=popup.

[6] http://bigredandshiny.org/13991/tectonic-visions-between-land-and-sea-works-of-kiyonori-kikutake-at-harvard-gsd/#prettyPhoto/0/.

内部容纳了高速公路、单轨铁路、停车场和电梯等”[1]）、黑川纪章的“空间城市”（含将基础设施设于墙体内的墙城、底层架空以保留农业土地的农业城市以及由此形成的蘑菇住宅）等。这些都是对物理空间生产方式的进一步探索。新陈代谢理念探讨了空间生产中的时间维度，使城市规划中“时间”要素的意义凸显，在建筑学中产生了深远的影响。但是，“巨构”建筑的问题也逐渐凸显。一是脱离现实，难以实现。二是“它形成了一个将所有功能集中在同一位置的讲话系统”（桢文彦），过于刻板和宏大[2]。

在巨构城市（建筑）研究中最具革命性的是由保罗·索勒里提出的城市生态学（Arcology）。他设想了一系列紧凑的城市巨构体，空间高度集成（占地面积仅为相同人口城市所需用地的2%[3]），并利用不同的可再生资源满足生活需求。如Arcosanti城设计成一个“高效利用的太阳能系统”，而Arcodiga城则作为一个大坝，用水力为整个城市提供清洁的能源。[4]这种把城市作为巨型建筑来做的手法，由于难操作性、与现实需求矛盾、经济来源的缺乏等而难以实现（Arcosanti城历经40年尚未建成）。

伴随石油危机和环境污染的加深，人与自然的关系开始被人所关注。20世纪60年代John todd提出了把废水作为生产资源，以植物作为活水机来整治环境的方法。1973年舒马克出版了《小即是美》，使得采用“小规模化、分散化、自力更生和相对简单化”的“适用技术”[5]来利用可再生资源生产能源的思想被普遍接受。与此同时，基于当时的农业问题，设计师们开始对城市与农业的结合进行探索，产生了一系列实验性自由农场以及鼓励居民自给自足的自由公社[6]。20世纪70年代澳洲生态学家Bill Mollison与David Holmgren开创了“永续农业”，后被拓展为“基于生态原则的可持续文化”[7]。生态城市之父理查德·瑞杰斯特“将永续农业和建筑生态学简化为通俗的说法，归纳为‘生态城市’一词”[8]。

在这个阶段，西方城市发展为后工业城市，简·雅各布斯在20世纪70年代提出预测：“将来都市将同时扮演资源的供应者与消费者两种角色。”20世纪80年代，她从经济学的角度提出了实现“进口代替”的“有生产力的城市”，即城市通过本地生产来满足当地群众和厂商的各种需求，可防止经济体系的崩溃，保证社会长久繁

❶ [美]林中杰．丹下健三与新陈代谢运动[M]．北京：中国建筑工业出版社，2011: 75，62.

❷ [美]林中杰．丹下健三与新陈代谢运动[M]．北京：中国建筑工业出版社，2011: 31-34，112，120.

❸ 高亦兰．鲍罗·索勒里和他的阿科桑底城[J]．世界建筑，1985(5): 80-83.

❹ 刘翀．保罗·索勒里的城市生态学初探[D]．武汉：华中科技大学，2008.

❺ 它包括使用太阳能、风能、地热能和生物燃料；充分利用气候条件和绝缘措施保护能源和热量；能循环使用的全部循环使用；通过分解堆肥增强土壤肥力；采取病虫害防治和间作等农业措施；建立自行车、公共交通、跨大陆铁路和电气化汽车等的更高效的交通系统等。[美]理查德·瑞吉斯特．生态城市——重建与自然平衡的人居环境（修订版）[M]．王如松，译．北京：社科文献出版社，2010: 135.

❻ 孙艺冰，张玉坤．国外城市与农业关系的演变及发展历程研究[J]．城市规划学刊，2013(3): 15-21.

❼ [美]理查德·瑞吉斯特．生态城市——重建与自然平衡的人居环境（修订版）[M]．王如松，译．北京：社科文献出版社，2010: 140.

❽ [美]理查德·瑞吉斯特．生态城市——重建与自然平衡的人居环境（修订版）[M]．王如松，译．北京：社科文献出版社，2010: 30.

荣[1]。经济危机的不断爆发与诸多城市的破产验证了她观点的正确性。此外，简·雅各布斯还批判了巨构建筑，认为这是“忽视了人的本性、社会的复杂性和城市的象征性的技术型乌托邦式理念”[2]。

20世纪末至21世纪初，伴随着粮食危机与全球土地的锐减，都市农业作为新兴的设计理论与方法，被迅速推广。都市农业不仅仅是城市中涉及食品生产加工分配消费的产业，更是“整个城市能源供给与零废物循环的关键因素”。垂直农场概念的提出者美国迪克森·德斯泊米尔博士在1999年《垂直农场》序言中提到：“有史以来第一次，人类能够选择让城市变成一个与自然生态系统具备同等功能的环境，我们有能力创造一个‘从摇篮到摇篮’的无垃圾经济体。一旦我们跨出第一步，城市将能够自给自足”[3]。至2010年，Janine de la sale与Mark Holland 出版了《农业城市主义》(*Agricultural Urbanism*)，给基于都市农业系统的自给自足的城市提供了技术指导。

随着对环境的进一步恶化的反思，新城市主义、可持续发展、生态足迹、零碳城市等一系列概念与理论如雨后春笋般相继提出，并产生一系列专著与实践，影响力巨大。随着城市理论与技术的进步，使得都市农业与生态城市自然而然地结合。2004年英国城市生态学家Herbert Girardet在《地球·人·星球：城市发展与气候变化》中提出“我们需要一场‘保护城市未来’的革命，逐步转向依赖可再生能源科技，并模仿自然的零废物生态系统进行发展[4]，它是农村与城市可持续发展的一体化，涉及大城市的土地使用、能源、交通、管理以及经济、生态和社会发展的方方面面；能够很好地适应当地的生态环境，并且具备源源不断地进行资源供给的潜力。”[5]人们越发认识到将各类措施整合，方能真正地改变城市系统。

可以看到，城市发展的过程中，规划设计理论一直存在着对资源生产性的探讨。

由于篇幅限制，本书将以农业为例详细论述。

城市中的农业生产通常被称为“都市农业”。都市农业是指“为了满足一个小镇、城市或大都市区内消费者的日常需求，利用分散在城市和郊区范围内的私有和公共的土地与水体，进行的生产、加工、销售食品、燃料和其他产出物的产业。典型的都市农业通常采用集约化的生产方式，使用和再利用自然资源和城市废弃物，以土地、水和空气为基础，产生动植物的多样性，并促进个人、家庭和社区的食品安全、健康、民生和环境。”[6]（都市农业之父Jac Smit，1996）

20世纪末至21世纪初，伴随着粮食危机与全球土地的锐减，都市农业作为新兴

[1] 雅各布斯．城市与国家财富[M]．北京：中信出版社，2008.

[2] [美] 林中杰．丹下健三与新陈代谢运动[M]．北京：中国建筑工业出版社，2011: 10.

[3] [美]Dickson Despommier．垂直农场：城市发展新趋势[M]．林慧珍，译．台北：马可波罗文化出版，2012: 18-19.

[4] Herbert Girardet．城市·人·星球：城市发展与气候变化（第二版）[M]．薛彩荣，译．北京：电子工业出版社，2011: 275.

[5] Herbert Girardet．城市·人·星球：城市发展与气候变化（第二版）[M]．薛彩荣，译．北京：电子工业出版社，2011: 265.

[6] Smit J, Nasr J, Ratta A. Urban agriculture: food, jobs and sustainable cities[M]. New York, USA: UNDP, 1996.

的设计理论与方法被迅速推广。

相关研究中与生产性城市研究直接相关的内容主要集中于如下五个方面：

1. 都市农业发展的意义与必要性研究（表3-1）

**都市农业发展的意义与必要性研究** 表 3-1

| | |
|---|---|
| 研究缘起与脉络 | 该研究集中于理论的产生阶段，主要是为了引起学界、公众和政府的注意，以推动都市农业项目的启动 |
| 代表性研究 | 以联合国开发计划署（UNDP）于1996年出版的《都市农业：食品，工作和可持续的城市》为代表（该著作被评价为都市农业领域"开创性的""最被认可的出版物"❶），还包括1999年的《食物安全》（food security）、2003年的《都市农业生产的可持续性》、2006年的《种植更好的城市》❷等 |
| 国内研究情况 | 时至今日，我国的都市农业研究仍集中在此阶段，主要是由于国内学界对都市农业的认可程度不高引起的 |
| 研究方法与内容概述 | 偏重于原理性、宏观的论证。阐明了都市农业具有政治（保障国家粮食安全），经济（促进产业发展、市民就业、提供市场），社会（饮食安全与健康、文化塑造与交流、教育、整合城乡关系），环境（减少运输能源消耗、净化空气、养分循环、美化城市、利用闲置空间）等多个方面的意义 |
| 对生产性城市研究的作用 | 明晰了农业在城市中起到的作用，加深了对于都市农业的理解，进一步明确了都市农业是生产性城市中的重要组成部分 |

2. 用地清查与潜力计算（表3-2）

**用地清查与潜力计算** 表 3-2

| | |
|---|---|
| 研究缘起与脉络 | 随着对"城市中哪些空间可用于农业生产"的研究深入，学界意识到用地评估是都市农业落地实施的第一步，故而众多城市掀起了结合当地调研的用地评估热潮，该热潮持续至今 |
| 代表性研究 | 如针对波特兰❸、纽约❹、鹿特丹❺、伍斯特❻、芝加哥❼、波士顿❽、丹佛❾等城市的研究，以及综述性研究《A Review of Suitable Urban Agriculture Land Inventories》❿ |

❶ Jac Smit, Twenty First Century Agriculture [OL]. [2014-11-26]. http://jacsmit.com/21century.html.

❷ Mougeot L J A. Growing better cities: Urban agriculture for sustainable development[M]. Ottawa: International Development Research Centre, 2006.

❸ Balmer K, Gill J, Kaplinger H, et al. The diggable city: Making urban agriculture a planning priority[R]. Master of Urban and Regional Planning Workshop Projects, 2005.

❹ Ackerman K. The potential for urban agriculture in New York City: Growing capacity, food security, & green infrastructure[M]. Urban Design Lab at Earth Institute, Columbia University. New York: Columbia University, 2011.

❺ Vlad Dumitrescu. Mapping urban agriculture potential in Rotterdam [J/OL]. 2013-12 http://www.cityfarmer.info/2013/12/19/mapping-urban-agriculture-potential-in-rotterdam/.

❻ Jay Ringenbach, Matthew Valcourt, Wenli Wang. Mapping the Potential For Urban Agriculture in Worceseter: A Land Inventory Assessment[C]. Dublin: 25th Conference on Passive and Low Energy Architecture, 200810.

❼ Taylor J R, Lovell S T. Mapping public and private spaces of urban agriculture in Chicago through the analysis of high-resolution aerial images in Google Earth[J]. Landscape and Urban Planning, 2012, 108(1): 57-70.

❽ Chin D, Infasaehng I, Jakus I. Urban farming in Boston: A survey of opportunities[R]. Boston: Tufts University, 2013.

❾ John Brett, Debbi Main, et al. Farming the city: Urban Agriculture Potential in the Denver Metro Area[J/OL]. http://www.ucdenver.edu/academics/colleges/Engineering/research/CenterSustainableUrbanInfrastructure/CSISSustainabilityThemes/Food%20Systems/Pages/Farming-the-City.aspxr.

❿ Megan Horst. A Review of Suitable Urban Agriculture Land Inventories[J/OL] 2011-02-10, https: //planning-org-uploaded-media.s3.amazonaws.com/legacy_resources/resources/ontheradar/food/pdf/horstpaper.pdf.

续表

| | |
|---|---|
| 国内研究情况 | 孙艺冰对纽约的土地清查项目进行了详细分析；孙莉的博士论文《城市农业用地清查与规划方法研究》，是国内针对土地清查最为详尽的研究。文中提出了“我国城市农场可用场地适宜性评价标准及清查工作的相关建议，主要包括清查流程与方法、清查对象、场地分类及复选标准等方面。”❶ 我国暂时还没有结合用地调查的实证研究 |
| 研究方法与内容概述 | 由于是结合具体空间实例的研究，该方向主要是运用地图标示（Mapping）的方法：首先根据可获取的城市信息，在 GIS 或 Google Earth 软件中标示出具有生产潜力的土地位置；之后在建立评价标准（如阳光、土壤质量、土地覆盖、水资源可达性、场地坡度等）的基础上，对潜在的土地资源进行评级筛选；最终得出可用于都市农业生产的潜力地图及信息数据库。这种方法清晰直观，其研究结论通常详细具体，很多案例更是结合调研照片对每一个地块进行具体分析 |
| 对生产性城市研究的作用 | 首先明晰了在城市中可用于都市农业生产的土地类型及其筛选标准；其次验证了这些城市在都市农业方面具有很大潜力，如“纽约有近 5000 亩闲置土地、1000 亩其他场地适合于耕种”“丹佛可生产的蔬菜量是其需求的 14 倍”等；而最重要的，针对不同资源进行用地清查，也是生产性城市实施的重要环节，因而该研究方法，对于生产性城市研究具有极大的启示与借鉴意义 |

3. 都市农业实施的政策建议（表3-3）

**都市农业实施的政策建议　　表 3-3**

| | |
|---|---|
| 研究缘起与脉络 | 农业与现有城市规划体系的冲突，引发了对食物公共政策、发展策略的研究；这个过程中，人们认识到地方政府的干预能够对都市农业的顺利实施起到关键性的作用；后期，公众参与促使许多城市将都市农业纳入了政治议程（如伦敦、柏林、巴黎、纽约），政府需要制定政策进行调控。这些都市农业发展过程中出现的阻碍或契机，促成了许多食品策略机构，推动了相关政策的研究 |
| 代表性研究 | 以《未来的都市农业——创造绿色生产性城市》❷ 为代表，还包括《城市、食物与农业：挑战与展望》❸，以及伦敦 Capital Growth 项目产生的一系列研究成果 ❹ |
| 国内研究情况 | 许多论文在文末提及政策建议，但就国内目前对都市农业的认可程度而言，将其纳入城市规划体系还任重而道远 |
| 研究方法与内容概述 | 该方向属于制度性、政策性的研究，研究内容包括：（1）如何将都市农业纳入国家发展策略、总体规划、分区规划等，如在城市土地利用总体规划中划分一部分土地为都市农业区；（2）具体的实施策略研究：如制定在城市的空置土地上（临时）使用进行都市农业的城市条例，通过减税等促进业主将土地租赁给城市农民，如何为城市农民提供援助，促进合作对话，建设支撑基础设施等 |
| 对生产性城市研究的作用 | 生产性城市中的许多内容也与现行的城市规划体系相冲突，其实施过程也必须借助于政府的干预。相关政策建议，也应当是生产性城市研究的重要内容 |

❶ 孙莉．城市农业用地清查与规划方法研究[D]．天津：天津大学，2015.

❷ Van Veenhuizen R. Cities farming for future, Urban Agriculture for green and productive cities[M]. RUAF Foundation, IDRC and IIRP, ETC-Urban agriculture, 2006.

❸ Henk de Zeeuw, Marielle Dubbeling. Cities, Food and Agriculture: Challenges and the Way Forward [M]. Leusden, The Netherlands: RUAF Foundation, 2009.

❹ http://www.sustainweb.org/londonfoodlink；http://www.capitalgrowth.org；http://www.foodforlondon.net.

4. 将食物与城市相融合的设计策略（表3-4）

将食物与城市相融合的设计策略　　表 3-4

| | |
|---|---|
| 研究缘起与脉络 | 将农业纳入城市规划这一目标确认之后，首先要解决的问题就是如何有效地将食物与城市相融合。2007 年美国规划协会出版的《社区和区域粮食规划政策指南》被认为标志着“与食品有关的城市空间的系统化设计和规划的开始”[1]，是政策研究向设计研究发展的转折点。在近十年内，各类专有名词与理论相继涌现，如 The Edible City、Agricultural Urbanism、Landscape Urbanism 等，引发了该方向的讨论热潮——除了讨论如何将农业要素与城市空间更好地结合，对“农业”的本身探讨也从农业生产，拓展至生产分配加工消费的整个食物体系 |
| 代表性研究 | 以《设计都市农业：规划、设计、建造、维护、管理可食用景观的完全手册》[2]为代表，包括《农业都市主义》[3]、《花园城市：农业城市主义的理论与实践》[4]、《食物敏感型规划与城市设计》[5]等，均阐释了不同的设计方法与策略；而《胡萝卜城市：为都市农业创造空间》[6]等，则是总结归纳了各尺度的都市农业实践 |
| 研究方法与内容概述 | 该方向属于设计研究，因而不同的学说有不同的设计策略和论述方法。在微观的设计层面，有利用类型化的方式给出设计图示的，有给出实践案例分析的，也有详细的文字策略说明；在宏观的设计层面，有从城市整体布局（横断面）入手的，也有给整个农业生产分配加工消费系统提供全面的技术指导手册的。至于具体的设计策略内容，本书将在第五章详细论述 |
| 对生产性城市研究的作用 | 相关的农业生产策略与设计手法，在生产性城市中依然可行，顾而具有借鉴和指导意义 |

5. 食物生产性城市的提出（从都市农业到生产性城市）

“食物生产性城市”其实隶属于“将食物与城市相融合的设计策略探讨”研究，但由于该方向与生产性城市直接相关，故而单独作为一个主题详细论述。整体而言，“生产性”从一个形容词修饰的词组发展为一种设计理念，经历了三个阶段。

（1）第一个阶段，特征描述：由于农业的生产性特征，都市农业领域中多有带“生产性”的描述。如将可耕地称之为生产性土地空间（Productive Land Spaces[7]）；或将种植有果树的街道、公园和广场称为生产性街道（Productive Streets）、生产性公园（Productive Parks/Gardens）和生产性广场（Productive Squares），将一片稻田

[1] Viljoen A, Bohn K. Second nature urban agriculture: designing productive cities[M]. London; New York: Routledge, 2014: 20.

[2] April Philips. Designing urban agriculture: a complete guide to the planning, design, construction, maintenance and management of edible landscapes [M]. New York: John Wiley & Sons, 2013.

[3] Salle J, Holland M. Agricultural Urbanism: Handbook for building sustainable food systems in 21st century cities[M]. Sheffield, VT: Green Frigate Books, 2010.

[4] Duany A. Garden cities: Theory & practice of agrarian urbanism[M]. Gaithersburg, MD: Duany Plater-Zyberk & Company, 2011.

[5] Donovan J, Larsen K, McWhinnie J. Food-sensitive planning and urban design: A conceptual framework for achieving a sustainable and healthy food system[R]. Melbourne: Report commissioned by the National Heart Foundation of Australia (Victorian Division), 2011.

[6] Gorgolewski M, Komisar J, Nasr J. Carrot City: Designing for Urban Agriculture[M]. New York: Monacelli, 2011.

[7] Van Veenhuizen R. Cities farming for future, Urban Agriculture for green and productive cities[M]. Leusden, The Netherlands: RUAF Foundation, IDRC and IIRP, ETC-Urban agriculture, 2006.

景观称为生产性景观等，这均属于对某一块具体场地的特征描述；而对不同资源的“生产性使用”（如Productive Use of Wastewater[1]），也通常是作为农业用途的“替换词”（如converting the vacant spaces for productive use, improving the quality of soils to facilitate agricultural use……[2]）出现的；甚至“生产性城市”一词，在《绿色生产性城市——都市农业的政策概述》（*Green and Productive Cities: A Policy Brief on Urban Agriculture*）[3]和《未来的都市农业——创造绿色生产性城市》（*Cities Farming for the Future —— Urban Agriculture for Green and Productive Cities*）中都是作为一个形容词出现的，如在“A Sustainable City: An Inclusive, Food-secure, Productive and Environmentally-healthy City”[4]的语境中，生产性与食物安全、环境友好是相似的，都是对其特性的描述——简单地把“生产性”作为一个形容词。

（2）第二阶段，设计策略：伴随着“食物与城市融合”研究的深入，产生了连续生产性景观、生产性开放空间等相对更大尺度的概念，探讨了农业景观与城市非机动交通运动空间、休闲空间、绿化空间整合的可能性，将利用农业景观塑造城市空间上升为一种设计方法。

这一阶段最为重要的著作是André Viljoen和Katrin Bohn于2005年出版的《连续生产性城市景观》（*Continuous Productive Urban Landscape*）（CPULs）。该书从理论与实践两个方面探讨如何构建包含都市农业、休闲活动的连续生产性开放空间网络（A Continuous Network of Productive Open Space）。他们认为“连续生产城市景观的核心概念，是为建立开放式城市空间的网络提供了一个连贯的、多功能的、生产性的、景观的支撑环境”[5]。

此外，2012年德国出版的《战略城市景观——城市自然生产力》（*Strategie Stadtlandschaft—Natürlich Urban Produktiv*），将大量建设生产性花园（Productive Garden）作为城市发展战略。而德国第一个食用城市安德纳赫镇（Andernach）就是通过将市政公园的装饰性种植替换为食用植物来实现的[6]。

总之，虽然这个阶段只是将之前单独的、点式的“生产性景观”“生产性公园”进行了复制、扩大或连接，却是从“偶然为之”发展为“有意为之”，并上升到了城

[1] Raschid-Sally L, Bradford AM & Endamana D. Productive Use of Wastewater by Poor Urban and Peri-urban Farmers: Asian and African Case Studies in the Context of the Hyderabad Declaration on Wastewater Use [J]. Beyond Domestic, 2004: 95.

[2] Van Veenhuizen R. Cities farming for future, Urban Agriculture for green and productive cities[M]. Leusden, The Netherlands: RUAF Foundation, IDRC and IIRP, ETC-Urban agriculture, 2006.

[3] de Zeeuw, H and W. Teubner, Green and productive cities: a policy brief on urban agriculture[M]. Freiburg, Germany; Leusden, The Netherlands: ICLEI and ETC. 2002.

[4] Van Veenhuizen R. Cities farming for future, Urban Agriculture for green and productive cities[M]. Leusden, The Netherlands: RUAF Foundation, IDRC and IIRP, ETC-Urban agriculture, 2006.

[5] Viljoen A, Bohn K. Second nature urban agriculture: designing productive cities[M]. London; New York: Routledge, 2014.

[6] Viljoen A, Bohn K. Second nature urban agriculture: designing productive cities[M]. London; New York: Routledge, 2014: 34.

市策略的层面。

（3）第三阶段，内涵与外延的拓展：近5年来，随着其他城市研究领域对农业探讨的增多，从农业角度探讨城市发展的学说逐渐增多，如食托邦（Sitopia）、弹性城市理论中的“光合作用城市”❶等；另一方面，“都市农业发展的意义与必要性”的研究成果改变了人们对于农业的认识，也拓宽了人们对于农业与城市关系的认知。

在这两方面的影响下，“生产性城市”的内涵与外延在如下3个方面产生了拓展：a．对农业的思考从种植拓展到了生产、分配、加工、消费、处理的整个流程，考虑每一个环节与城市空间的整合，考虑各个环节之间的整合，并为整个流程建立集成了加工、市场、人员、处理设施在内的“生产性基础设施”（Productive Infrastructure）；b．对空间生产（Space Production）的强调。André Viljoen和Katrin Bohn认为，食物生产是空间生产的重要一步，“一个城市需要通过基于空间的考虑，来搭建起粮食系统规划与都市农业设计之间的桥梁，将农业生产与空间生产整合”❷；c．强调农业在其他方面的作用，将生产性拓展至环境生产、经济生产、社会生产（Environmentally Productive、Economically Productive、Sociologically Productive）❸等几个方面，将农业纳入整个城市的基础设施系统。

该阶段的代表性著作是André Viljoen和Katrin Bohn于2014年出版的《第二自然城市农业：设计生产性城市》（*Second Nature Urban Agriculture: Designing Productive Cities*），又称为CPUL City。该书明确提出了食物生产性城市（A Food-productive City）的概念，提出“让农业成为城市基础设施和经济的重要组成部分”，并认为更广泛的、生产性意义上的城市空间生产是CPUL City与CPUL最显著的不同。这本书体现了上述3个方面的拓展。但是他们对于生产的界定仍仅限于“建立城市与景观的联系”❹，生产类型仍限定于水果和蔬菜生产❺❻，还是有一定的局限性。

需要注明的是，对城市中农业资源的探讨，不限于上述5个方向，还包括垂直农业、有农社区等；这5个研究方向，也不是泾渭分明、相互孤立，其代表性作品也不是仅限于其所在方向进行研究；另外，这5个方向虽然时间上并非齐头并进，还有一定的相互影响作用，但并不是5个发展阶段。

❶ [澳]彼得·纽曼，等．弹性城市——应对石油紧缺与气候变化[M]．王量量，等，译．北京：中国建筑工业出版社，2012: 84.

❷ Viljoen A, Bohn K. Utilitarian Dreams: Food growing in urban landscapes[M]// Viljoen A, Bohn K. Second nature urban agriculture: designing productive cities[M]. London; New York: Routledge, 2014: 38.

❸ Grimm J. Food Urbanism: a sustainable design option for urban communities[M]. Ames: Iowa State University press, 2009.

❹ Viljoen A, Bohn K. Second nature urban agriculture: designing productive cities[M]. London; New York: Routledge, 2014: 16.

❺ Viljoen A, Bohn K. Second nature urban agriculture: designing productive cities[M]. London; New York: Routledge, 2014: 17.

❻ Viljoen A, Bohn K. Second nature urban agriculture: designing productive cities[M]. London; New York: Routledge, 2014: 17.

上述对于城市中农业资源生产的讨论，无论研究方法、研究内容、设计思路还是政策策略，对生产性城市中农业资源以及其他资源的生产，都有借鉴和启发意义。

## 二、蕴含生产性思想的代表性生态经济学理论分析

生态经济学中蕴含着大量生产性思想，也正是基于对生态经济学理论的学习和思辨，才产生了下文中的生产性城市理论。因此有必要对生态经济学的相关理论和方法进行分析。

生态经济学中的基本观点是，将经济系统作为嵌入生态系统中的一部分来看待，“把物种、生态系统和其他产生所需资源流的生物物理实体看成‘自然资本’的形式，把资源流动本身看作必不可少的‘自然收入’的类型。这种资本理论方法提供了对可持续发展意义的一个有价值的洞察——如果它依赖于生产性资本的不断枯竭，就没有可持续发展道路。因此，为了实现可持续发展，这个‘资本存量’理应变成‘固定资本’，丝毫不减的从一代传递到下一代。这个‘存量’标准如下：每一代应该继承足够的自然资本资产的人均存量，不低于当代人所继承的同样资产的存量。”[1]

生态经济学家戴利有著名的“满的地球”理论，他认为，废弃物吸收能力是一种汇[2]，汇可以将地球充满[3]，而资源的枯竭是“源”的问题。由于“全球性的‘汇’充满的速度比自然资源全球性的‘源’变空的速度更快”[4]，相对于资源的枯竭而言，“使用资源所产生的废物的日积月累和它们对地球生态系统的负面影响对人类的威胁比对资源消耗的威胁更为迫在眉睫，它对经济增长的约束最为严重。因为在源变空之前，汇就已经填满了”[5]。

正是这个“汇”比“源”更为重要的假说，以及“固定资本”的理念，奠定了后面一系列研究中以排出端为突破口，以减少资源消耗为主的处理方式，而忽略了“源”。

1. 城市的新陈代谢

（1）概述

城市的新陈代谢理论，主要是将城市线性的资源吸纳排出方式与自然生态系统

---

1. Rees W, Wackernagel M. Urban ecological footprints: why cities cannot be sustainable—and why they are a key to sustainability[J]. Environmental impact assessment review, 1996,16(4): 223-248.
2. Herman E.Daly, Joshua Farley. 生态经济学原理和应用（第二版）[M]. 金志农，等，译. 北京：中国人民大学出版社，2014: 100.
3. 他通过培养皿中细菌翻倍实验的例子（某天中午接种培养皿，细菌每小时翻一倍，两天后的中午十一点达到半满状态，十二点该培养皿就完全充满了，并因食物枯竭和培养皿充满废物而种群崩溃）和“20世纪的物质总产出增加了36倍”来论证“我们的世界离满的世界还有多远”。Herman E.Daly, Joshua Farley. 生态经济学原理和应用（第二版）[M]. 金志农，等，译. 北京：中国人民大学出版社，2014: 105.
4. Herman E.Daly, Joshua Farley. 生态经济学原理和应用（第二版）[M]. 金志农，等，译. 北京：中国人民大学出版社，2014: 112.
5. Herman E.Daly, Joshua Farley. 生态经济学原理和应用（第二版）[M]. 金志农，等，译. 北京：中国人民大学出版社，2014: 75.

循环的新陈代谢方式作比较，从而得出城市应当符合自然系统的规律，采用循环的系统。许多概念都以此理论为出发点，如生态城市、可再生型城市、城市收获等。

理查德·罗杰斯在《小小地球上的城市中》论述到“城市已经成为大地上的寄生虫，一个汲取营养和消耗能量的巨大的有机体：残忍的消费者，残忍的污染者。而城市本身应该被视为生态系统——这一态度必须用来指导我们的城市设计方法和管理对于资源的使用方式。”[1]他转引城市生态学家赫伯特·吉拉德特的论述：“关键在于城市要以新陈代谢为目标。这样资源的消费通过提高效率被减少，而资源则得到最充分的再利用。我们必须循环利用物质资源、减少废物、保护可能耗尽的能源并且开发可更新的能源。由于绝大多数的生产和消费都发生在城市里，现行的生产造成污染的线性过程必须用以使用和再利用的循环体系为目标的过程来加以取代”[2]。

（2）思索

生态城市等概念中的新陈代谢关键在于对废弃物的循环利用，从而“使资源得到最充分的再利用”[3]，如可再生型城市强调现代城市应符合自然界的循环型新陈代谢：“一种生物产生的废弃物会成为其他生物利用的资源。”[4]城市收获理论也强调从“排出端”进行控制。

然而，仅仅依靠循环利用物质和减少资源消耗不能够满足日常增长的需求，并且最终不能够实现“可持续”。故而生产性城市强调尽可能在减少输出物的同时，通过自然绿色生产的方式，并借助于唯一的外来能源——太阳能，实现城市自身的能量物质循环，即，将城市系统本身作为一个完整的供应消费循环体系。

2. 资源环境投入产出

（1）概述

投入产出理论（Input-output Theory）是通过建立投入产出表与数学模型，来研究一个经济系统中投入与产出间的相互关系。随着工业代谢理论的发展，该方法加入了资源使用部门（使用资源所花费的代价）、资源恢复部门（恢复资源所需成本）、污染物排放（治理污染物的费用）等内容，形成资源环境经济投入产出表[5]，即用经济学的方法来控制资源的吞吐关系。

（2）启发

投入产出理论对生产性城市研究有两方面的意义。一是为理解城市生态系统中资源的吞吐量提供了新的视角——投入产出理论认为未来城市要可持续发展必须将自然资源的吞吐量最小化，即同时减少支撑城市的输入物（原材料和产品）与输出

[1] 理查德·罗杰斯. 小小地球上的城市[M]. 北京：中国建筑工业出版社，2004: 27-30.
[2] 理查德·罗杰斯. 小小地球上的城市[M]. 北京：中国建筑工业出版社，2004: 30.
[3] 理查德·罗杰斯. 小小地球上的城市[M]. 北京：中国建筑工业出版社，2004: 30.
[4] Herbert Girardet, Stefan Schurig, Nicholas You. 建设可再生型城市的必要性[J]. 段伟建，译. 人类居住，2011(3-4): 19-20.
[5] 武志峰，李红. 基于投入产出理论的资源环境综合核算[J]. 煤炭经济研究，2006(7): 34-35.

物（尤其是废弃物）[1]。这启发了我们对城市生态系统进行重新思考。二是为生产性城市研究中资源的生产与消费量的计算提供了可借鉴的方法——资源投入产出分析表。

3. 物质流核算

（1）概述

物质流核算（Material Flow Accounting, MFA）通过对经济系统中资源的流动情况——资源的提取开采、生产制造、消费使用、回收处理、排放丢弃的整个过程——进行描述，从而得出每一个环节对资源环境的影响与压力[2]~[4]。该方法是能量守恒定律的应用，因此输入经济系统中的资源总量=滞留在经济系统中的资源存量+从经济系统中排出的资源量，故“人类活动对环境的影响，主要取决于经济系统从环境中获得的自然资源数量和向环境排放的废弃物数量”[5]（图3-27）。

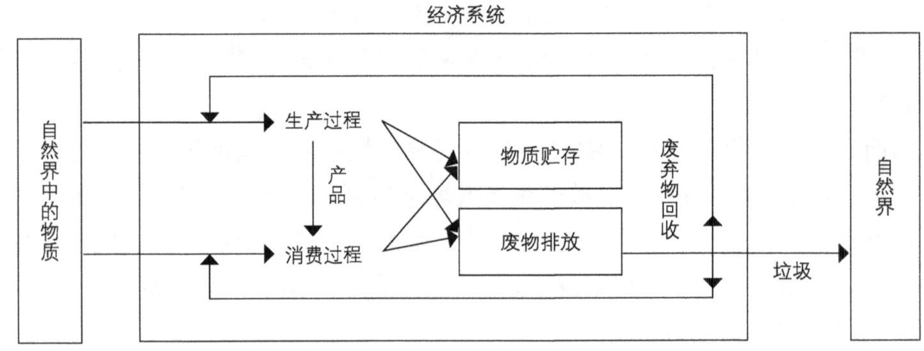


**图 3-27 物质流核算理论中物质在经济系统内的流动路径示意图**[6]

物质流核算的方法是通过一系列指标来衡量输入和输出经济系统的物质：直接输入流包括生物质、化石燃料、矿物质和进口输入流；直接输出流包括污染物（水体、大气、固体、农村污染物）、耗散流（化肥、农药等）、出口物质流；此外还有过程中产生的未用流[7]。所有指标以质量单位计量，并最终进行总量平衡核算。

---

[1] Jac Smit, Joe Nasr, Annu Ratta. Urban agriculture: food, jobs and sustainable cities, Second Revision [M]. New York, USA: UNDP, 2001: 10.

[2] Adriaanse A, Bringezu S, Hammond A, et al. Resource flows: the material basis of industrial economies [M]. Washington DC: World Resources Institute, 1997.

[3] 朱彩飞. 可持续发展研究中的物质流核算方法：问题与趋势[J]. 生态经济：学术版，2008(1): 114-117.

[4] UNEP. 全球环境展望5：我们未来想要的环境[R]. 内罗毕：UNEP, 2012: 11.

[5] 朱彩飞. 可持续发展研究中的物质流核算方法：问题与趋势[J]. 生态经济：学术版，2008(1): 114-117.

[6] 平卫英. 物质流核算的投入产出分析框架研究[J]. 经济统计学：季刊，2015(1).

[7] 王亚菲. 经济系统可持续总量平衡核算——基于物质流核算的视角[J]. 统计研究，2010, 27(6): 56-62.

（2）启发

物质流核算理论对生产性城市的研究，除了方法论上的影响，也同样是加深了对城市生态系统物质吞吐量的理解。

（3）思索

总体而言，无论是投入产出理论还是物质流核算理论，都认为经济活动应当限定在自然资源的供给范围之内，都将自然系统看作“固定资产”，认为自然资源供给城市的能力是恒定的；都把城市系统看作不会自我生产的“依赖者”（事实上，现在的城市系统确实如此）。我们为什么不能换个角度来看待城市与自然的关系呢？在“自然资本日益成为生产的限制性要素”[1]的今天，这个“固定资产”已经不足以继续支撑了，我们还要“坐吃山空”吗？

4. 生态生产性土地（Ecologically Productive Area）与生态承载力

（1）概述

生态足迹理论认为，大多数的资源和生态服务都是在土地上生产的，因此，人类的每一种消费都可以用生产它所需的土地/水域面积来衡量。这种具有生态生产能力的土地称为生态生产性土地或生物生产性土地[2]。它替代了各类自然资本，而成为统一的“度量单位”——某区域人口所需的生态生产性土地面积总和计为生态足迹[3]。为了计算分析，生态生产性土地又被划分为碳吸收用地、耕地、草地、林地、渔业用地和建设用地6类[4]（在部分文献中没有碳吸收用地而有化石能源地）。由于不同地区、不同类别的生态生产性土地的生产力不同，该理论又引入了生产力系数和等价因子。这样，在各类土地“空间互斥性”的基础上，就实现了不同地区、不同种类的生态生产性土地的可加性与可比性[5]，也使生态足迹和生态承载力具有了可比性。

生态承载力（Biocapacity）用一个地区用于资源再生的生态生产性土地面积之和来表示[6]。它代表了自然资本提供资源、吸收废物和维持生态圈保障功能的能力。由于生态足迹理论的提出者们认为“生产性土地的总面积和自然资本存量固定不变，或在下降”[7]，因而得出了“城市政策应该努力将对生态系统的破坏最小化，并且大量

---

❶ Herman E.Daly, Joshua Farley. 生态经济学原理和应用（第二版）[M]. 金志农，等，译. 北京：中国人民大学出版社，2014: 439.

❷ 杨开忠，杨咏，陈洁，等. 生态足迹分析理论与方法[J]. 地球科学进展，2000, 15(6): 630-636.

❸ 世界自然基金会，中国环境与发展国际合作委员会. 中国生态足迹报告2012：消费、生产与可持续发展[R]. 北京：世界自然基金会，2012.

❹ 世界自然基金会，中国环境与发展国际合作委员会. 中国生态足迹报告2012：消费、生产与可持续发展[R]. 北京：世界自然基金会，2012.

❺ 杨开忠，杨咏，陈洁. 生态足迹分析理论与方法[J]. 地球科学进展，2000, 15(6): 630-636.

❻ Rees W, Wackernagel M. Urban ecological footprints: why cities cannot be sustainable—and why they are a key to sustainability[J]. Environmental impact assessment review, 1996, 16(4): 223-248.

❼ Rees W, Wackernagel M. Urban ecological footprints: why cities cannot be sustainable—and why they are a key to sustainability[J]. Environmental impact assessment review, 1996, 16(4): 223-248.

减少能源和材料的消耗”[1]的结论。

（2）分析与思索

当面对生态超载（生态足迹超出了生态承载力），大家的关注点集中在如何减少“生态足迹”。我们为什么不能从两个方面入手——在减少生态足迹的同时，关注如何提高“生态承载力”呢？既然生态足迹理论的提出者认为“生态可持续性的根本问题是是否有充足的承载能力”[2]，我们为什么不直接解决这个根本问题呢？

事实上，依据全球足迹网络计算，在1961年至2010年间，全球生态承载力由99亿全球公顷（gha）提高至120亿全球公顷[3]。可见生态承载力并非固定不变的，它是可以增加的。还需要认识到，生态承载力在过去的五十年缓慢增加并不意味它将持续增加。原因是，上述生产力的增加主要依靠机械化、化肥、杀虫剂、灌溉等科技的推广应用使得耕地平均生产力增加了[4]~[6]。但如今农业增长率已开始缓慢下降[7]，耕地面积也满负荷，土壤、淡水、森林等资源的生态服务功能退化……当耕地生产力的增长不足以补偿其他资源生态生产力的下降，生态承载力便有可能减少。总之，既然生态承载力已经增加，还有可能减少，那么早前将自然资本作为“固定资产”，认为城市发展必须被动地限定在自然资源固定范围之内的假说，并非牢不可破。

## 小结

总体来说，生态经济学中蕴含着大量生产性思想与可参考的分析方法，对生产性城市研究具有启发和借鉴意义。

无论是城市循环理论，投入产出和物质流分析方法，还是生态足迹理论，其出发点都是对现有城市的分析，都是基于“现代城市是自然系统的依赖者、消费者；自然系统是资源的提供者，它所能提供的自然资本量是额定的。城市本身如‘黑箱’一般，只能被动地、在自然系统允许的范围内，输入输出资源”的前提。在这个前提下，所有的应对策略都是顺应着这个思路，思考如何减少输入与输出，“将经济规

[1] Rees W, Wackernagel M. Urban ecological footprints: why cities cannot be sustainable—and why they are a key to sustainability[J]. Environmental impact assessment review, 1996, 16(4): 242.

[2] Rees W, Wackernagel M. Urban ecological footprints: why cities cannot be sustainable—and why they are a key to sustainability[J]. Environmental impact assessment review, 1996, 16(4): 223-248.

[3] WWF，地球生命力报告2014（中文版）[R]. 瑞士格兰德：WWF, 2014: 10.

[4] Prue Campbell, The Future Prospects for Global Arable Land [J/OL]. 2011-05-19[2015-06-20]. Global Food and Water Crises Research Programme. http://www.future directions.org.au/publication/the-future-prospects-for-global-arable-land/.

[5] WWF，地球生命力报告2014（中文版）[R]. 瑞士格兰德：WWF, 2014.

[6] FAO（联合国粮农组织）. FAO Statistical Yearbook 2013[M]. Rome: FAO, 2013: 126.

[7] FAO（联合国粮农组织）. FAO Statistical Yearbook 2013[M]. Rome: FAO, 2013: 130.

模限制在自然系统的资源供给和废弃物调节能力之内"[1][2]，如何减少城市对自然的影响，减少生态足迹。这个思路没有任何问题。但，如果城市系统是可以改变并不再完全依赖于自然了呢？如果自然资本不是额定的，是可以增加的呢？矛盾不是迎刃而解了吗？那么，我们是否可以尝试着去改变这个前提呢？

正是这样的思索产生了生产性城市理念。生产性城市一方面顺应着生态经济学的思想脉络，从承载能力入手，另一方面，尝试打破生态足迹理论中人为设定的假设"空间互斥性"，从而直接解答"需要多大面积的生产性土地才能无限期的维持特定人口的需求"[3]这一"关键的问题"[4]。

还需要指出的是，生态经济学中的"生产性"指的是"生产补偿"。即使有资源的生产，也主要停留在通过生产来补偿消耗的资源阶段，如"不可再生资源的耗尽可以通过投资可再生自然资本而得到补偿"[5]。尽管也有被称为"弱可持续发展"的流派，认为人造资本可以替代自然资本，但主流的"强可持续发展"流派认为，"自然（生物物理的）资本保持不变"[6]，人造资本不能成为自然资本的替代品，"而在大多数生产功能中是补足品"[7]。

## 第三节 蕴含生产性思想的代表性设计案例

有许多的设计案例都蕴含着生产性思想，本书在此对代表性案例进行简要介绍。

1. 法国2030区域规划——区域尺度典型案例

2013年12月获批的大巴黎2030区域规划[8]，是《京都议定书》之后首个以解决大

❶ 任群罗．地球生态系统的负荷分析与可持续发展[J]．中国农村经济，2009(10): 86-93.

❷ 郑德凤，臧正，赵良仕，等．中国省际资源环境成本及生态负荷强度的时空演变分析[J]．地理科学，2014 (6): 672-680.

❸ Rees W, Wackernagel M. Urban ecological footprints: why cities cannot be sustainable—and why they are a key to sustainability[J]. Environmental impact assessment review, 1996, 16(4): 223-248.

❹ Rees W, Wackernagel M. Urban ecological footprints: why cities cannot be sustainable—and why they are a key to sustainability[J]. Environmental impact assessment review, 1996, 16(4): 223-248.

❺ Rees W, Wackernagel M. Urban ecological footprints: why cities cannot be sustainable—and why they are a key to sustainability[J]. Environmental impact assessment review, 1996, 16(4): 225.

❻ Rees W, Wackernagel M. Urban ecological footprints: why cities cannot be sustainable—and why they are a key to sustainability[J]. Environmental impact assessment review, 1996, 16(4): 226.

❼ Rees W, Wackernagel M. Urban ecological footprints: why cities cannot be sustainable—and why they are a key to sustainability[J]. Environmental impact assessment review, 1996, 16(4): 226.

❽ IAU île-de-France. The French government endorsed the regional development scheme for Ile-de-France[EB/OL]. [2014-10-1] http://www.iau-idf.fr/?home.

都市问题、探索可持续发展道路为中心的设计研究[1]。该规划由几支多专业专家构成的团队协作完成，将城市空间、资源与能源等几个方面作为一个整体，并从本地资源的生产与消费、制造业回归、健全自行车与公共交通系统、建立都市农业网络等多个方面，对大巴黎地区未来的发展方式进行探讨，提出了具体的空间规划、实施措施与政策建议[2]。该规划强调整合多种措施对城市进行重构，体现城市转型的新方向（图3-28）。

**图 3-28　大巴黎 2030 区域规划场景图**[3]

2. 大巴黎规划中BMCA团队的设计作品

在大巴黎规划咨询中，法国建筑师碧翠斯·马里奥娜（Béatrice Mariolle）领导的BRÈS + MARIOLLE ET CHERCHEURS ASSOCIÉS（BMCA）团队认为“都市农业是将城市由资源消费型回转为生产型的关键。”为实现该转变，团队设计了一整套措施：

步骤1：构造称为“气象体”（Volumes Météorologiques）的模型单元，在现有建筑物基础上创建一个生态系统。每个模块包括一个温室（冬季花园，生产空间）或一个共享空间以提供食物；采用废物回收利用、墙体储能、风能利用、地热采暖、带有太阳能光伏板的屋顶、水生植物过滤和纯化等技术以提供能源。最终实现消耗者与生产者之间的可持续循环[4]（图3-29）。

步骤2：将“气象体”单元放置到现有的郊区组织中，并采用适于当地气候的生态措施；再运用补偿原则（占多少补多少）建设一块生态场地，以保持土地的表面渗水性等特性（图3-30）。

---

[1] 巴黎区域规划的筹备始于2004年，而大巴黎计划于2007年9月17日由法国前总统萨科齐宣布项目正式开始，现仍在进行当中。参见Planning the Ile-de-France region of 2030[OL]. http://www.iau-idf.fr/index.php?id=1262; Le Grand Paris – Part 1: The Launch.http://stephanekirkland.com/le-grand-paris-part-1/.

[2] http://www.iau-idf.fr/fileadmin/user_upload/Enjeux/Sdrif/idf2030/approuve2013/1-Vision-regionale_HD.pdf.

[3] http://www.iau-idf.fr/fileadmin/user_upload/Enjeux/Sdrif/idf2030/approuve2013/1-Vision-regionale_HD.pdf.

[4] Brès+ Mariolle et chercheurs associés. le Grand Paris des Densités Dispersées[R]. Paris: Commande Habiter le Grand Paris, 2013: 222, 223.

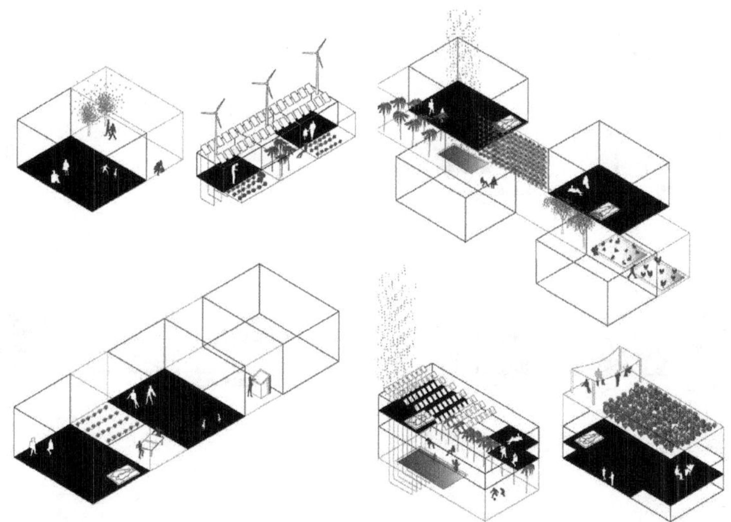

图 3-29 “气象体”组合的示意图❶

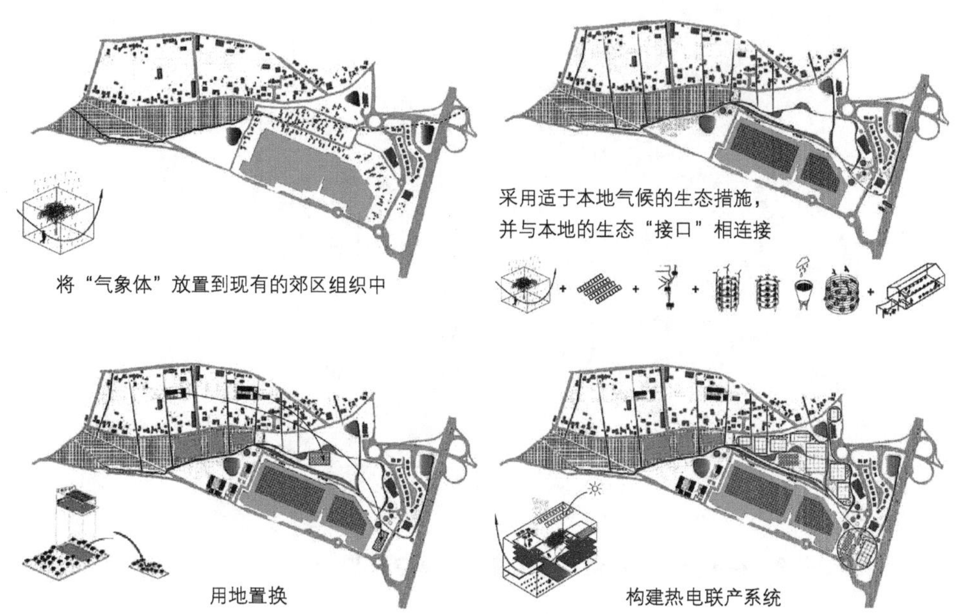


图 3-30 让“气象体”与场地融合的步骤示意图❷

步骤3：根据社会的平衡分布以及可持续的程度，在单元附近提供不同尺度的共享空间。如图3-31、图3-32所示，“在一个领域，创建自己的生态系统。以各种方式实现能源消费者和生产者的开发、逆转与平衡。”

❶ Brès+ Mariolle et chercheurs associés. le Grand Paris des Densités Dispersées[R]. Paris: Commande Habiter le Grand Paris, 2013: 222, 223.

❷ Brès+ Mariolle et chercheurs associés. le Grand Paris des Densités Dispersées[R]. Paris: Commande Habiter le Grand Paris, 2013: 226, 268, 272, 274.

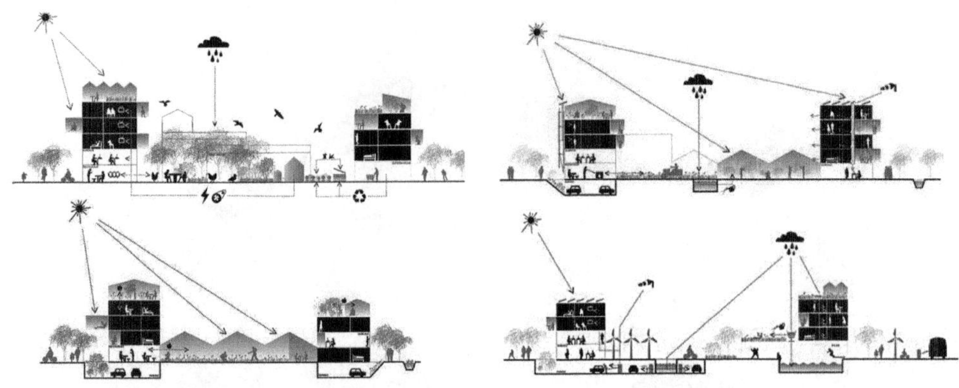

图 3-31　单元附近的公共空间示意图[1]

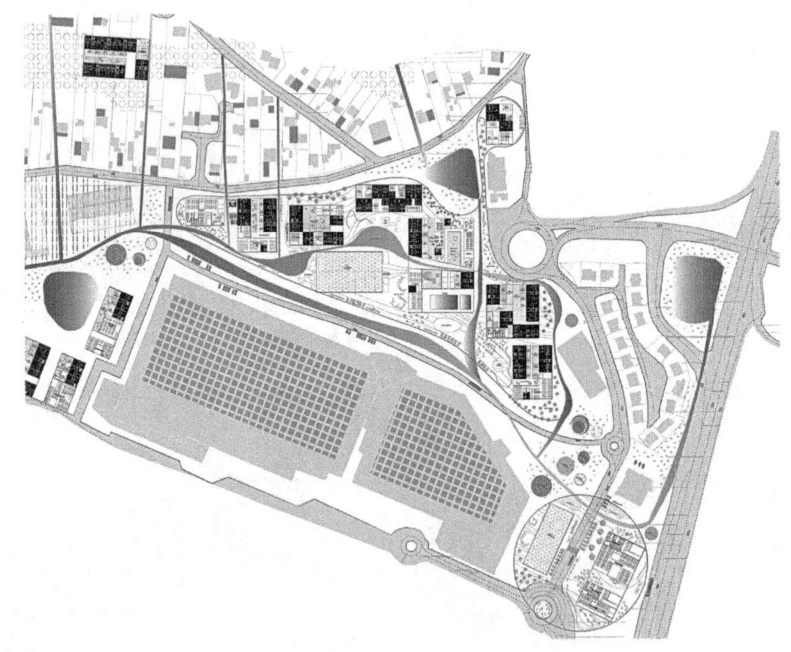

图 3-32　在单元附近提供不同尺度的共享空间[2]

3. R-ruban项目——城区尺度典型案例

例如法国自我管理建筑工作室（Atelier d'Architecture Autogérée）于2011年发起的“R-ruban”项目。该项目以再利用、再循环、修理、再设计、重新思考、重新组装（Reduce, Reuse, Recycle, Repair, Re-design, Re-think, Re-assemble）为原则，由回收利用和生态建设单元（Recyclab）、合作居住单元（Ecohab）和都市农业单元

[1] Brès+ Mariolle et chercheurs associés. le Grand Paris des Densités Dispersées[R]. Paris: Commande Habiter le Grand Paris, 2013: 279.

[2] Brès+ Mariolle et chercheurs associés. le Grand Paris des Densités Dispersées[R]. Paris: Commande Habiter le Grand Paris, 2013: 278-279.

（Agrocité）构成一个本地闭合的生态循环网络（图3-33右）。通过本地材料建造、农业生产、能源生产、灰水处理利用、互助维修、共享经济、培训和创造就业岗位等方式，达到改变居民生活方式，提高城市弹性（Resilience）的目的。

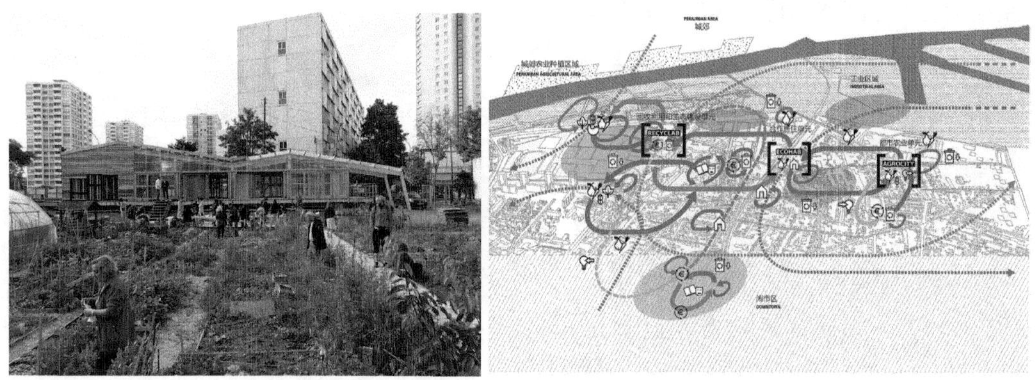

**图 3-33　R-ruban 项目在法国科隆布的实践及其资源循环示意图（2012 ~ 2013）**[1]

4. 生产性城市区域——城区尺度典型案例

研究以德国Kerkrade-West为例，探寻通过城市收获设计方法得出生产性城市区域规划。（涉及能源、农业与工业）

步骤1：调查空间功能和土地使用分配（图3-34）；

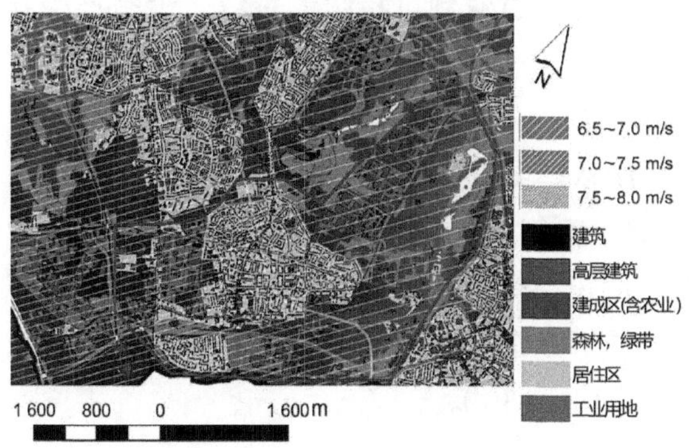


| 功能 | 耗电（MWh） | 耗热 / 气（GJ） |
| --- | --- | --- |
| 住宅 | 24300 | 480000 |
| 零售 | 15000 | 54000 |
| 其他 | 6000 | 46000 |
| 工商业 | 435000 | 2070000 |

**图 3-34　调查空间功能和土地使用分配**[2]

步骤2：确定大型能源消费者；

步骤3：盘点现有的能源需求和分类；确定当地能源潜力的质量和数量；

步骤4：识别并定位空间功能集群；

步骤5：确定能源的联系和缺失的连接；

[1] atelier d’architecture autogérée (aaa) R-Urban: Resilient Agencies, Short Circuits, and Civic Practices in Metropolitan Suburbs[J]. Harvard Design Magazine No. 3.

[2] Wouter R W A Leduc, Ferry M G Van Kann. Urban Harvesting as planning approach towards productive urban regions[C]. Salzburg, Austria: Proceedings of the 42nd Scupad Congress: Bringing Production Back to the City, 2010.

步骤6：连接集群和探索网络模式；

步骤7：制定智能空间政策。

从而得到实现该生产性区域的空间策略（图3-35）。包括：啤酒厂、水上乐园、藻类池塘、温室种植和延伸的动物园。

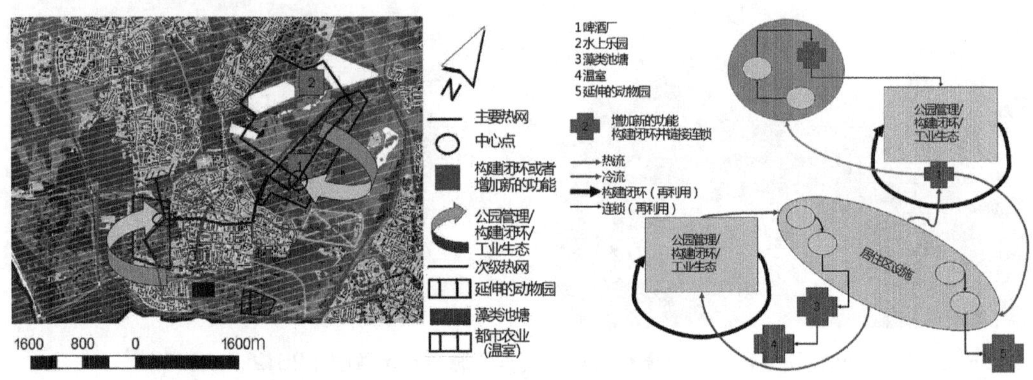


**图 3-35　生产性城区规划**[1]

该方案通过利用当地资源，增加新的生产性功能集群、利用废热建立闭合的循环系统、使区域具有多种功能、循环利用的连级系统、增加功能间的连接性与接近度等方式，得到生产性城市区域（Productive Urban Regions）。整个改造过程采用渐变（演进）的方式，尊重当地的限制因素，逐渐过渡到可持续的系统，没有产生强烈、突然的变化与冲击。[2]

5. 再生村落——社区尺度典型案例

丹麦的建筑事务所EFFEKT在威尼斯双年展期间展出的再生村落（ReGen Villages）[3]，是合作式生产性社区设计的典型案例。这个社区基于合作居住的设计理念，同时兼顾私密性、社交性与生产性。每户都有私密空间，可以保留隐私并进行一定的资源生产；社区内的公共用房与设施可以进行公共的农业生产、能源生产与废弃物利用，实现居民互动并生产社会空间（图3-36）。

其设计过程如下所述：

步骤1：布置住宅单元。住宅按照合作居住成员的要求进行设计，考虑户型的多样性与可变性，以适应未来的家庭成员变化。住宅围绕中心呈周边式圆形布局，以突出和强调社区内部环境的向心性与吸引力[4]，从而形成“内向性”的空间性格。

---

[1] Wouter R W A Leduc, Ferry M G Van Kann. Urban Harvesting as planning approach towards productive urban regions[C]. Salzburg, Austria: Proceedings of the 42nd Scupad Congress: Bringing Production Back to the City, 2010.

[2] Wouter R W A Leduc, Ferry M G Van Kann. Urban Harvesting as planning approach towards productive urban regions[C]. Salzburg, Austria: Proceedings of the 42nd Scupad Congress: Bringing Production Back to the City, 2010.

[3] http://www.archcollege.com/archcollege/2016/05/26131.html.

[4] Thomas Hoy. Co-Housing: NOT a Hippie Commune[OL]. http://www.seniorlivingmag.com/articles/cohousing-not-a-hippie-commune.

图 3-36　再生村落整体方案模型[1]

步骤2：在社区内部加入一环社区公共用房，并在住宅及公共用房附近加入食物生产空间。食物生产的方式包括地面种植和垂直水培。公共用房包括储藏、加工烹饪和聚餐等功能。除了垂直农场、公共餐饮和社区中心外，公共用房还包括零能耗养老院、家畜饲养中心、鱼菜共生系统水管理以及废物回收共享机构。

步骤3：在住宅、公共用房和农业生产空间外罩温室。将这些预制的房屋都笼罩在温室之内形成舒适的被动式太阳房。这有利于在冬季阻挡寒冷，同时在夏季隔离直射与潮湿，同时它与自然通风、被动式供暖、散热等设施相结合能减少住宅能耗。温室表面复合透明光伏，用于发电和制暖；温室内种植树木及果蔬，为家庭提供食物，同时也参与调节温室内的微气候；家居废物可以制成堆肥或转化为沼气，成为绿色能源。此外，住宅外包裹的这一透明温室，有利于实现私人空间与公共空间之间的过渡，形成更为丰富的空间层次（图3-37）。

步骤 1　布置住宅单元

步骤 2　加入食物生产空间

步骤 3　在上述空间外罩温室

图 3-37　再生村落的设计过程（1）[2]

[1] https://architizer.com/projects/regen-villages/.

[2] https://architizer.com/projects/regen-villages/.

步骤4：在室外开放空间加入基础设施和社会空间。根据消耗和生产配比，在空地上均匀布置可以为电动车充电的太阳能生产基础设施。之后在其他区域加入休息座椅区、社区学习区、水景公园、户外餐饮区、娱乐公园、动物饲养区、儿童游戏区等户外公共空间，以丰富生活、建立良好的社会关系（图3-38～图3-40）。

步骤 4　加入室外基础设施　　　　加入室外社会空间

**图 3-38　再生村落的设计过程（2）**[1]

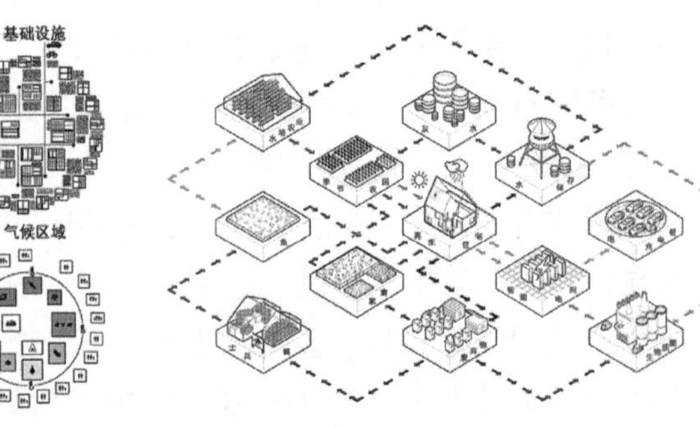


**图 3-39　模型中功能组织图解**[2]

**图 3-40　社区的再生系统**[3]

本案的特色有：① 通过农业、能源生产，回收利用雨水和废弃物，实现了资源的自给自足；② 采用合作居住的理念，通过设置公共用房、公共生产设施、户外社会空间等方式，进行社会空间的生产，构建熟人社会；③ 采用建筑外罩“温室”的设计手法，构建生产性建筑，并增加了空间层次（图3-41、图3-42）。

❶ https://www.effekt.dk/regenvillages/.

❷ https://www.effekt.dk/regenvillages/.

❸ https://www.effekt.dk/regenvillages/.

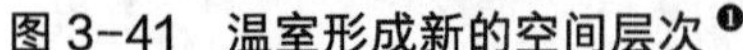

图 3-41　温室形成新的空间层次[1]

图 3-42　社区公共用房成为沟通平台[2]

6. 生态工业园改造案例——社区尺度典型案例

为复兴巴塞罗那旧工业区，巴塞罗那市委托Eduare Balcells和Honorata Grzesikowska两个团队来进行社区设计。设计主要完善了地块内的雨洪管理体系，同时提出自给自足的目标。设计基地从区位上看是被城市包围，但又被交通阻隔，与城市断开了联系（图3-43）。

通过分析，历史水系叠加在现有的城市版图上，发现区域的河流系统演化过程，间歇性河流对地块的影响条件成为设计的突破口。

绿色兰布卡大道成为与城市绿化系统连接的重要节点。面对城市可能受到的洪水侵害，方案团队提出了合理的雨洪管理体系，在设计范围内形成良好的雨水回收利用体系，并通过一条长700米的绿化带来净化工业废水（图3-44）。

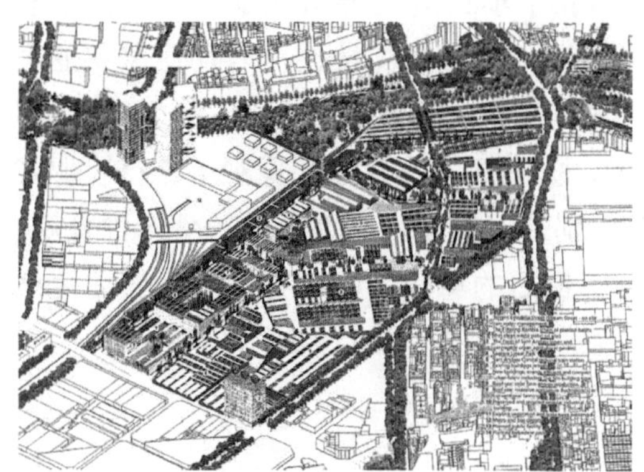

图 3-43　可持续性整体规划[3]

图 3-44　利用绿化进行工业废水和雨水净化[4]

巴塞罗那城郊有着悠久的农业传统，巴塞罗那平原作为自给自足的粮食产区，一直保持到20世纪中期。设计地块曾是肥沃的农田，这也成为设计团队的概念来源，

❶ https://www.effekt.dk/regenvillages/.

❷ https://www.effekt.dk/regenvillages/.

❸ https: //www.behance.net/gallery/24198061/Torrent-Estadella-Eco-Industrial-Park.

❹ https: //www.behance.net/gallery/24198061/Torrent-Estadella-Eco-Industrial-Park.

即：提出打造新型的生产性、公众模式的开放农场，并实行可持续发展战略（图3-45、图3-46）。

图 3-45　新型的生产性开放农场[1]

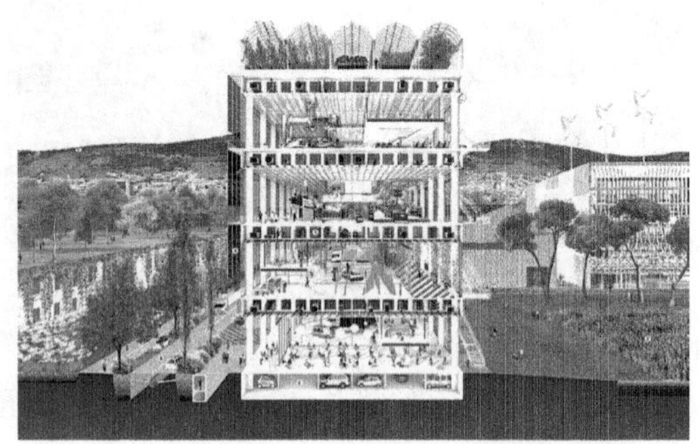

图 3-46　单体厂房的综合性生产性措施[2]

具体的措施为：

（1）加强工业产品的循环利用和升级回收，资源共享，创造协同效应，使废弃物或副产品可以被另一个行业领域中使用。

（2）改造建筑立面，在立面上附加太阳能光伏板，收集能源用作园区使用。

（3）增加屋顶的利用效率，改造成温室，以提供新鲜的蔬菜和水果。[3]

以生产性为出发点的设计案例非常之多。本书将在第五章归纳详述。

7. 2015年米兰世博会——建筑与景观尺度典型案例

2015年米兰世博会是生态米兰（Biomilano）项目的重要组成部分。按照总规划师博埃里"过渡性景观"理论，米兰世博会选址于城乡交接处，以期通过农业生产和自然景观来重新组织城市、乡村与自然的关系[4]。其"滋养地球，为生命加油"（Feeding the Planet, Energy for Life）的主题，力图探索在建筑和景观上进行农业或能源生产的可能性。举例而言，图3-47下图分别是对农业生产性立面、生产性景观、生产性设施（开放空间上方的构架）的探索，最后的德国馆则致力于整合农业生产与太阳能能源生产。他们都体现了向生产性建筑与景观转型的新趋向。

---

[1] https: //www.behance.net/gallery/24198061/Torrent-Estadella-Eco-Industrial-Park.

[2] https: //www.behance.net/gallery/24198061/Torrent-Estadella-Eco-Industrial-Park.

[3] https: //www.behance.net/gallery/24198061/Torrent-Estadella-Eco-Industrial-Park.

[4] [意]斯蒂凡诺·博埃里. 当代城市的五条生态要求 生态都市主义[M]. 南京：江苏科学技术出版社，2014: 452.

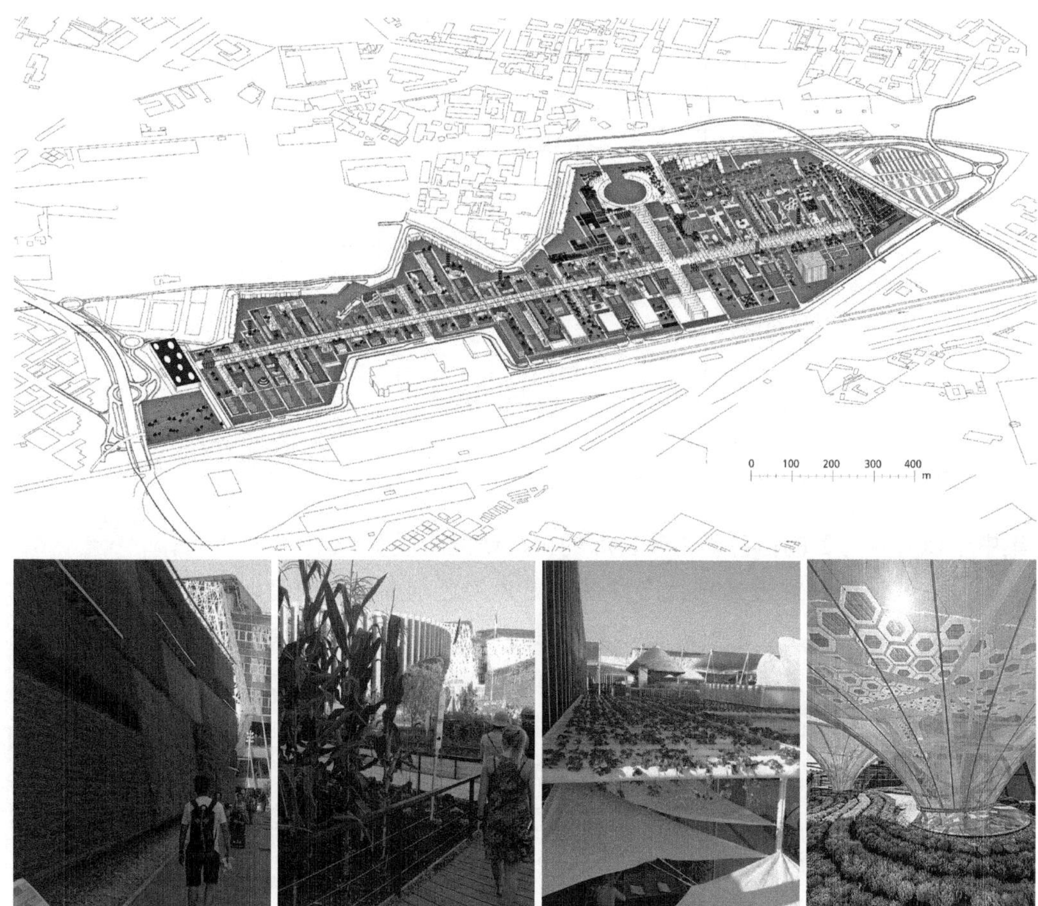


图 3-47　2015 年米兰世博会[1]

# 第四节　生产性城市研究现状分析

## 一、生产性城市研究现状总结

（1）国外城市生产性思想的发展趋势是：从充分利用城市现有资源，到创造机会进行生产；从讨论资源生产的必要性，到探讨资源生产的策略；从仅考虑生产过程，到考虑生产加工销售消费回收处理的整个循环；从讨论资源本身，到资源与城市空间的融合；从针对单一资源的研究，到整合多种资源；从以补偿资源消耗为目的进行生产，到追求生产的资源比消耗的更多；从实践到理论再到实践……最终产生了整合性、革命性的“生产性城市”概念（图3-48）。而国内的城市生产性研究多

[1] 平面图源自：http://www.stefanoboeriarchitetti.net/en/portfolios/expo-2015/；照片为作者自摄。

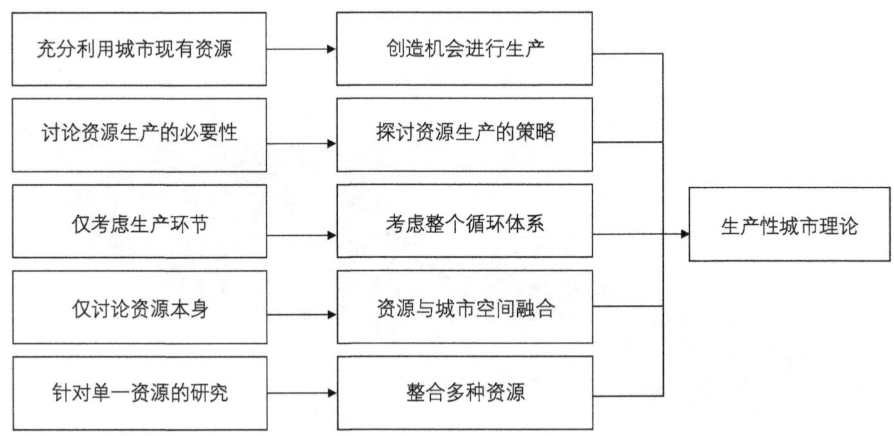


**图 3-48　城市生产性思想发展脉络**

集中于以补偿为目的，针对单一资源的生产研究阶段。

（2）其他生产性思想与生产性城市最大的区别在于，前者以补偿资源消耗为目的，后者则追求“生产的资源比消耗的更多”。这并不是“产量”的差别，而是出发点的不同。前者将自然系统看作固定资本，后者提高生态承载力以休养自然。

（3）无论是Brugmann、Nelson的“生产性城市”，还是其他整合性的城市生产性思想，都较少涉及工业生产，也没有考虑经济结构的均衡性。鉴于后工业社会产生的大量经济、社会与环境问题，本地的工业生产不但不应被忽略，还应作为资源循环系统中的重要节点。

（4）现有的生产性城市定义归纳

对现有理论研究中的生产性城市定义（含描述）进行归纳总结，分析已有概念与我们设想中的生产性城市的差异，得到表3-5。（需说明的是，由于大多数文献未有明确定义，表格中的概念或描述多是通过意译或结合语境总结得出。）通过对表格的分析，可以得到——目前尚缺乏明确的、全面的，且能够表达我们所设想的“生产性城市”的概念。

**已有的生产性城市概念汇总　　表 3-5**

| 时间 | 提出者 | 已有的生产性城市定义或描述 | 范畴 |
|---|---|---|---|
| 2006 年 | René van Veenhuizen | 目标是达到生产性城市，通过当地生产来替代城市外部食物供给，并将城市农业、水产养殖与蓄水、娱乐和自然公园等功能相结合❶ | 侧重农业 |
| 2009 年 | Nels Nelson | “可持续的城市应改变原有模式，成为生产而非消费的根源，从而使其边界以外的自然得以繁荣”❷ | 偏向描述性质 |

❶ Van Veenhuizen R. Cities farming for the future: Urban agriculture for green and productive cities[M]. Leusden: ETC-Urban Agriculture, RUAF, 2006.

❷ Nels Nelson.Planning the productive city[D]. Delft: Delft Technical University, 2009.

续表

| 时间 | 提出者 | 已有的生产性城市定义或描述 | 范畴 |
|---|---|---|---|
| 2011 年 | 联合国人居署 | 通过提高城市生产力实现经济增长，并为城市居民创造体面的就业机会❶ | “富有生产力”的城市 |
| 2012 年 | Jeb Brugmann | “我们应该使城市成为一个资源的产生器，旨在一定区域内实现生产与消耗的平衡。而下一步的目标应该是生产性城市：城市产生比他们消耗的更多的资源，处理更多的垃圾”❷ | 偏重于目标；整体感觉略模糊 |
| 2012 年 | Parks Tau | “生产性城市是采用有效且高效的方式来管理其资源，从而满足其居民基本的社会经济需求”❸ | 只有经济需求 |
| 2012 年 | Winy Maas | “城市将能产出食物和能量，净化水源，资源循环利用且实现了生物多样性。可以说是一座能够自给自足的城市：人类、植物和动物在其中共生的世界。这种城区和郊区的共生关系能够为全球所关注的城市化和消费问题提供基础性的论证”❹ | 有生产内容和目标；但偏重于描述 |
| 2012 年 | Daniel Bukszpan | 生产性城市是用较少的人口和劳动岗位生产很多出口产品的城市❺ | “富有成效”的城市 |
| 2013 年 | Nirmala last | 生产性城市的关键问题是当地的经济能否提供给大多数居民营生的方式❻ | 侧重经济 |
| 2013 年 | Jane Kelly | 商品和服务高效生产的城市，城市运营高效驱动经济增长与创新❼ | “高效率”城市 |
| 2013 年 | IAAC | “生产性城市：能源、食物、知识、物品的生产为创造自给自足栖息地提供基本的必需品”❽ | 可以直接使用 |
| 2014 年 | Kristian Behrens | 人均产出更高的城市❾ | 侧重经济 |
| 2014 年 | André Viljoen | “术语‘生产’是通过食物生产建立了城市与景观之间的联系”，生产性城市特指食物生产性城市❿ | 侧重农业和空间 |

❶ http://mirror.unhabitat.org/categories.asp?catid=683.

❷ Jeb Brugmann, The Productive City——9 Billion People Can Thrive on Earth[C]. Bonn, Germany: ICLEI world congress, 2012.

❸ Parks Tau, Building on a solid foundation towards a productive City of Johannesburg [C]. Bonn, Germany: ICLEI world congress, 2012.

❹ Floriade 2022 proposal for Almere[OL]. 2012-07-04 [2015-06-20] http://www.archdaily.com/251515/almere-floriade-2022-mvrdv.

❺ Daniel Bukszpan, Most Productive Cities [OL]. 2012-02-28 [2015-06-20] http://www.cnbc.com/id/46560422.

❻ Nirmala last. Economic trends & the productive city[OL]. http://www.slideshare.net/Annie05/economic-trends-the-productive-city-presentation?qid=6ef7374a-6389-4814-b3c5-424d2844e291&v=qf1&b=&from_search=1.

❼ Kelly J F, Mares P, Harrison C, et al. Productive cities：Opportunity in a changing economy[R]. Australian: Grattan Institute, 2013.

❽ IAAC Productive City Agenda [OL].2013-05-08 [2015-06-20] http://www.iaacblog.com/2013/05/08/applications-for-iaac-global-summer-school-are-now-open/.

❾ Behrens K, Duranton G, Robert-Nicoud F. Productive cities: Sorting, selection, and agglomeration[J]. Journal of Political Economy, 2014, 122(3): 507-553.

❿ Viljoen A, Bohn K. Second nature urban agriculture: designing productive cities[M]. London; New York: Routledge, 2014.

续表

| 时间 | 提出者 | 已有的生产性城市定义或描述 | 范畴 |
|---|---|---|---|
| 2014 年 | Dimitris Papalex-opoulos | 生产性城市是由小规模生产者构成的互联网络，他们不仅是制造商还包括可以促进新的城市生产活动的生产者，如都市农业和可再生能源生产❶ | 侧重制造业，包含其他 |
| 2016 年 | Europan Europe | 生产性城市为当地组织提供了一个新的发展方式——在不影响空间品质的前提下——综合栖息地独特环境、工作环境以及任何种类的生产活动（商业，工艺，生产，物流，存储），形成弹性、舒适惬意和开放的城市空间❷ | 偏于描述 |

## 二、生产性城市与相似概念的区别

1. 生产性城市与生态城市

两者均注重可再生资源的利用与循环，但仍有两方面的区别。首先是循环系统的出发点不同。生态城市侧重于在生态系统的生产能力之内与自然形成完整的循环代谢系统，它强调生态性，策略方面主要致力于减少碳排放等以降低生态足迹，与自然的关系较被动；而生产性城市侧重于城市自身创造生产力并形成代谢循环，从而减少对生态系统的依赖，它强调生产性，主要致力于提高生态承载力，即最大化地增加生物生产性土地的面积，与自然的关系更主动。其二，部分后工业城市将工业移植到遥远的不会对自己产生污染的区域，再借助于石油资源运输将产品输入，它们也许可勉强作为生态城市，但绝非生产性城市。生产性城市是产业均衡的，它可以在区域尺度上依靠自己满足绝大部分的商品需求，还将农业生产等作为整个城市与自然系统物质能量循环中的关键要素。

2. 生产性城市与都市农业的区别

两者都在城市中进行农业生产，考虑短途运输，并致力于将城市与农业进行有机结合。但生产性城市中的农业生产不限于食用，很大部分用作生物燃料，建筑立面等部位也多采用蓝绿藻类易生长且能源转化率高的品种，以此分担由于制作生物燃料而侵占的耕地土地，从而更好地保护农业。此外，都市农业中缺少其他产业生产、空间生产等层面。可以说，都市农业是生产性城市的重要组成部分。

3. 生产性城市与立体化城市的区别

由于空间生产的特点，生产性城市的局部形态特征接近于立体城市。它们都达到了节地的目的，并且由于功能的整合而减少了交通面积和能耗。但立体城市产生

❶ Dimitris Papalexopoulos, Urban Innovation Ecosystems, Athens: Towards a productive city[C]. Barcelona: the tenth international conference of the Fab Lab network, https: //www.fab10.org/en/papers/66.

❷ http://www.europan-europe.eu/media/default/0001/12/e14_topic_en_web_pap_pdf.

了空间或建筑面积，却没有用这些空间进行生产。即没有把土地转化为生物生产性土地，反而立体地增加了消费性。此外立体城市多是依照后工业社会的产业结构进行空间与功能的整合，工业作为环境污染的毒瘤被躲避。而生产性城市的工业以清洁的自然能源为驱动力，并形成完善的产业链条，可以与其他功能临近布置与整合。

4. 生产性城市理论与生态足迹理论的区别

生态足迹是生产性城市的理论依据。但生态足迹的计算有一个“各类土地在空间上是互斥的”假设：如建筑用地不可能同时是耕地。“这条‘空间互斥性’使各类生态生产性土地能够相加，从宏观上认识自然系统的总供给能力和人类系统对自然系统的总需求”[❶]。然而生产性城市的目的之一，即在地球有限的土地面积上增加生产性土地的面积，必须打破互斥性进行空间生产——如在道路上方搭架子种藤类作物，使交通与耕地面积复合；在建筑屋顶种植作物使得耕地与建筑占地复合等。

5. 生产性城市与城市收获理论的区别

作为与生产性城市最接近的概念，城市收获（Urban Harvest）也致力于“改变我们对城市只消耗资源的传统观念，让城市中的人（或活动）可以生产资源”[❷]，但两者仍有很多重要的不同点：

（1）思想上的差别：a. 生产性城市关注的重点是通过系统自身的自然生产力，在输入端生产/吸收/创造/转换更多的资源，以供给系统；而城市收获强调“消费系统输出物的再利用”，即一个在输入端介入一个在输出端介入。b. 生产性城市是一个革命性的概念，通过重构城市，对城市面貌、空间结构、功能各方面进行整合改变，更适用于新城建设；而城市收获则“不会显著影响或概念建成城市系统”[❸]，是修复式的，偏向于旧城改造。生产性城市考虑到未来的变化情况，而城市收获则应对于当前。

（2）对资源存量及进出口方面的差异：城市收获使用“城市肌理（Urban Tissue）来可视化城市能源需求和供给的潜力”[❹]根据现有的功能占比来计算平均的土地利用分布（荷兰总的土地面积×城市化率×不同功能所占的比例），未曾考虑过资源、制造业产品等进出口所增补/消耗的相应的生产性土地面积。而生产性城市则将土地作为一种资源，并认为能源供给等方面的计算直接用现有的土地面积并不合适，同时它考虑了资源和商品的进出口，添加和减去相应的生产性土地面积。

（3）系统布局的差异：城市收获的能源系统尽管是循环的，却仍有一个总的中央发电厂，是整体式集中的；而生产性城市的系统是分布式的，是以生产性建筑和

❶ 杨开忠，杨咏，陈洁. 生态足迹分析理论与方法[J]. 地球科学进展，2000，15(6): 630-636.

❷ Rovers R. Urban Harvest, and the hidden building resources[C]. Cape Town: CIB World Building Congress, 2007: 14-18.

❸ Rovers R. Urban Harvest, and the hidden building resources[C]. Cape Town: CIB World Building Congress, 2007: 14-18.

❹ Wouter Leduc. Urban Tissue – visualising urban energy demand and supply potential [J/OL] http://plea-arch.org/ARCHIVE/2008/content/papers/oral/PLEA_FinalPaper_ref_316.pdf.

生产补偿性交通为支撑的分布式系统，其分布供应的不只是能源，还有农业、工厂等等，把资源的生产、储藏、运用、回收都链接网络，把生产性建筑和生产性基础设施都变成真正的“Power Plant”，如能够进行光合作用的植物一般，并将城市变成一片可以进行光合作用的森林。

（4）生产操作手法的差异：城市收获所运用的操作手段主要是叠加和替换；而生产性城市则主要是打破各种固有观念的充分整合与重构。

# 第四章　生产性城市中不同资源的生产设计策略分析

生产性城市要生产人类生存与城市发展最基本的资源——农产品、林木资源、能源、制造品和空间（土地），再利用废弃物（含废水）资源，保护和创造文化资本。实现城市的可持续发展是生产性城市的目标，而衡量城市可持续发展的标准，涉及生态、经济、社会、政治、文化甚至美学等各个方面。将生产要素与目标标准统筹考虑，得到生产性城市需要达到的具体目标。如何实现这些具体目标，是生产性城市研究需要解决的问题（表4-1）。

在现有的案例和研究的基础上，我们对城市中农业、能源、制造品、废弃物、空间这5类资源的生产和整合方式进行初步探索，尝试逐步解答表中的问题。

## 第一节　城市农业生产设计策略及其与其他资源的整合

20世纪末至21世纪初，伴随着粮食危机与全球土地的锐减，都市农业作为新兴的设计理论与方法，被迅速推广。它不仅仅是城市中食品生产加工分配消费的产业，更是"整个城市能源供给与零废物循环的关键因素"。垂直农场概念的提出者美国迪克森·德斯泊米尔博士在1999年《垂直农场》序言中提到：由于都市农业，"有史以来第一次，人类能够选择让城市变成一个与自然生态系统具备同等功能的环境，我们有能力创造一个'从摇篮到摇篮'的无垃圾经济体。一旦我们跨出第一步，城市将能够自给自足"[1]。

因此，生产性城市中把农业作为城市的基础绿色设施，作为融合城乡空间和功能的重要纽带，作为经济文化能源的重要组成，以及居民日常生活交流的重要环节。

[1] Dickson Despommier. 垂直农场：城市发展新趋势[M]. 林慧珍，译. 台北：马可波罗文化出版社，2012: 18-19.

生产性城市不同资源生产的研究内容

表 4-1

| | 资源 | 生态可持续 | 经济 | 社会 | 政治 | 文化 | 空间布局 | 环境与美学 |
|---|---|---|---|---|---|---|---|---|
| 农业 | • 如何与其他资源整合?<br>• 如何减少生产、加工、运输等各环节消耗的能源与水?<br>• 如何在生产加工运输的过程中使用废弃资源?<br>• 在哪些地方种植的作物及其废弃物可以作为生物燃料的材料?<br>• 如何在增产的同时不占用现有生态用地? | • 如何增加农业供给?<br>• 如何在增加产量的同时减少农业生态足迹 / 相关温室气体排放?<br>• 如何有效减少各阶段的食物里程?<br>• 如何做到食品有机，无公害？如何实现农业绿色生产?<br>• 如何保障相关生物多样性? | • 如何发展本地农业市场，推动农业产业发展?<br>• 如何创造更多的商业机会?<br>• 如何保障基础设施投资?<br>• 如何通过税收、价格补助等经济手段推动本地农业的发展?<br>•如何促进农民市场?<br>• 如何减少运输、冷库储存的需求? | • 如何保障在农业生产、加工、销售等各环节的就业?<br>• 如何通过农业促进社区关系?<br>• 如何通过城市农业促进失地农民城市化?<br>• 如何建立相关机构进行技术指导或培训相关技能?<br>• 如何通过城市农业促进城乡一体化?<br>• 如何满足其他的社会需求? | • 如何更好地对农业各环节进行管理、监督?<br>• 应制定什么政策保障 / 推动都市农业的实施?<br>• 如何保障都市农民的权益?<br>• 如何确定农业用地、产品等相关所属关系?<br>• 如何通过农业生产消费一体化提高粮食安全 / 弹性? | • 如何通过农业推动本地文化发展?<br>• 如何通过讲座、图书、网络等各种媒介形式宣传都市农业文化?营造生产氛围?<br>• 如何引导人们本地消费?<br>• 如何挖掘和弘扬本地饮食文化?<br>• 如何将教育融入农业生产加工等各个环节?<br>• 如何引导减少肉食消费? | • 在哪些空间可以进行农业生产?<br>• 针对不同空间，适合种植什么作物?采用什么方法?<br>• 应创造什么样的空间形式才能有利于农业生产?<br>• 如何更便捷地获取到食物?<br>• 如何使农业各环节在空间上紧密联系?<br>• 如何在空间上有效推动农业各环节与其他资源的整合关系? | • 如何通过农业生产提升城市环境品质?<br>• 如何设计农业景观?<br>• 如何通过农业生产塑造新的城市 / 建筑美学?<br>• 城市农业形成的新的建筑美学是什么样子的?<br>• 如何减少蚊虫影响？如何应对有机肥料的气味？如何减少家禽畜养对环境的影响? |
| 能源 | • 如何提高能源效率？如何实现热、冷、电联产?<br>• 如何有效利用生物燃料？（同时不占用食用作物）<br>• 如何利用其他废弃物进行能源生产?<br>• 曾用于能源生产的废弃材料，将如何处理?<br>• 如何与其他资源整合?<br>• 如何在增产的同时不占用现有生态用地? | • 如何增加可再生能源供给?<br>• 如何减少相对能耗?<br>• 如何在增加产量的同时减少能源生态足迹 / 相关温室气体排放?<br>• 如何保证能源清洁? | • 如何发展本地新能源市场，推动能源产业发展?<br>• 如何创造更多的商业机会?<br>• 如何保障微电网基础设施投资?<br>• 如何通过税收、价格补助等经济手段推动本地能源的发展?<br>• 如何健全用户（在满足自身能源需求后的）购电售电市场? | • 如何保障新能源部门相关环节的就业?<br>• 如何建立相关机构进行技术指导或培训相关技能?<br>• 如何实现为每一个用户私人订制能源供给需求方案?<br>• 如何整合调配微电网中的能源供需关系，实现错时错峰能源供给与储存，以此促进社区和谐，提升集体感与参与感? | • 应制定什么政策保障可再生能源生产?<br>• 如何保障居民自己发电自己用的权益?<br>• 如何更好地对新能源市场进行管理、监督?<br>• 如何通过能源生产消费一体化提高能源安全 / 弹性?<br>• 如何确定公共用地中可再生能源生产相关所属关系? | • 如何通过讲座、图书、网络等各种媒介形式宣传可再生能源生产消费，营造生产氛围?<br>• 如何引导人们进行本地能源生产?<br>• 如何推动能源生产消费的智能化?<br>• 如何引导推动产生低能耗的生活方式?<br>• 如何倡导无车城市? | • 在哪些空间可以进行可再生能源生产?<br>• 针对不同空间，适合生产哪种能源？采用什么方法？各自的能源效率是多少?<br>• 应创造什么样的空间形式才能有利于能源生产?<br>• 如何实现可再生能源分布式系统?<br>• 如何在空间上有效推动能源与其他资源的整合关系? | • 采用什么样的设计方式可以使能源生产不会破坏城市 / 建筑形象，甚至更加有利于其美观?<br>• 能源生产形成的新的建筑美学是什么样子的?<br>• 如何将能源生产作为景观进行设计?<br>• 能源生产会对城市的物理环境带来什么影响？如何应对? |

续表

| | 资源 | 生态可持续 | 经济 | 社会 | 政治 | 文化 | 空间布局 | 环境与美学 |
|---|---|---|---|---|---|---|---|---|
| 工业 | • 如何使用本地材料进行生产？<br>• 如何使用本地可再生能源进行生产？<br>• 如何使用废弃材料进行生产？<br>• 如何使用生物材料进行生产？<br>• 企业间如何实现资源与肥料的共享循环？<br>• 如何减少生产、运输销售等各环节消耗的资源？<br>• 如何处理生产过程中产生的废热、废水、废料？ | • 如何实现绿色生产？<br>• 如何实现生物工业，摒弃于环境有害的化学工业？<br>• 如何增加本地制造品供给？<br>• 如何在增加产量的同时减少生态足迹 / 相关温室气体排放？<br>• 如何有效减少各阶段的产品里程？<br>• 如何实现社会的去物质化、有效减少物流？ | • 未来的工业是什么样子的？<br>• 如何实现生产全球化但资源本地化？<br>• 如何整合全球创意、本地生产销售服务反馈回收再设计等环节于一体？<br>• 如何促进产业的多样化复杂化？<br>• 如何发展本地市场？<br>• 如何促进本地中小规模的企业发展？或者使全球各地分公司适应本地文化？ | • 如何推动工业与服务业的整合？<br>• 如何保障在产品设计、生产、配送、销售等各环节的就业？<br>• 如何通过个性化定制等更好地满足居民需求？<br>• 如何建立相关机构进行技术指导或培训相关技能？<br>• 如何更好地实现消费者与生产者的沟通？ | • 如何更好地对工业各环节进行管理、监督？<br>• 应制定什么政策保障 / 推动绿色生产的本地工业发展？<br>• 如何保障工业产消者的权益？ | • 如何利用本地文化元素生产本地产品，从而推广、保留、发展本地文化？<br>• 如何通过讲座、图书、网络等各种媒介形式宣传本地制造、营造生产氛围？<br>• 如何推动工业生产和消费的智能化，理性化？<br>• 如何引导人们本地消费？ | • 新的生产方式对应产生什么样的空间布局方式？<br>• 如何在空间上有效推动工业与其他资源的整合关系？<br>• 如何实现制造业的分布式布局？<br>• 如何实现物流配送的分布式布局？<br>• 在哪些空间可以进行工业生产？有什么注意事项？<br>• 应创造什么样的空间形式才能有利于工业生产？<br>• 如何更便捷地获取产品、回收产品？ | • 如何通过新技术新材料塑造新的产品美学？<br>• 新的产品美学和新材料、新的建造工艺是否会影响建筑形式和建筑审美？<br>• 如何设计可以使废弃物制造的产品、建筑更具美学价值？ |
| 废弃物（含废水） | • 如何使用废弃材料进行其他资源的生产？<br>• 如何处理其他生产过程产生的废弃物质？<br>• 如何有效实现资源与废弃物转换？<br>• 如何减少废弃物处理过程消耗的资源？<br>• 如何实现资源的良性循环？ | • 如何实现资源循环系统？<br>• 如何减少废弃物（含温室气体）排放？<br>• 如何更加生态地对废弃物进行处理？（如用生物物理的方式净化雨水），并减少处理过程中产生的排放？<br>• 哪些资源生产可以和生态修复同时进行？ | • 如何发展共享经济？<br>• 如何实现循环经济？<br>• 如何发展本地废弃物回收利用市场？<br>• 如何保障相关基础设施投资？<br>• 如何有效利用废弃物资源的低成本创造更多的利润？ | • 如何通过共享经济促进社会和谐？<br>• 如何对遭受废弃物迫害的人给予补偿？<br>• 如何建立相关机构进行指导、培训？<br>• 如何保障相关行业的就业？<br>• 如何实现社会的去物质化？ | • 如何更好地对废弃物处理再利用进行管理、监督？<br>• 如何建构全生命周期生产负责制？<br>• 应制定什么政策保障 / 推动废弃物资源的利用和生态化处理？ | • 如何通过讲座、图书、网络等各种媒介形式宣传废弃物是一种资源？<br>• 如何让人们意识到排放物所产生的危害？<br>• 如何推动理智消费？<br>• 如何推动共享文化？ | • 如何实现分布式的废弃物投放与处理设施？<br>• 在哪些空间可以收集处理废弃资源？<br>• 应创造什么样的空间形式才能有利于水资源的回收、储存？有利于各类资源的共享与循环利用？ | • 如何令废弃物制造的产品、建筑更具美学价值？<br>• 如何应对有机肥料和其他废弃物质产生的气味？<br>• 如何将水资源的涵养体系作为生态景观进行设计？ |

续表

| | 资源 | 生态可持续 | 经济 | 社会 | 政治 | 文化 | 空间布局 | 环境与美学 |
|---|---|---|---|---|---|---|---|---|
| 林木资源 | • 如何扩大生态用地面积？<br>• 如何与其他资源是整合？<br>• 如何减少加工运输过程中的能耗？ | • 如何在林木资源产量增加的同时，减少生态足迹？<br>• 如何减少相关过程中的温室其他排放？ | • 如何发展本地林木资源市场？<br>• 如何保障相关基础设施投资？ | • 如何促进相关就业？<br>• 如何通过生态种植推动人与自然间的关系？ | • 应制定什么政策推动城市生态种植？<br>• 如何保障相关工作者的权益？ | • 如何通过生态种植推动人与自然间的关系？<br>• 如何宣传营造生态氛围？ | • 在那些空间可以种植树木？<br>• 针对不同空间适合采用什么方法？ | • 如何通过生态种植提升城市环境品质？ |
| 文化资本 | • 如何处理文化资本保护与其他资源生产之间的矛盾？ | • 如何减少相关文化产业的碳排放？<br>• 如何促进生态文化？ | • 如何有效利用本地文化资本推动本地经济发展？<br>• 如何推动文化产业发展？ | • 如何营造尊重本地文化保护（及创新）的社会氛围？ | • 应制定什么样的制度保障文化资本的保护与形成？ | • 如何保护、生产文化资本？ | • 如何在空间上有效推动文化资本保护生产与其他资源的整合关系？ | • 如何通过文化资本保护提升本地环境品质？ |
| 空间 | • 如何有效打破各类资源的空间互斥性？<br>• 如何通过空间生产提高其他资源的生产效率？ | • 如何创造新的空间形式增加生态用地？<br>• 如何通过空间生产减少城市生态足迹？<br>• 如何通过空间生产增大生态生产性土地面积，提高城市生态承载力？ | • 如何通过空间生产推动城市经济发展？<br>• 如何通过城市功能的复合，提高效率，促进城市经济发展？<br>• 如何通过对废弃地和临时空地的使用再开发，产生经济价值？ | • 如何生产社会空间？<br>• 如何通过资源生产和共享来营造熟人社区，从而最大化地实现社会文化价值？<br>• 如何通过社会空间的生产形成城市归属感？ | • 如何保障利用空地进行资源生产的人员的权益？<br>• 应制定什么样的政策法规推动空间生产？ | • 如何进行文化空间生产？<br>• 如何通过创造精神空间，改变居民生活方式？ | • 如何有效提高空间生产力？<br>• 如何创造新的空间形式以利于资源生产？<br>• 什么样的空间布局方式有利于资源的生产消费一体化？<br>• 如何改变空间分布模式以利于多种资源的整合？ | • 空间生产是否会形成新的审美？新的审美是什么样子的？ |

## 一、打破农业生产空间与城市空间的互斥性

都市农业中的实践案例已经证实几乎所有城乡空间都可以用来生产不同种类的农业产品。生产性城市将充分利用它们，最大限度推动农业与各种土地用途的融合。

（1）建筑物：屋顶（农园、温室、藤架、蜂箱）、露台与阳台（农园、容器、攀援栏杆）、天井与庭院（农园）、外墙与内墙（攀援植物、格架绿篱、悬挂的篮子）、窗户（花盆、农业窗帘）、室内（种植、悬挂、容器）、地下室（蘑菇）及垂直农业；

（2）各类建筑的附属场地：学校（食物种植园）、医院（草药园）、监狱（犯人劳动种植园）、办公商业（可食用景观）、港口与机场缓冲地（草本种植园），以及工业与棕色地带（修复种植园[1]、生物燃料种植园、观赏植物园）；

（3）公共开放空间：社区（社区支持农业、份地）、广场（果树、容器、凉亭藤架、绿墙与绿篱、食用灌木）以及公园水岸（种植园与可食用景观）；

（4）交通空间及其他线性基础设施：小巷、公路、高速公路、铁路的路边、路中央及街角绿地（行道果树、可食用景观、生物燃料种植、路上方的藤架），停车场以及输电线路、管道等市政黄线范围内的土地（生物燃料种植）；

（5）闲置土地：空地、建筑拆除后土地、等待未来建设的土地、不适合用于建设的土地，如陡坡、矿场、泛洪区、堤坝、湿地、河流湖泊（可依照土地类型选择采用用容器、种植架或地面种植方式，种植果树、生物燃料作物、饲养家禽、水产等）。[2]

## 二、考虑农业不同环节与空间的整合

在每一个地点都考虑生产、分配、加工、消费和处理回收再利用的整个流程，以及休闲、就业、教育、交流等因素，并提供相应的支撑。

举例来说，生产过程要满足灌溉、施肥、存储生产工具等要求，还必须考虑如何结合场地进行设计；为满足加工需求，可在种植区内或附近应设置适宜规模的加工处理设施（如社区共享厨房）与储藏空间，考虑加工所需的水、能源、废物基础设施；分配过程要保障高交通可达性与高可购性，支持在种植区、加工区直接销售以及农民市场，考虑中小规模零售分布的广泛性与均衡性；消费过程支持餐馆直供，可在种植区提供野餐等活动的空间，建立食物银行以促进当日未销售或未食用的新

[1] 如果担心土壤污染可以加入石灰以阻止重金属流动；在土壤中添加大量的混合肥料；用“深床法”种植作物——在土壤表面以木头或砖框为蔬菜铺一层生长床的种植方法”。[英]吉拉尔德特．城市·人·星球：城市发展与气候变化（第二版）[M]．薛彩荣，译．北京：电子工业出版社，2011: 252.

[2] 参考多篇文献整理而成。Jac Smit, Joe Nasr, Annu Ratta (Programme U N D). Urban agriculture : food, jobs and sustainable cities (Second Revision) [M]// United Nations Development Programme (UNDP), Chapter 1 Cities That Feed Themselves, 2001; Salle J, Holland M. Agricultural Urbanism: Handbook for building sustainable food systems in 21st century cities[M]. Sheffield, VT: Green Frigate Books, 2010；Donovan J, Larsen K and McWhinnie J. Food-sensitive planning and urban design: A conceptual framework for achieving a sustainable and healthy food system. Melbourne: Report commissioned by the National Heart Foundation of Australia (Victorian Division), 2011.

鲜食品再分配。此外，需要对过程产生的所有有机废物进行处理与管理，避免产生不当气味、吸引蚊虫，并注重废物再使用的安全问题。

各个流程中都要为当地居民提供就业机会，增加涉农企业与服务设施，完善相应设备管道，考虑教育因素，设置解释标识，在种植区提供社交、休息、教学的桌椅等等，通过发展上下游相关各环节培养经济增长和文化交流的新极点。

## 三、农业与城市点布局的融合

结合城乡自然环境和建成环境肌理，采用“点—线—面”的设计手法，并最终链接成网。

在城郊形成外围面状的永续农业区域；在城乡交接处，充分混合城市与自然环境的界面与功能，创建线性生态走廊，发展体验种植、培训、研究、旅游、游乐场、自行车骑行等项目，强化农业的教育实验、休闲娱乐作用；在城市内部利用屋顶、空地等发展点式都市农业，沿道路河流发展线性都市农业，强化城市内部农业的经济、科普、采摘、销售等功能。

将上述城乡交接带的生态廊道渗透入城市核心区域，并将城市内部的点状、线状农业连接并延伸至城乡交接带，从而形成覆盖全市范围的农业网络、生态网络与市民休闲网络；结合城市可持续能源利用与废弃物回收利用的循环网络，形成城市生态发展的骨架。

## 四、将农业与其他资源的循环系统相融合

由于农业本身就需融合水、能源和废物流等多种系统，还可作为能源生产与制造业生产的重要原料，因而必须将农业与城市整体的循环系统相融合。

水资源方面，应把农业灌溉、水土保持与海绵城市、雨水回收、废水再利用相结合。如用城市径流直接灌溉街道种植、使用“活的机器”（Living Machine）净水等。

能源方面，在城市污染区种植生物燃料作物，在无生产力的荒地、屋顶与废水中培育蓝绿藻类光合生物，或利用农作物废弃物均可生产生物质能，成为能源生产的重要组成。

此外，农业产品及其废弃物可作为制造原材，如3D打印的纤维材料，制口红的番茄皮[1]；还可替代金属和石油制品，如用蚕、蜘蛛产生的生物可相容聚合物取代钛与尼龙[2]……通过链接制造业与农业，推动绿色生产的发展。

[1] [比利时]刚特·鲍利. 蓝色革命：爱地球的一百个商业创新[M]. 洪慧芳，译. 台北：天下杂志出版社，2010: 49.

[2] [比利时]刚特·鲍利. 蓝色革命：爱地球的一百个商业创新[M]. 洪慧芳，译. 台北：天下杂志出版社，2010: 117.

# 第二节　城市能源生产设计策略及其与其他资源的整合

在城市的各个层次都主动地实现能源生产与消费的结合，而不是让能源系统继续在规划与建筑中处于从属地位。

## 一、能源需求侧管理

通过规划、建筑手段对能源需求侧进行管理。如不降低能源的使用需求，生产越多的能源越无异于饮鸩止渴，故而降低能耗是能源生产的基础。生产性城市的能源需求管理主要通过本地生产、被动房屋和步行城市等手段实现。

（1）本地生产。本地生产可以缩短食物、原料与货物里程，从而降低交通运输能耗。而能源的本地生产本身也可以减少输送过程中损失的能量，极大提高能源效率。

（2）被动房屋。被动房屋通过设计手法、构造手段，利用废气、废水、废热，使房屋在没有采暖与制冷设施的情况下也能保证舒适度。其相关能耗比常规建筑节省约80%～90%，是零能耗建筑的基础[1]。除了采用被动房屋的技术与标准，生产性城市在建筑节能上还需注重：a. 考虑建筑的全生命周期，减少材料生产、运输以及施工等过程中的能耗，做到废弃物再利用；b. 与优化城市结构相结合，否则被动房屋减少的能耗会被交通能耗和占用的土地抵消。

（3）步行城市（POD+TOD）。可储能的电动汽车[2]、道路与光伏一体化等技术仍是对原来错误发展方式的“修补”。而最根本的应对策略是通过改变人们依赖私家车的原因限制私家车的使用。研究证明“更快的公路意味着通勤距离更远，人们会更频繁地使用汽车作为出行交通方式”[3]，故而生产性城市的交通体系应如理查德·瑞吉斯特所述，“反过来，按步行、自行车、铁路、轨道公共交通、小轿车和卡车的优先顺序发展”[4]，使非机动交通比机动交通有更高的可达性和通行效率，令公共交通比私

[1] 被动房屋是1988年由Wolfgang Feist 和Bo Adamson在低能耗房屋基础上上提出的。除了自然通风、采光与遮阳，它注重“卓越的保温性能、密闭的围护结构、保温性能良好的窗框和玻璃、无热桥设计、高效热回收或能源回收新风系统”这5个方面。它与可再生能源利用结合，是实现零能耗建筑、增能建筑的基础。Wolfgang Feist Active for more comfort: Passive House更加舒适：被动式房屋Information for property developers, contractors and clients, www.passivehouse-international.org.

[2] “如果我们把用电的汽车和卡车放在交通网络上，只靠它们的电池储电供应的话，我们就需要增加令人惊异的电容量。而且，通常汽车每吨重量产生26吨有害废物，电动车产生的废物是其两倍，52吨，包括铅和有毒酸。”[美]理查德. 瑞吉斯特. 生态城市——重建与自然平衡的人居环境（修订版）[M]. 王如松，译. 北京：社科文献出版社，2010: 178.

[3] [澳]彼得·纽曼，等. 弹性城市——应对石油紧缺与气候变化[M]. 王量量，等，译. 北京：中国建筑工业出版社，2012: 117.

[4] [美]理查德·瑞吉斯特. 生态城市——重建与自然平衡的人居环境（修订版）[M]. 王如松，译. 北京：社科文献出版社，2010: 221.

家车更快更方便；运用政策与税费限制私家车行驶，并为步行、自行车与公交系统建立充足合理的基础设施……如果上述都实现，人们又何苦驾车出行呢？

## 二、打破能源生产空间与城市空间的互斥性

由于技术的进步（如太阳能电池组、热水收集器、太阳能集热器等已经可以与空气、水等不同介质，以及塑料、玻璃、不锈钢等不同材料相结合[1]，并形成不同的纹理形状；而风力发电也已可以没有叶片，并做成各种尺寸[2]；微生物燃料电池技术将污水、堆肥处理与产能合二为一），生产性城市可在多个空间层次上，实现相适宜的能源生产，让每一栋建筑、道路、设施、景观都成为小型的发电站、供热站和制冷站。从而将传统大型的中央化的能源供给系统转变为小型化分布式可再生能源供给系统。

（1）建筑与能源一体化：平屋顶（架设、安装、平铺、镶嵌、覆层、屋面箔），坡屋顶（覆层、瓦面系统），圆屋顶（柔性太阳能电池），半透明的屋顶采光系统（天窗、中庭屋顶的玻璃），烟囱上；光伏/风能幕墙、窗间墙、窗槛墙、阳台栏板、栏杆、屋檐挑檐、门、回廊、雨篷、罩棚、遮阳板、百叶窗、窗户和告示牌、营业牌、广告牌等。

（2）交通与能源一体化：路面（太阳能步道、自行车道、公路路面铺地），轨道交通（隧道顶板、车厢顶层安装PV或风力发电机），新能源车（由太阳能、风能、沼气、生物燃料电池、污水驱动），交通行驶设施（道路旁的隔音屏障、太阳能道牙、路障、路牌、路灯、自动行人红绿灯、光伏行人安全扶手），停车候车设施（火车候车站台顶棚、停车场、停车棚、公交车候车棚、太阳能充电桩、停车计时器、公交车站牌、光伏照明的公交信息板、街面信息牌、乘客显示系统）等。

（3）市政设施、景观与能源一体化：照明设施（塔灯、太阳能发光地砖、风能及其他可再生能源为城市照明）；遮阳设施（广场的天蓬、太阳能遮阳伞、太阳能座椅、遮阳售卖亭、临时活动用的光伏亭、市场的光伏遮阳）、太阳能电话亭、太阳能垃圾箱、景观（光伏花架、太阳能绿廊、太阳能树、太阳能草、太阳能喷泉、太阳能雕塑）……此外，还有两建筑之间上空的连接构架；各种围墙（居民区的、公园的、修地铁的护围，将上方倾斜或悬挂PV，或者改成瓦片式、锯齿形以及全部都换

---

[1] [德]IngridHermannsdorfer，[德]ChristineRub．太阳能光伏建筑设计——光伏发电在老建筑、城区与风景区的应用[M]．北京：科学出版社，2013: 27.

[2] “Ewicon风力发电站将不会有活动部件，也不会有呼呼作响的叶片，还可以做成各种尺寸。”没有叶片的风力发电站：Ewicon来源：爱稀奇 2013-03-28 <http://www.ixiqi.com/archives/62168> mar 28, 2013 mecanoo architecten + TU delft unveil a windmill without moving blades <http://www.designboom.com/technology/mecanoo-architects-tu-delft-unveil-a-windmill-without-moving-blades/>.

成pv的平板；水面上、坡地上等各种空间均可进行能源生产。[1]~[10]

当所有的用户可以在家中、办公室、户外自己生产能源时，他们就成为了能源的产消者。需要注明的是：a. 能源不限于风能与太阳能，还可结合城市特点充分利用废热[11]、生物质能、潮汐、地热、深湖水冷能等能源，也可借助温差、重力与压力[12]等物理方式发电，并与城市主要供能系统衔接。b. 上述位置生产的能源不限于发电，还涉及采暖、制冷与热水系统，可应用热电联产系统进行整体设计。c. 能源的生产，并不是单纯的"附着、外置和集成"[13]，还需大量的基础工作。首先要调研能耗并对未来的使用需求进行预测，对当地的自然资源情况进行分析；之后要进行各种设计分析与演算，如分析太阳能利用最佳倾角和最佳朝向，确定建筑布局等[14]；同时还需要相关的政策、措施、监管、反馈等予以保障。d. 可再生能源的生产与农业生产，虽然可用的空间相同，却并不冲突。太阳能电池能与植被以美观且经济的方式结合，还能利用太阳能为温室提供热能，"并利用热水和废气中的二氧化碳促进粮食生长"[15]。

---

[1] [德]IngridHermannsdorfer，[德]ChristineRub. 太阳能光伏建筑设计——光伏发电在老建筑、城区与风景区的应用[M]. 北京：科学出版社，2013.

[2] [澳]德奥・普拉萨德，马克・斯诺. 太阳能光伏建筑设计[M]. 上海现代建筑设计（集团）有限公司技术中心，译. 上海：上海科学技术出版社，2012.

[3] [澳]彼得・纽曼，等. 弹性城市——应对石油紧缺与气候变化[M]. 王量量，等，译. 北京：中国建筑工业出版社，2012.

[4] 焦舰. 国内外生态城（镇）比较与分析[M]. 北京：中国建筑工业出版社，2013.

[5] 荷兰建成世界首条太阳能自行车道 路面透明（图）[OL].2014-11-14，中国新闻网http://world.people.com.cn/n/2014/1114/c157278-26024788.html.

[6] 美推出"太阳能公路"可为车辆供电[OL]. 2014-05-14，环球网 http://news.xinhuanet.com/photo/2014-05/14/c_126501003.html.

[7] 全球首列太阳能火车在比利时投入运营（图）[OL].2011-06-07，中国新闻网 http://www.chinanews.com/gj/2011/06-07/3093526.shtml.

[8] 意研制出首辆太阳能火车 为利用太阳能打下基础[OL].2007-06-19.

[9] http://tech.163.com/07/0619/18/3HCBJIJF00092AMB.html.

[10] 会发光的太阳能地砖：Solar Powered LED Stepping Stones[OL]. 2010-07-3 爱稀奇 http://www.ixiqi.com/archives/20202等.

[11] 如哈马碧模式，"回收居民生活中的可燃垃圾及种植产业中的植物废料，处理后作为燃料用于集中供热和发电；收集净水厂在污水处理过程中产生的热量用于集中供暖，冷却之后的废水还可以用于冷却远程降温网络中的循环用水；收集居民生活中的食物垃圾和污水处理中的淤泥，经生物降解产生沼气，供市政公交车，降解之后的腐烂淤泥还可用作种植肥料"焦舰. 国内外生态城（镇）比较与分析[M]. 北京：中国建筑工业出版社，2013: 26；"而加拿大东南福溪绿色社区也提取城市污水热能，并通过废气管理系统提取车库和公共建筑余热。"焦舰. 国内外生态城（镇）比较与分析[M]. 北京：中国建筑工业出版社，2013: 94.

[12] 利用建筑构架对地面的压力产生百万伏的压电。[比利时]刚特・鲍利. 蓝色革命：爱地球的一百个商业创新[M]. 洪慧芳，译. 台北：天下杂志出版社，2010. "在普通路面的沥青中植入大量的压电晶体，通过汽车驶过时的压电转换来发电，1公里的路面能产生100~400千瓦的电力"你相信吗：植物叶片也能变成发电机[OL].2009-08-09. 爱稀奇. http://www.ixiqi.com/archives/13249.

[13] [德]IngridHermannsdorfer，[德]ChristineRub. 太阳能光伏建筑设计——光伏发电在老建筑、城区与风景区的应用[M]. 北京：科学出版社，2013: 23.

[14] 焦舰. 太阳能生态城设计[M]. 北京：中国建筑工业出版社，2013.

[15] [英]吉拉尔德特. 城市・人・星球：城市发展与气候变化（第二版）[M]. 薛彩荣，译. 北京：电子工业出版社，2011: 180.

## 三、能源与城市布局的融合

1．能源互联网

将分布式供能系统连接成网，形成智能化的可再生能源供给管理网络。

横向连接成网。鉴于可再生能源与用户用电的不稳定性与时间变化性，由建筑、交通、景观组成的分布式小型化供能供热制冷设施，仍需配备相应的储能单元（如氢气系统[1]、生物燃气供电的燃料储存系统[2]、天然冷媒热泵热水器）及控制单元（逆变器等）组成能源生产模块[3]，并以学校、社区为基础单位进行联网，组成小规模的能源微网。该过程中需要确定“变电站位置、数量、服务范围、结线、保护、计量、储能等各项内容的基本方案”[4]。当本地的微网建立完善后，它们之间将再次连接，最终与城市主网、国家电网连接，形成各自独立又相互支撑的“可协作的横向拓展网络”[5]。当然，偏远的村落由于远离城市基础设施，输送管道过长，只需安装微电网，不必与城市主网连接。

通过储存和多余能源配给，实现能源供给均衡高效。局域微网可以独立供给自身所需能源，而“独立安装的配电板和智能换流器能确保电力可以由主电网传回家庭，确保了主网供电线路中断的情况下，局域小型供电厂仍可正常运行”[6]；局域微网使用过剩的能源，用户可以选择转化为氢气储存或输送卖给公共能源网。用户还可将插电式电动混合动力车（含公交车）作为城市电网的重要组成：它可以在用电低谷的夜间充满电，还可在用电高峰时段反向供电[7]，甚至还能在紧急缺电时刻启动自身的燃料电池给城市供电。

2．智能能源网

整个能源互联网需要在智能系统的预测、连接、监督、反馈、调控下进行管理，从而更好地平衡供需关系，实现资源的有效配置。生产性城市中的智能能源网管理系统包括：

（1）能源生产预测系统（基于天气预报等预测能源产生量）；

（2）能源生产管理系统（整个城市内产能的跟踪与调控）；

（3）用户信息采集与定制管理系统（以家庭或企业为单位，将每台产能、储能、

---

[1] 使用氢气存储间歇式能源。详见[美]杰里米·里夫金．零边际成本社会[M]．迪赛研究院专家组，译．北京：中信出版社，2014: 81.

[2] “苹果公司宣布建立一个5兆瓦的利用生物燃气供电的燃料储存系统，用于存储间歇式太阳能，以确保7×24小时不间断电力供应。”[美]杰里米·里夫金．零边际成本社会[M]．迪赛研究院专家组，译．北京：中信出版社，2014: 85.

[3] 孙云莲，杨成月，胡雯．新能源及分布式发电技术（第二版）[M]．北京：中国电力出版社，2014: 136.

[4] 焦舰．太阳能生态城设计[M]．北京：中国建筑工业出版社，2013.

[5] [美]杰里米·里夫金．零边际成本社会[M]．迪赛研究院专家组，译．北京：中信出版社，2014: 105.

[6] [美]杰里米·里夫金．零边际成本社会[M]．迪赛研究院专家组，译．北京：中信出版社，2014: 308.

[7] [澳]彼得·纽曼，等．弹性城市——应对石油紧缺与气候变化[M]．王量量，等，译．北京：中国建筑工业出版社，2012: 34，124.

耗能设备上的传感器通过无线网络连接，为产消者提供实时的数据反馈。产消者对自己的能源使用情况进行编程优化，定制自己的能源生产与消费系统。由于整个系统是横向协作的，当每个节点优化后，所有的产消者将以能够优化整个网络的方式共享数据与能源）；

（4）能源需求管理系统（结合前三个系统，提前预测能源总需求及缺口，向产消者提出建议）；

（5）整体储能调控与救急系统（依据不同微电网之间的能源盈亏进行分配，总体控制能源的储存与输送，当某个微能源网成为孤岛时为其提供应急电源）[1][2]。

# 第三节　城市工业生产设计策略及其与其他资源的整合

世界的经济与生态平衡依赖于物质循环系统。而工业系统建立在生产者与消费者之间的物质与能量交换的基础上的。工业部门用来自于自然的原材料来生产商品，这个过程会消耗能源以提取和转化材料。通过分析材料从自然界到消费者再到作为废弃物回到自然的整个过程，研究其路径与转化方式，可以更好地了解物质需求、相关的能源使用和排放。[3]

## 一、本地分布式布局

工业分布式生产城市：本地分布式中小规模绿色生产，产业结构多样化，工业与服务业紧密结合。

本地生产和产业多样化，可以更好地与当地的生态、文化、经济需求相结合，最大限度减少原料里程与产品里程，减少产品的生态足迹。发展本地生产的方式，除了更大力度地支持本地企业外，还可在世界各地建立分公司——总部的信息数据借由网络到达分公司，利用当地的材料由当地的居民直接在当地进行生产、储存销售、消费服务、维修回收反馈……还可根据各地特色与使用状况进行“量身定制”再设计。由于当今产品更新速度快，个性化需求高，大规模垂直整合型的生产模式早已不再适用。对于总部而言，这种本地生产依然是“制造业外包”，但却是更小规模，更灵活多样的横向网络分布式的外包，进出口的不再是物流，而是专利、设计、科研与技术。因此这个过程可以避免生产消费地的分离，有利于制造与本地服务的相互支撑，且不会产生生态破坏的转移，却仍旧允许企业有更大的发展空间。本地

[1] 焦舰．国内外生态城（镇）比较与分析[M]．北京：中国建筑工业出版社，2013.

[2] [美]杰里米·里夫金．零边际成本社会[M]．迪赛研究院专家组，译．北京：中信出版社，2014.

[3] http://www.iaacblog.com/projects/matter-cycle-for-self-sufficient-neighborhood/.

就业是生产性城市的重要方面。本地企业、本地农业生产销售、可再生能源的生产管理、废弃物的回收利用都能创造很多的就业机会，并催生新兴产业的发展。

## 二、生态工业生产

（1）尽量不用化学手段，而用物理、生物的手段进行生产与处理。如用细菌螯合电子废料而不用冶炼（如天竺葵取铅，黑木耳取铜[1]，用蚕丝制成的薄膜吸附铀等有害金属和二噁英等致癌物质[2]），使用白蚁和细菌的方法而不是化学方法造纸，利用重力涡旋或模仿生态系统来净水而不用化学净水剂。

（2）尽量用可降解的材料取代金属和化学物质，如用角质薄层取代铝制包装，用钙取代汞启动光源，用水取代化学溶剂，用海绵制造的玻璃纤维代替用酸性化学制造的光纤，用面包虫产生的蛋白取代石油制成的毒素乙二醇防冻剂；此外，用硅藻中的蛋白制造硅，薄膜太阳能电池（从叶绿素产生能量的太阳能电池）以及靠体温和声压启动的电器（不用电池）等以生物、物理技术为基础的绿色工业，也会推动能源生产走向全生命周期的生态化。[3]

（3）利用自己生产的可再生能源和加工过程中产生的废气废热进行工业生产，并尽可能减少生产中的能耗提高能源效率，将能耗降低到自身生产的可再生能源能够满足的程度。

（4）企业间实现资源与废料的共享与循环：将整个生产系统相连，使得每一个企业的输出物都可以作为另一个企业的输入物。当然，这需要在一开始就把整个资源流向考虑清楚，对多家企业的生产过程重新进行整合设计。

（5）全生命周期的生产负责制。借鉴德国《废物回收和管理法》的规定，生产商要对产品的使用全过程负责，从材料选择（尽可能选择安全的再循环材料和可再生资源）、材料运输（就近使用）、产品设计（方便区别拆分不同类型的可回收组件）、产品回收类别标示（相应的在不同组件上做出标识）、产品生产过程的能耗和废气排放、生产过程中废料的流向到产品使用后的维修与废弃物处理……生产商都承担相应的责任。[4]

---

[1] [比利时]刚特·鲍利. 蓝色革命：爱地球的一百个商业创新[M]. 洪慧芳，译. 台北市：天下杂志出版社，2010: 257.

[2] [比利时]刚特·鲍利. 蓝色革命：爱地球的一百个商业创新[M]. 洪慧芳，译. 台北市：天下杂志出版社，2010: 257.

[3] [比利时]刚特·鲍利. 蓝色革命：爱地球的一百个商业创新[M]. 洪慧芳，译. 台北市：天下杂志出版社，2010: 257.

[4] [英]吉拉尔德特. 城市·人·星球：城市发展与气候变化（第二版）[M]. 薛彩荣，译. 北京：电子工业出版社，2011: 204-205.

## 三、推进3D打印等新型制造方式

3D打印是让每个人都成为工业产消者的绿色生产手段。它的特性使它极适合于生产性城市的生产方式：

（1）本地性与全球性（3D打印的本质是数据驱动的制造，数据通常在网上公开分享甚至全球联合设计，但可以在联网的任何地方都能就近生产）。

（2）绿色生产（"增材建造所需原材是减材建造的1/10"[1]，它还可以利用回收的废物和沙子、石头等便宜易取的材料进行打印，因此3D打印可以大量减少材料消耗；而一次性打印成型可以减少零部件和组装过程，缩短供应链，加之本地就近生产，3D打印能够降低产品整个生命周期的碳足迹）。

（3）适应性强（3D打印已经可以打印出珠宝、建筑、生产工具、食品、人体器官……其适用性极强；此外，它突破了传统工业在造型上的局限，能以相同的成本生产形状复杂的物品）。

（4）成本费用低（3D打印不需巨大的厂房与仓库，不需购买流水线设备，打印机的价格也正指数下降；其材料、装配与物流成本低；最为关键的是3D打印可以打印机器自身的零部件甚至将打印机器自身，这将极大地降低成本）。

（5）兼具大规模生产和手工生产的特征，适应时代需求（3D打印可以进行相同产品的批量生产也可以个性化定制，并且能够以几乎相同的单位成本定制单件产品）。[2]

（6）能够结合生产性城市中的其他资源生产。太阳能3D打印机已经成为现实，此外可用来替代硅的特殊油墨正在研发，能够打印出像纸一样薄的光伏太阳能收集装置[3]，这将极大地推动能源生产的发展；3D打印已经可以利用废旧金属打印拖拉机等农业生产工具，农业副产品和废纸中丰富的纤维，和废弃的塑料、玻璃、陶瓷等也可作为打印预料；此外，因占用空间小，3D打印可和其他功能相混合，有利于空间生产。[4][5]

# 第四节 零废物策略及其与其他资源的整合

零废物经济是绿色生产的一部分，可以节约成本提高经济竞争力，形成"资源—生产—资源"的良性循环，将城市对自然的影响降到最低。

---

[1] [美]杰里米・里夫金. 迪赛研究院专家组译. 零边际成本社会[M]. 北京：中信出版社，201: 97.

[2] [美]杰里米・里夫金. 迪赛研究院专家组译. 零边际成本社会[M]. 北京：中信出版社，201: 95.

[3] [美]杰里米・里夫金. 迪赛研究院专家组译. 零边际成本社会[M]. 北京：中信出版社，201: 95.

[4] [美]胡迪・利普森，梅尔芭・库曼. 3D打印：从想象到现实[M]. 迪赛研究院专家组，译. 北京：中信出版社，2013.

[5] [美]杰里米・里夫金. 零边际成本社会[M]. 迪赛研究院专家组，译. 北京：中信出版社，2014.

## 一、主动将废弃物作为资源

生产性城市中要避免使用自然界原本没有且不能吸收的物质（如生产塑料的卤化烃），还要主动将废弃物作为资源进行再生产。在设计之初就把废弃物再循环考虑在内，而不是最后在末端将其填埋或焚烧（不仅占用土地，还会排放有毒物质）。

（1）把垃圾、污染物当作工业原料。以废气为例，可利用雾霾制作墨水，利用二氧化碳制造啤酒，利用吸收二氧化碳的藻类制作纺织品❶，加热回收的玻璃并注入二氧化碳制造结构建材，甚至可以将纯的二氧化碳直接转化成碳酸钙、塑料或建材。而有机废料更是生产性城市中的主要原料，如可用柑橘皮和葡萄渣生产阻燃剂，用食物废料的淀粉制作塑胶，而生产完生质塑胶的残余物还可作为动物饲料❷。

（2）把废弃物作为能源。从废物和污水中收集甲烷气体用以发电，还可避免其污染空气。

（3）将废弃物用于农业生产。如将生物垃圾作为肥料用于都市农业，利用酿酒废料来畜牧、生产菌菇、沼气发电。还可模仿悉尼奥运村，让蚯蚓分解植物废料、食物残渣和纸张等垃圾的同时产生多功能生物肥料。❸

（4）把废弃物作为建材。除了在建设拆除过程中将建筑垃圾就地循环利用（如粉碎废旧的水泥和砖瓦作为铺地❹），还可利用其他废弃物进行建造，如将稻草、锯末、谷物壳作为围护结构内部材料实现隔声隔热和保暖❺，用退化或受到侵蚀的泥土制作夯土墙❻，用工业副产品矿渣粉制作预制混凝土❼等。需要注明的是，尽管大部分材料要再回收利用，但仍有部分材料必须焚烧严禁回收，如医疗垃圾。

## 二、充分利用废水资源

将废水作为资源，就地处理再利用，而不是最后汇入城市污水处理系统。

（1）在生产生活中反复利用水资源。每户安装一个小型生物污水处理设备，将废水就地净化，处理后的中水冲厕，冲厕所后的废水经过生化处理后灌溉或存储。

（2）城市中随处可见的屋顶农园、湿地花园、景观水池、渗水地面以及沿道路的雨水收集系统等都通过生物、物理的方式过滤储存雨水。

---

❶ 刚特·鲍利. 蓝色经济学[OL]. http://www.rmlt.com.cn/2014/0709/289616.shtml.

❷ 刚特·鲍利. 蓝色革命：爱地球的一百个商业创新[M]. 洪慧芳，译. 台北：天下杂志出版社，2010.

❸ 焦舰. 国内外生态城（镇）比较与分析[M]. 北京：中国建筑工业出版社，2013: 48.

❹ 焦舰. 国内外生态城（镇）比较与分析[M]. 北京：中国建筑工业出版社，2013: 48.

❺ 焦舰. 国内外生态城（镇）比较与分析[M]. 北京：中国建筑工业出版社，2013: 64.

❻ 焦舰. 国内外生态城（镇）比较与分析[M]. 北京：中国建筑工业出版社，2013: 48.

❼ 焦舰. 国内外生态城（镇）比较与分析[M]. 北京：中国建筑工业出版社，2013: 103.

（3）在生产性城市中广泛且均衡分布“活的机器”污水处理系统❶，并将天然及与人工池塘转化为小型的湿地，作为生态废水处理系统❷，在净水的同时获取高质有机肥料。

（4）利用生物物理技术提取污水中的有效成分，从而将其利用。如“把废水中所含的硝酸盐、碳酸钾和磷酸盐提取出来当做肥料”❸，将居民的生活污水转化为复苏棕色地带的中性细胞粒自然粒料❹；还可利用污水处理后的排水沉积物提取沼气❺。

## 三、共享经济

理智消费与共享经济。共享经济是“在物品相对的使用寿命结束之后，让每件物品都被循环利用，而不是直接送入垃圾处理厂”的新兴经济模式。如基于孩子喜新厌旧的特征而发展的Baby Plays玩具租赁公司，和应对孩子快速成长而产生的thredUP闲置童装回收置换公司等。这些公司通过分布式的网络将物品的多次使用者相连接，让“废物”再次发挥使用价值。还有一类公司，如帮闲置的土地寻找园丁的Shared Earth公司，让产品消费者（同时也是土地所有者）和生产者建立联系，并且通过“对生产方式的融资，让消费者开始变成产消者”❻……目前共享经济正迅猛发展，一旦它成为人们生活中的一部分，就会改变大家的循环观念与生活方式，真正的零废物城市也便指日可待了。

## 四、良性循环城市

除了在生产生活过程中主动利用废弃物，实现资源的循环外，生产性城市还需完善相关生产消费与废物管理系统、配套设施与服务。

将城市看作一个循环畅通的整体，首先要在各个部门之间建立良好的协同合作

❶ 活的机器是著名的将废水视为资源的例子：把污水和空气输入到一系列相通的大罐中，通过罐中的作物、细菌和微生物、鱼类和蜗牛吸收污水中的养分净化污染，产生的净化水可以灌溉、冲洗厕所和洗车；罐中的作物形成的有机物质可用作花园混合肥料。该机器的安装成本只有传统污水处理厂的一半，还可兼小型公园和环境教育设备，并整合入农业温室中。[英]吉拉尔德特. 城市·人·星球：城市发展与气候变化（第二版）[M]. 薛彩荣，译. 北京：电子工业出版社，2011: 229.

❷ “阳光与污水反应，海藻与浮游生物，蜗牛，水葫芦。水葫芦能够高效清除污染物。水葫芦需定期收割，收割后的水葫芦脱水后可生产混合肥料。浮萍收货以后也可作为牛和鸡的饲料。池塘可以利用污水中的养分养鱼和耕种。加尔各答的1100万居民每天生产的6.8亿升的废水是经东加尔各答的湿地进行处理的。这里沟渠、鱼塘、稻田和菜地，错综交杂。建立传统的污水处理系统需要5年，但完成这样的工程只需要18个月。”[英]吉拉尔德特. 城市·人·星球：城市发展与气候变化（第二版）[M]. 薛彩荣，译. 北京：电子工业出版社，2011: 233.

❸ [英]吉拉尔德特. 城市·人·星球：城市发展与气候变化（第二版）[M]. 薛彩荣，译. 北京：电子工业出版社，2011: 227.

❹ [英]吉拉尔德特. 城市·人·星球：城市发展与气候变化（第二版）[M]. 薛彩荣，译. 北京：电子工业出版社，2011: 227.

❺ 焦舰. 国内外生态城（镇）比较与分析[M]. 北京：中国建筑工业出版社，2013: 26.

❻ [美]杰里米·里夫金. 零边际成本社会[M]. 迪赛研究院专家组，译. 北京：中信出版社，2014: 245-251.

机制。通过各专业各环节之间配合，建立整合了不同资源的整体战略与实施步骤，制定相关政策予以保障，并形成新的管理与实施办法，如“勾勒出城市与区域的资源流动模式并将其作为城市总体规划的一项标准”[1]。借由全生命周期的生产负责制和每个物品上的传感器，生成资源信息追踪系统，并通过系统反馈的大数据进行管理，最终优化整个城市的生产、物流、消费与废物管理系统。

分布式物流系统。生产性城市已经最大限度地减少物流，但对于无法避免的物流，也应由企业全球辐射（返程通常空车）转变为开放性分布式的物流。它近似于目前的快递系统，在用户附近设置负责一定区域范围的配送中心。如果配送点不变，在新的管理体制下让它们归所有公司共有，则每个中心的服务半径都会缩小，物流系统会更为高效。同理，企业的库存也采用共享的分布式布局，任意企业都可以使用城市内广泛分布的配送中心作为仓库，直接参与配送。如果城市中所有含仓库的共享配送中心均衡布局，将有利于减少生产与消费间的物流距离。

分布式废弃物投放与处理设施：在厨房安装食用垃圾处理设备；在靠近住宅、办公的有机垃圾投掷点设太阳能压缩式垃圾桶，垃圾桶通过气力输送系统与社区的处理中心相连接，用于生产沼气或处理后就地堆肥；“对于不适宜投入到就近点的又可回收的物品，如衣物、包装、电子设备等，送到社区的回收间”[2]，就近维修处理后，或综合利用，或用于社区共享经济；“对于危险废物，如电池和化学品，则分拣后交给附近的区域环保站”[3]。

## 第五节　城市空间生产设计策略及其与其他资源的整合

与土地相类似，在生产性城市中，空间也是一种重要的资源。空间的生产包含三个层面：首先是将空间作为“物质容器”，更大限度地占有、利用空间，并主动创造更多的物理空间；二是通过系统整合、功能复合等方式而产生空间生产力，从而在各类生产中“充分发挥空间支持能力”[4]；三是通过创造空间中的活动与保护文化资本，生产相应的精神、文化空间。

---

❶ [澳]彼得·纽曼，等．弹性城市——应对石油紧缺与气候变化[M]．王量量，等，译．北京：中国建筑工业出版社，2012: 91.

❷ 焦舰．国内外生态城（镇）比较与分析[M]．北京：中国建筑工业出版社，2013: 27.

❸ 焦舰．国内外生态城（镇）比较与分析[M]．北京：中国建筑工业出版社，2013: 27.

❹ 孙江．空间生产——从马克思到当代[M]．北京：人民出版社，2008: 13-14.

# 一、物理空间的生产

紧凑的布局，集约化利用土地，高容积的立体城市。

如今城市的平面化布局与建筑的立体化发展存在着极大的矛盾。当人与各类管线基础设施走入高层建筑后，就像走进了竖直的死胡同，一路上去，原路返回，这令建筑与交通和其他基础设施相脱离。另一方面，由于城市的尺度过大，各种功能间缺乏联系，推动城市生态足迹一再扩大，土地资源越发稀缺。应对上述问题，需对城市空间形态进行重构与再设计，建立三维立体化的紧凑城市。

三维立体化城市是集建筑立体化、交通系统立体化、基础设施系统立体化、景观立体化、农业生产立体化、能源生产立体化、各产业布局立体化、资源循环系统立体化于一体的高度复合的城市。整个城市或成台地状，或每隔几层由天桥、街道、广场、景观将所有建筑水平连接，通过电梯、楼梯、坡道以及"为废弃物循环再生而设置的螺旋重力斜道"[1]等垂直连接，确保城市的每一个角落都有极高的步行可达性，可以迅速到达（图4-1）。

图 4-1　在屋顶、平台等进行生产，借助建筑形体操作形成高容积立体城市[2]

# 二、功能复合与系统整合，提高空间生产力

在存量规划的时代，要提高空间对各类生产的支持能力，解决土地过度城镇化与人口城镇化不足之间的矛盾，就必须对城市进行复垦与深耕。所谓城市复垦是对现有城市空间的再开发，它把现有的城市视作一片待开发的荒地，通过消化过度、超标和失误的城市功能，对大量空置的房屋与用地再利用，从而调整规划建设的失误。在不增加用地的情况下，容纳更多的城市人口与生产功能。而城市深耕是指对

[1] [美]理查德·瑞吉斯特. 生态城市——重建与自然平衡的人居环境（修订版）[M]. 王如松，译. 北京：社科文献出版社，2010: 226-227.

[2] king toronto condos in downtown toronto[EB/OL]. https://www.condopromo.com/king-toronto-condos-downtown-toronto, 2018-09-10, [2022-06-11]; King Street West, 多伦多/BIG [EB/OL]. https://www.gooood.cn/king-street-west-by-big.htm, 2016-02-23.

原有正常的城市进行再次耕耘，它通过调整空间组织资源的方式，如去除不必要的空间、将城市的基础功能与各类型的生产性功能相复合等，深度挖掘城市的生产潜力；通过改变空间组织方式，整合整个城市系统，从而提高空间生产力。

1. 对空地、废弃地的使用再开发

城市中有大量的空地以及闲置空间（如屋顶），它们是巨大的空间资源，可以用来进行农业、能源等生产功能，更可以作为城市土地资源的补充。通过生态修复与技术处理，连重污染区以及不适宜建设的土地也能够发挥巨大的空间生产力。世界上最为著名的生态城市几乎都是在废弃地上建立起来的，没有占用新的建设用地。如瑞典的哈马碧、马尔默明日之城和加拿大东南福溪绿色社区，建立在废弃的工业用地和码头区内；澳大利亚悉尼奥运村和日本北九州生态工业园建立在垃圾填埋场上；澳大利亚哈利法克斯生态城建立在退化的土地上；曹妃甸建立在滩涂上；阿联酋马斯达尔城和新疆吐鲁番可持续新区建立在荒漠上；而中新生态城的选址则是1/3盐碱荒地1/3废弃盐田1/3有污染的水面。[1]

2. 去除“不必要”的空间

现在的城市是为汽车、为煤炭、为机器而设计的城市，并不是真正为人服务的。因而城市中充斥着大量的根本不必要甚至有害的空间，比如停车位。汽车在现在的城市中享受着优先资源，每辆车占据的空间不止一个车位，还“平均需要使用由沥青和混凝土铺设的路面200平方米”[2]。这些不能渗水、没有附加其他功能的汽车空间如毒瘤一般，占据着城市的街道、广场，占据着原本可以是绿化、农田、休憩交流场所的空间。生产性城市是公交优先的步行城市，是几乎没有停车位的城市。这似乎是个幻想，但如今已经有越来越多的城市通过撤销路边停车位，将原本提供停车的建筑改造成无车建筑，将停车空间改造为其他空间等办法，来限制汽车的出行。如“巴黎每年撤销数量高达55000个路边停车位，拆掉高架桥和环形高速公路，把它们变成大公园”[3]；“过去的30年，哥本哈根市每年取消街道和广场上2%的停车空间，创造了行人和休息区域，增长了城市通过服务业创造财富的能力”[4]。通过重新调整空间布局，让停车位变得不再必要，将留给车的空地改造为留给人的空间，何乐而不为呢？

3. 多种功能复合叠加

生产性城市中的生产功能多是通过与城市原有功能空间叠加、置换、复合的手

[1] 焦舰. 国内外生态城（镇）比较与分析[M]. 北京：中国建筑工业出版社，2013: 42，45，71，79，83，93，103，127，132，145.

[2] [英]吉拉尔德特. 城市·人·星球：城市发展与气候变化（第二版）[M]. 薛彩荣，译. 北京：电子工业出版社，2011: 136.

[3] [澳]彼得·纽曼，等. 弹性城市——应对石油紧缺与气候变化[M]. 王量量，等，译. 北京：中国建筑工业出版社，2012: 105.

[4] [澳]彼得·纽曼，等. 弹性城市——应对石油紧缺与气候变化[M]. 王量量，等，译. 北京：中国建筑工业出版社，2012: 136-137.

段来实现（如使用装有柔性薄膜太阳能电池的合成防水材料作为屋顶覆盖层[1]），并不会占据更多的土地与其他资源。这些操作手法使生产性功能“零占地”得以实现，绝不会成为城市扩张的理由。如前文所述，城市中各种可能的空间都可以进行相适宜的生产。一旦这个目标实现，建筑就不仅是建筑，道路不仅是道路，景观不仅是景观，广场不仅是广场，社区不仅是社区，还是一个个果园、农园、森林、发电站和共享经济中心！是复合了农业生产、能源生产、资源循环再生产的生产性建筑、生产性交通、生产性景观！

4. 主动创造更多的空间用以生产

如果认为在原有空间上复合叠加（如农业窗帘）只是充分利用了闲置空间而不是生产了空间，那么垂直森林等案例就是主动生产更多的空间让生产性功能来利用（图4-2）。

废弃地利用[2]

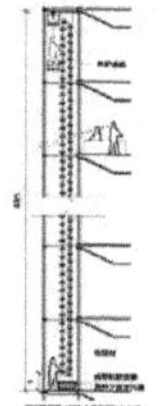

农业窗帘[3]

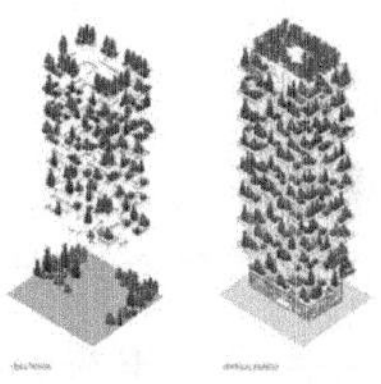

垂直森林

**图 4-2　使用未利用的空间进行生产与主动创造空间进行资源生产**

5. 系统的空间性组织，改变空间分布模式

空间作为一个整体，被纳入所有资源的生产与消费之中。列斐伏尔认为“空间是一种生产资料：构成空间的那些交换网络与原料和能源之流，本身亦被空间所决定[4]。空间作为一种互动性的或者追溯性质的产物，它介入于自我生产之中：对资源的组织，产品的分配网络。就其生产性地位作用而言，并作为一个生产者，空间成为生产关系和生产力的一个组织部分。”[5]也就是说各类生产要素都需要通过空间来组

[1] [德] Ingrid Hermannsdorfer，Christine Rub. 太阳能光伏建筑设计[M]. 北京：科学出版社，2013: 63.

[2] Viljoen A, Bohn K. Second nature urban agriculture: designing productive cities[M]. London; New York: Routledge, 2014.

[3] https://www.designboom.com/architecture/stefano-boeri-vertical-forest/.

[4] 包亚明. 现代性与空间的生产（列斐伏尔专辑）[M]. 上海：上海教育出版社，2003.

[5] [法]昂利·列斐伏尔. La Production de l’espace, 3e’edn[M]. 刘怀玉，译序. Paris: Anthropos, 1986: i-xii.

织，空间的组织方式会影响甚至决定着城市的生产力水平。故生产性城市要发挥生产力必须重新整合城市资源系统，根据现有及潜在的能源流、食品流、原料流、产品流、服务流、人员流、废弃物流，确定相关的空间布局，并反过来根据所有“流”和整体布局重新整合各项功能。通过生产整合性的空间，提高空间生产力。

改变空间分布模式是优化空间对资源组织的另一种方式。可通过调整交通结构（“将等级序列倒过来，按步行、自行车、铁路、轨道公共交通、小轿车和卡车的优先顺序发展”[1]）和资源分布方式（从传统大型的垂直连接的中央化系统转变成小型的横向连接的分布式系统，每个分系统内资源高度整合，多种功能叠加并相互作用）来改变城市土地利用格局……

## 三、社会与文化空间的生产

空间不只是物质“容器”和组织资源的方式，更是社会关系的渗透，是时间的产物，具有精神性、社会性和文化性。空间的生产与社会、文化资本的生产互为因果。迈克·迪尔认为“只有当社会关系在空间中得以表达时，这些关系才能够存在：它们把自身投射到空间中，在空间中固化，在此过程中也就生产了空间本身”[2]。与此同时“如果未曾生产一个合适的空间，那么‘改变生活方式’‘改变社会’等都是空话。”[3]如果我们周围的物理空间都是生产性的空间，就有可能改变我们现在以消费为主的生活方式，改变社会空间；而本地生产、本地活动和本地文化资本的保护、利用与创造，也有助于建立地域感、认同感，有利于知识的积累与创新，能够更好地创造精神空间与文化空间，从而改变物质空间。

1. 社会空间与社会文化资本的生产

社会文化资本指的是维系社会稳定、安全、可持续的社会结构、人际关系、人力资源、道德风尚、法律法规、社会制度、理想信仰等的社会学要素。它“能够促成某些行为并禁止另一些行为”[4]，是社会生活的行为准则。由于空间是社会活动的载体，“物质空间生活资料的生产也同样造就人与人之间的各种社会关系”[5]，形成社会空间，并累积生成社会文化资本。在这个过程中交流活动空间与熟人社区具有不可替代的价值。村落、中国早年的单位大院、西方的合作居住社区、生态村，都属于熟人社区的范畴。社区中的人们都相互熟识，能够互相监督与帮助，共同进行社会

[1] [美]理查德·瑞吉斯特．生态城市——重建与自然平衡的人居环境（修订版）[M]．王如松，译．北京：社科文献出版社，2010: 221.

[2] 迈克·迪尔．后现代血统：从列斐伏尔到詹姆逊[M]//包亚明．现代性与空间的生产（列斐伏尔专辑）．上海：上海教育出版社，2003: 97.

[3] [法]昂利·列斐伏尔．空间：社会产物与使用价值[M]//包亚明．现代性与空间的生产（列斐伏尔专辑）．上海：上海教育出版社，2003.

[4] 迈克·迪尔．后现代血统：从列斐伏尔到詹姆逊[M]//包亚明．现代性与空间的生产（列斐伏尔专辑）．上海：上海教育出版社，2003: 97.

[5] 孙江．空间生产——从马克思到当代[M]．北京：人民出版社，2008: 12.

活动，从而最大化地实现社会文化价值。在生产性城市中，社区作为资源分布式系统的基本单位，社区支持农业、社区能源自治、社区共享经济等都是将陌生人组成的社区逐步发展成熟人社区的社会空间生产方式。

2. 历史文化空间与历史文化资本的生产

“空间一向是被各种历史的、自然的元素铸造，它是历史的产物。”[1]空间的时间厚度使文化资本的生产、累积成为可能；由时间雕刻而成的空间，凝聚了人类的智慧，蕴含着社会与文化资本，形成文化空间；文化空间经历史长河冲刷，沉淀为文化遗产。故而对文化遗产的保护和利用能够让城市中的人们感受到空间的时间维度，感受到城市的历史渊源与文脉。反观如今“造成现代城市生活混乱的部分原因是大多数的现代城市都表现出来的可怕的千篇一律。缺乏历史感的城市，就会缺乏时代感，这样的城市除了每天的交通流和商业流之外一无所有。一个城市只有借助于其历史环境的可见性，借助于其城市生活多样性的可展示性及使用的活跃性，才能够展示其丰富性。”[2]另一方面，文化遗产作为文化生产的产品，有重要价值，是进一步进行文化生产的基础。对其保护、利用、加工、再创作、创新的过程本身也是城市文化空间再生产的过程。

3. 通过创造精神空间，以改变生活方式

要真正且长久地改变城市空间，必须要改变居民的生活方式，而列斐伏尔认为“为了改变生活，我们必须先改造空间”。故而空间与生活之间是具有相辅相成的作用力的。通过提供、创造丰富多样的当地生产与活动，有利于减少居民的远途出行，更有利于产生地域感、认同感和归属感，“地域感是一个非常重要的因素，只有人们对城市有比较清晰的认识和强烈归属感的时候，才愿意扎根于此，并努力为本地添砖加瓦”[3]。生产性城市应让空间适合于举行各类活动，以丰富城市的精神空间；通过空间和功能的叠加，重新将人们的生产、生活、工作、休闲、娱乐与教育融合在一体；通过本地生产就业，能够让“本地化”成为居民日常生活的一部分；通过在城市内遍布各种生产性空间，为形成新的资源生产性的生活方式创造条件，改变当今以消费为主的生活方式，从而在观念上将消费城市转变为生产性城市。

---

[1] 亨利·列斐伏尔．空间政治学的反思[M]//包亚明．现代性与空间的生产（列斐伏尔专辑）．上海：上海教育出版社，2003: 62.

[2] [加]Rodney R.White．生态城市的规划与建设[M]．沈清基，吴斐琼，译．上海：同济大学出版社，2009: 134.

[3] [澳]彼得·纽曼，等．弹性城市——应对石油紧缺与气候变化[M]．王量量，等，译．北京：中国建筑工业出版社，2012: 92.

## 小结

总体来说，上述资源的生产均需要关注以下几个方面（图4-3）：

- 考虑如何有效打破资源的“空间互斥性”；
- 考虑资源的整个过程（生产、加工、消费、回收等）与城市空间的整合；
- 考虑不同资源之间的整合；
- 考虑与城市其他功能整合，且将资源系统规划作为城市规划的重要内容；
- 考虑创造新的空间形式。

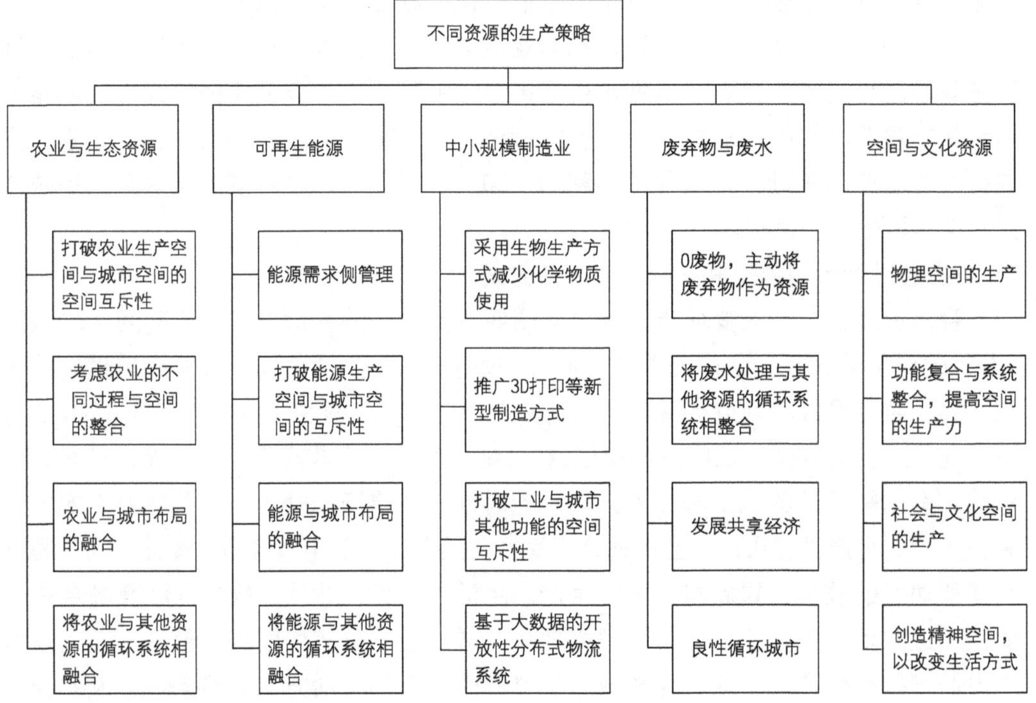


图 4-3　不同资源的生产策略总结

# 第五章　生产性城市中不同尺度空间的设计手法初探

## 第一节　生产性建筑设计——在建筑尺度上的设计策略

生产性建筑是生产性城市的重要内容，是资源生产消费分布式网络中的一个个枢纽，它符合生产性城市的各项特征，同样整合日常使用、农业生产、林木资源生产、能源生产、空间生产、工业生产与废物利用于一体。通过主动挖掘建筑的生产潜力，并与城市的其他系统（如交通、基础设施）在各维度上密切整合（图5-1）。

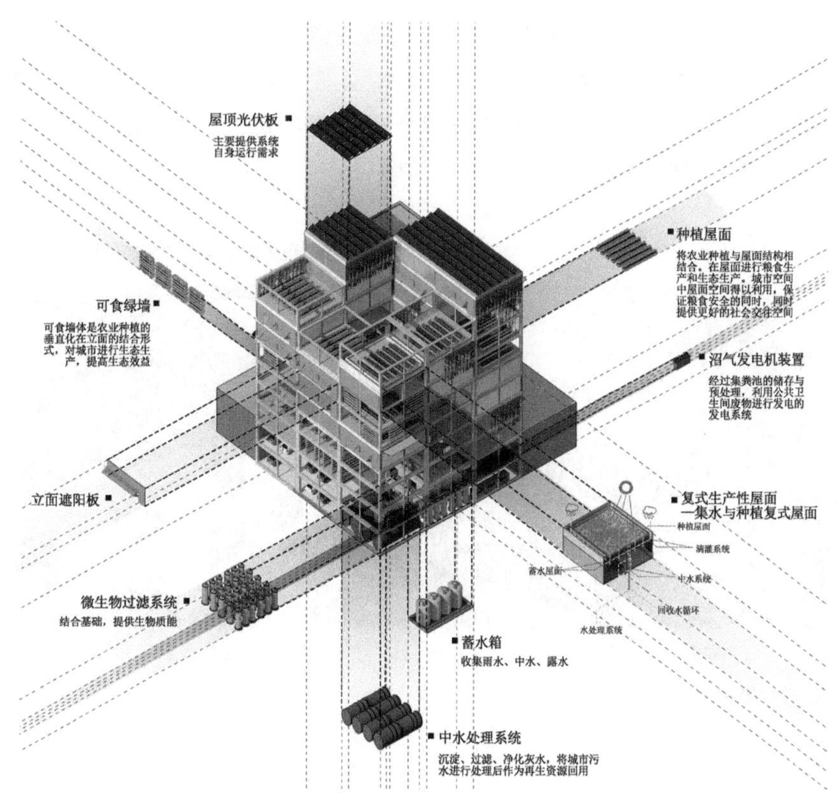


图 5-1　建筑可实现多种资源生产

其原则是：

- 可以进行复制；
- 利用所有可能的空间进行生产；
- 保持原有功能，叠加新的功能；
- 资源循环；
- “形式追随生态”❶、“形式追随生产”、“形式追随城市”。

其设计策略包括：

生产性功能叠加或贴附于建筑表面（附加）、生产性功能与建筑某部位集成（集成），多种生产性功能间并置（并置）、复合（复合）或整合一体化（整合），创造新的空间形式（创新）六种方式。

## 一、打破资源生产用地与建筑用地的空间互斥性

大量实践证实，建筑屋顶、阳台、外墙面及室内等均可实现多资源生产。

1. 打破屋顶空间与资源生产空间的互斥性

平屋顶上可以通过设置温室、覆土种植、摆放容器（花坛、花盆、袋子、蜂箱）等方法进行农业种植和林木资源的生产；亦可通过架设、安装、平铺、镶嵌、覆层等方式进行能源生产。坡屋顶可以通过将屋顶改造为“梯田”和设置架子摆放容器的方式进行种植；亦可通过平铺覆层和太阳能瓦面系统进行能源生产；圆屋顶可覆盖柔性太阳能，而天窗、中庭屋顶的玻璃亦可采用半透明的太阳能材料，进行能源生产。具体而言（图5-2）：

温室：温室上方设透明的太阳能集热板，或外部铺设非透明集热板，可实现太阳能与农业生产的整合。

温室种植 附加❷

太阳能温室 附加❸

**图 5-2　屋顶空间设计方式举例**

❶ 李振宇，邓丰. 形式追随生态——建筑真善美的新境界[J]. 建筑学报，2011(10): 95-99.

❷ http://www.huffingtonpost.com/entry/gotham-greens-urban-agriculture_n_5175724.

❸ http://www.bipv.ch/index.php/en/administration-s-en/item/592-zicer.

平屋面种植与架设：太阳能种植屋顶（Biosolar）技术可以实现太阳能与农业、生态资源生产的复合。

覆土种植 附加❶

太阳能架设 附加❷

容器：容器通常都是作为农业或生态种植的实现手段，它与能源是并置关系。

放置花盆 叠加❸

风能支架 集成❹

阶梯屋顶与坡屋面：

屋顶梯田住宅❺

屋顶梯田学校❻

图 5-2　屋顶空间设计方式举例（续）

❶ 作者摄于深圳腾讯大厦屋顶农场。

❷ http://www.bipv.ch/index.php/en/histori-s-en/item/601-paolovi.

❸ http://www.lapresse.ca/le-soleil/affaires/agro-alimentaire/ 200905/02/01-852710-un-potager-sur-le-toit-de-lauberiviere.php.

❹ http://inhabitat.com/venger-wind-unveils-worlds-largest-rooftop-wind-farm-in-oklahoma-city/.

❺ 作者自摄于四川金台村。

❻ https://www.greenroofs.com/projects/thammasat-university-urban-rooftop-farm-turf/.

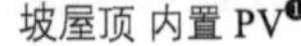

坡屋顶 内置 PV❶

采光屋顶 集成❷

图 5-2　屋顶空间设计方式举例（续）

2. 打破露台、外廊、阳台、栏杆与资源生产空间的互斥性

露台与阳台上可以采用覆土种植、摆放容器等方式进行农业和林木资源生产；可通过悬挂和攀援栏杆等方式进行农业生产；亦可采用架设、铺设太阳能板和直接将太阳能板作为栏杆挡板的方式进行能源生产（图5-3）。

加建外廊种植 附加❸

连廊上方 集成❹

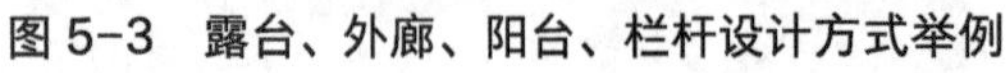

图 5-3　露台、外廊、阳台、栏杆设计方式举例

❶ http://www.bipv.ch/index.php/en/residential-side-en/item/955-positiveenergyhouse-eng.

❷ http://www.bipv.ch/index.php/en/administration-s-en/item/591-novartis.

❸ http://weburbanist.com/2016/06/06/urban-human-habitats-13-compact-concepts-for-growing-cities/.

❹ http://www.bipv.ch/index.php/en/other-s-en/item/1118-pizdeplaies-eng.

阳台种植 附加❶

栏杆容器 附着❷

阳台栏板 集成❸

生物质能❹

**图 5-3 露台、外廊、阳台、栏杆设计方式举例（续）**

3. 打破外墙面与资源生产空间的空间互斥性

外墙面上通常采用攀援植物、格架绿篱、容器种植和设附加层的方式进行，农业和生态资源生产采用贴附铺设、墙体集成和设附加层的方式进行能源生产（图5-4）。

大面积种植 集成❺

PV 大面积 集成❻

**图 5-4 外墙面设计方式举例**

❶ https://sydneydesign.com.au/2015/event/one-centralpark-a-green-icon/.

❷ https://balconygardenweb.com/vegetables-that-grow-on-railings/.

❸ http://www.bipv.ch/index.php/en/residential-side-en/item/907-mgtenergyrailing-eng.

❹ http://inhabitat.com/the-worlds-first-algae-powered-building-opens-in-hamburg/.

❺ http://expo2015israel.com/#expo2015.

❻ http://www.groupgshk.com/portfolio/portfolio-15/.

与窗结合的可移动种植❶

与窗结合的可移动光伏❷

体块构成墙体 集成❸

立面构成种植立面❹

农业附加层立面❺

能源附加层立面❻

**图 5-4 外墙面设计方式举例（续）**

❶ https://warcholphotography.com/project/expo-milan-usa-pavilion-2015/.

❷ https://www.filt3rs.net/case/vertical-louvered-shutters-brasilia-df-311.

❸ https://archi.ru/tech/62208/origami-iz-rheinzink-v-rapsovykh-polyakh-danii.

❹ http://www.designboom.com/architecture/vo-trong-nghia-architects-layers-plantation-for-stacking-green-01-23-2014/.

❺ http://www.metalocus.es/en/news/vertical-harvest.

❻ https://www.bipv.ch/index.php/en/administration-s-en/item/1169-gdfsuez-eng.

4. 打破窗户、遮阳与资源生产空间的空间互斥性

窗户中主要是采用太阳能或农业窗帘、附加设施和直接使用太阳能玻璃（图5-5）。

农业窗帘❶　太阳能窗帘❷

外加遮阳❸　外加遮阳❹

窗台外挂❺　窗户立面构成、集成❻

**图 5-5　窗户、遮阳设计方式举例**

---

❶ Bohn & Viljoen. Architects. The case for urban agriculture as an essential element of sustainable urban. infrastructure [C]. Berlin: Copenhagen House of Food Urban Agriculture Conference, 2011, 05.

❷ http://www.cute.kiwi/swiss-tech-convention-center/.

❸ https://www.stavbaweb.cz/agc-technovation-centre-12581/clanek.html.

❹ http://www.ing-buero-czech.de/heizung-der-zukunft/.

❺ Flowerbox Buildinghttp://trendland.com/trendhome-7th-street-duplex-in-flowerbox-building-new-york/trendhome-7th-street-duplex-in-flowerbox-building-new-york-7/.

❻ https://spa.aiachicago.org/portfolio/fki-tower-bipv-exterior-wall/.

5. 打破室内、内墙与资源生产空间的空间互斥性

室内空间较难实现能源生产（除利用藻类植物等），通过种植、悬挂、容器和攀援植物、格架绿篱等方式进行农业或生态资源生产（图5-6）。

内墙 大面积蔬菜种植 ❶

内墙 种植隔断 ❷

室内种植 人工光 ❸

室内种植 太阳能天窗 ❹

室内容器种植 ❺

上方攀援 ❻

图 5-6 室内、内墙设计方式举例

❶ https://georgeweigel.net/georges-current-ramblings-and-readlings/hawaiian-philadelphia.

❷ https://www.insideflows.org/project/pasona-urban-farming/.

❸ http://the-ipf.com/2016/08/20/pasona-urban-farm-tokyo/.

❹ https://archidocu.com/wp-content/uploads/2018/05/A-DesignBoom.jpg.

❺ https://www.homecrux.com/verdeat-automated-hydroponic-indoor-garden/126286/.

❻ https://www.insideflows.org/project/pasona-urban-farming/.

6. 打破其他空间与资源生产空间的空间互斥性（图5-7）

台阶[1]　悬挂[2]

围墙[3]　植物细菌 发电墙体[4]

种植商店[5]　可移动充电站 整合[6]

图 5-7 其他空间设计方式举例

❶ https://www.969bostontalks.com/page-15237/page-21025/.

❷ http://www.pvaccept.de/pvaccept/ita/portovenere.htm.

❸ https://na-dache.pro/zabory-i-ograzhdenija/21258-zabor-iz-evropoddonov-98-foto.html.

❹ http://legacy.iaacblog.com/maa2013-2014-when-energy-becomes-form/.

❺ https://www.mprnews.org/story/2014/05/24/if-local-farms-arent-local-enough-buy-from-the-roofto.

❻ https://i.pinimg.com/originals/6e/6a/84/6e6a840a0ed83dd9084923efeb6b9bd6.jpg.

## 二、打破不同资源间的空间互斥性

在建筑中实现资源的整合是项系统而复杂的工作，张睿老师曾就此进行论述：“通过可再生能源利用、污水循环处理、固体垃圾再利用等生态循环技术和无土栽培、滴水灌溉、水产混合养殖等农业技术共同组成完善的技术体系，形成农业、自然资源与城市垃圾、污水间的生态循环链”❶（图5-8）。笔者不再赘述。

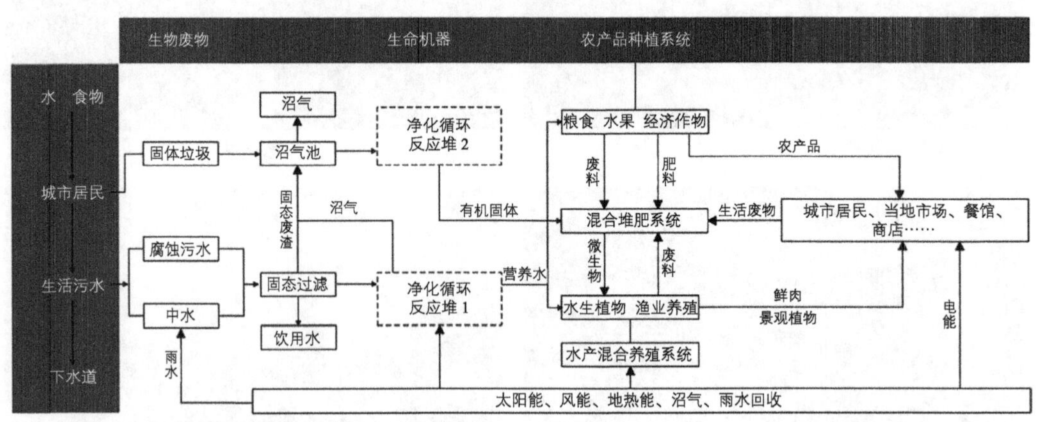


图 5-8　建筑生态循环系统❷

笔者所要强调的是如何打破资源之间的空间互斥。仍以案例论证的方式，做大致说明。

1. 在不同位置进行不同资源的生产

以地下停车场为例。地下停车本身是常见的有效利用空间（空间生产）的例子。还可通过在入口处进行能源生产、在顶部进行农业或生态资源生产。

同样，可以在屋顶上进行能源生产，在立面或室内生产农业或生态资源。这与太阳能温室的原理相一致，两者并不冲突。此外，开放空间中地面耕种与太阳能构架的复合技术，也同样可以用在屋顶或建筑的其他部位上。

2. 通过设计，在同一部位实现资源的整合

如同济大学所设计的参数化立面构架，就同时实现了能源与生态资源生产的复合。

3. 借助科技进步，实现资源复合

技术的进步有助于打破多种资源之间的空间互斥性（图5-9～图5-12）。

❶ 张睿，吕衍航. 城市中心“农业生态建筑”解读[J]. 建筑学报，2011(6): 114-118.

❷ 张睿，吕衍航. 城市中心“农业生态建筑”解读[J]. 建筑学报，2011(6): 114-118.

图 5-9 复合生产的儿童中心❶

图 5-10 太阳能温室❷

图 5-11 覆土种植与能源构架的复合❸❹

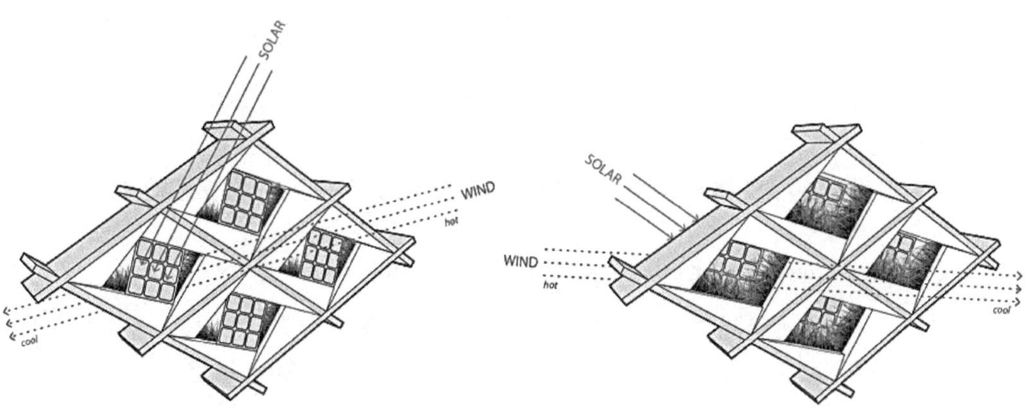


图 5-12 Para Eco House❺

❶ http://www.avso.org/interior-design-ideas/modern-architecture-for-charitable-purposes-in-fukushima.

❷ https://le-cdn.website-editor.net/ab5e36e6a6e24e998f06b0d7059b1e2b/dms3rep/multi/opt greenhouse+industrial+1-1920w.png.

❸ https://www.vertsun.com/2019/03/stocker-de-l-energie/.

❹ http://www.srel.net/index.php/solar-power-plant/.

❺ http://www.designboom.com/architecture/solar-decathlon-2012-para-eco-house/.

例如MIT研究出可以利用修剪下来的草生产太阳能采光板的技术（图5-13）。[1]ICCA的学生与生化学家发明了利用苔藓和细菌发电的立面系统（图5-14）[2]……这些技术都有助于推进资源生产的融合。此外，藻类植物和生物有机废料本身就可以生产生物能源，这也是两类资源复合的方式之一。

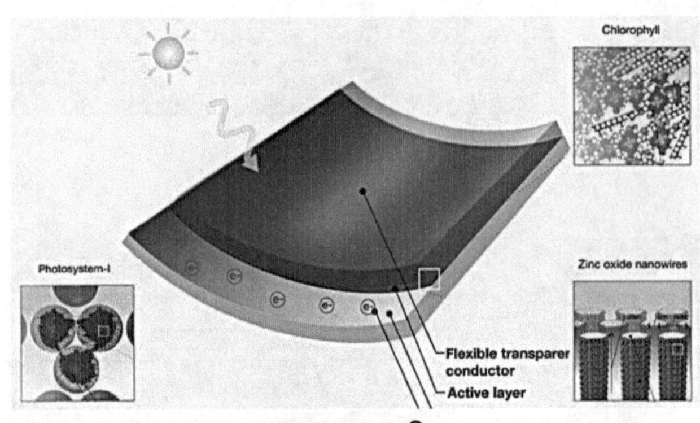


图 5-13　草制作的太阳能光电板[3]

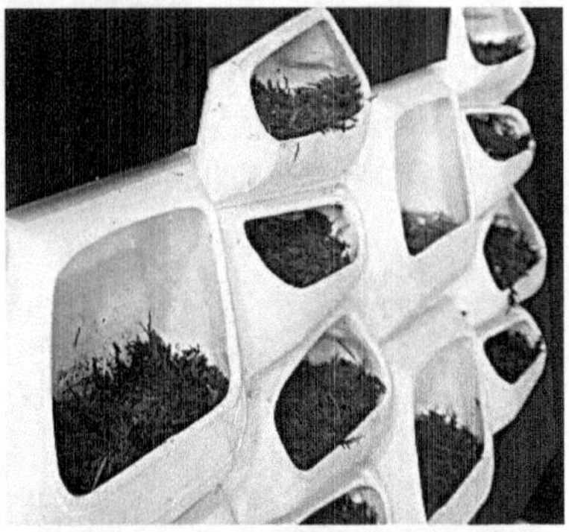

图 5-14　利用苔藓发电的墙壁系统[4]

4. 无法并置、复合或协调的位置如何分配?

以屋顶为例。即使已经有多种技术实现两种资源生产的共存，依然面临着以哪类资源生产为主体的问题，其处理原则是：

（1）坡屋顶以能源生产为主，平屋顶以农业生产为主；

（2）太阳能辐射最高处、无阴影遮挡处，以能源生产为主；

（3）太阳能辐射较低处，且屋顶何在较大处，疑问是种植（附加透明太阳能采光板）为主；

（4）屋顶何在（支撑结构）较低处，以太阳能生产为主，何在较高以农业生产为主；

（5）建筑年份较长，质量不佳者以能源生产为主；

（6）工厂等有污染环境的建筑屋顶以太阳能能源生产为主；

（7）大型公共建筑屋顶以农业生产结合屋顶或屋顶餐厅等公共空间为主；

（8）相关配套设施（如水资源的可达性）齐全处以农业生产优先；

（9）依照自然气候条件，如风力过大，不适宜室外覆土种植，可考虑风能生产。

[1] MIT Researchers Find a Way To Make Solar Panels from Grass Clippings. http://inhabitat.com/mit-researchers-find-a-way-to-make-solar-panels-from-grass-clippings/.

[2] http://www.urcities.com/global/21177.jhtml.

[3] http://inhabitat.com/mit-researchers-find-a-way-to-make-solar-panels-from-grass-clippings/.

[4] http://www.urcities.com/global/21177.jhtml.

## 三、创造新的建筑形式

在一定程度上，通过创造新的建筑形式，有利于实现建筑的自给自足，有利于资源生产最大化（图5-15）。

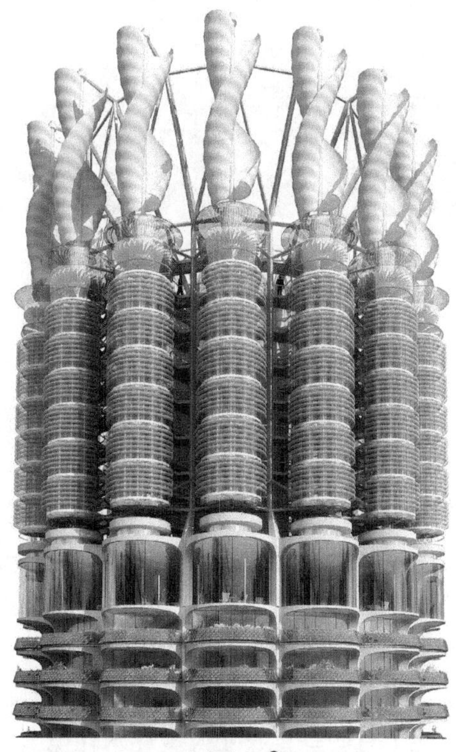

绿藻农场❶

垂直农业❷

树状垂直农场❸

光伏垂直农业❹

**图 5-15　新的建筑形式**

---

❶ https://www.archdaily.com/191229/algae-green-loop-influx-studio.

❷ https://www.archdaily.com/912058/precht-designs-timber-skyscrapers-with-modular-homes-and-vertical-farming.

❸ http://www.evolo.us/a-urban-sky-farm-in-seoul-seeks-to-support-local-food-production-and-distribution/.

❹ http://www.toitsvivants.org/wp-content/uploads/2013/04/1269609272SOA_TOURVIVANTE.jpg.

太阳能大厦[1]

太阳能瀑布塔[2]

**图 5-15　新的建筑形式（续）**

需要强调的是：

（1）"生产性"将成为建筑的重要特性，或者说必须要成为建筑的基本性质之一。本书所提供的是一个"技术手册图集"，举例说明在上述地方可以进行生产，不代表在上述地方都要进行生产；举例说明在某处可以采用一定的方式同时生产能源和农业，不代表必须要整合两者。在哪儿生产，生产什么，如何生产，这取决于建筑设计。

（2）必须时刻考虑资源的循环系统。

（3）必须时刻考虑整体的资源消耗量。许多生产性建筑以单一资源的生产量最大化为目标，却因此消耗了大量其他资源的做法（有些垂直农业大量耗水耗电），有悖于生产性城市的初衷。

（4）有关自给自足与生产性建筑的界定，目前世界已有非常多已建成的零能耗建筑，通过被动式设计与能源生产相结合，甚至实现了产生的能源比消耗的能源更多。这当然是生产性建筑所追求的，但个人认为，这并不是评价的唯一指标。能源需求的多少，生产产量的多少，两者形成什么关系，是不是消耗与生产互相平衡，这并非是生产性建筑的核心。重要的是，采用设计的方式，推动了建筑中的生产性能最大化。

[1] https://ecofriend.com/zoka-zola-architects-propose-solar-tower-for-chicago.html?amp.

[2] http://architizer-prod.imgix.net/mediadata/projects/032010/5a10c747.jpg.

# 第二节 生产性景观设计——在外部开放空间的设计策略

外部开放空间是建筑实体以外的城市环境。它可以有多重划分方式，如公共空间与过渡空间（较少有纯私人的外部空间），广场、公园和交通空间。它蕴含大量未曾利用的空间资源，如水面、空中、建筑间的缝隙，是城市空间和城市生活的重要组成，可以体现、塑造城市文化，亦是城市生产中不可或缺的元素。

## 一、打破资源生产用地与城市建设用地的空间互斥性

1．打破社区或建筑附属开放空间与资源生产空间的互斥性

该区域属于半私人半公共空间，通常采用覆土种植、架设遮阳雨棚、搭建遮阳亭、放置容器/设施等方式进行相关生产（图5-16）。

公共建筑或住宅庭院

宅前容器种植[1]

教学楼前种植[2]

花坛、草地改造

改造草坪[3]

花坛改造[4]

图 5-16 附属开放空间设计举例

[1] 摄于上海梅陇三林。

[2] 摄于美国纽约大学城市农业实验室。

[3] https://sidewalksprouts.wordpress.com/2008/04/14/edible_estates/.

[4] http://www.incredible-edible-todmorden.co.uk/.

雨棚与灰空间

停车位❶

灰空间遮阳❷

图 5-16　附属开放空间设计举例（续）

2. 打破广场、公园与资源生产空间的互斥性

生态资源的生产一直以来都作为景观设计中的重要元素。除此以外，农业生产性景观和能源生产性景观也具有极高的美学价值和使用价值（图5-17）。

广场

广场"菜坛"❸

食物景观构筑物❹

街角、岸边

街角社区花园❺

岸边太阳能铺设❻

图 5-17　广场、公园设计举例

❶ https://www.sma-sunny.com/us/utahs-first-energy-neutral-mixed-use-building-unveiled-in-salt-lake-city/.

❷ http://www.outdooractive.com/de/motorsport/bodensee-rheintal/ortsraeume-route-2-1-2-tag/8523266/#dmlb=1.

❸ http://www.gooood.hk/Lafayette-Greens.htm.

❹ http://www.publicfarm1.org/.

❺ https://greenheartsc.org/urban-farm-at-enston-home/.

❻ https://media.timeout.com/images/102826121/image.jpg.

公园元素

公园“菜坛”[1]

公园可食“学院”[2]

太阳能伞

太阳能伞 1[3]

太阳能伞 2[4]

设施小品

风能景观放置[5]

太阳能景观[6]

**图 5-17　广场、公园设计举例（续）**

---

❶ Philips A. Designing urban agriculture: a complete guide to the planning, design, construction, maintenance and management of edible landscapes[M]. New York: John Wiley & Sons, 2013.

❷ https://www.ewhowell.com/portfolio/edible/nybg_edibleacademy_11_v1_current/.

❸ https://architizer.com/projects/masdar-city-centre/.

❹ https://www.moma.org/interactives/exhibitions/yap/2014ny_collectivelok.html.

❺ https://www.mecanoo.nl/Projects/project/61/Ewicon?t=6.

❻ https://eventscape.com/wp-content/uploads/2016/12/verdant_2-1612x1149.jpg.

3．打破交通空间与资源生产空间的互斥性

交通空间亦可以与生产性功能复合（以空间位置而非设计方式归纳）（图5-18）。

路边

路边停车位种植休憩箱 置换[1]

太阳能护栏 整合[2]

路面

路面 改造[3]

地面[4]

道路上方

人行道上方葡萄 附加[5]

自行车道上方光伏 附加[6]

**图 5-18　交通空间设计举例**

---

[1] https://lethgori.dk/instant-city-life/.

[2] https://upload.wikimedia.org/wikipedia/commons/f/fc/Autostrada_A22_01.JPG.

[3] https://gothamist.com/arts-entertainment/photos/amber-waves-of-grain-sprout-in-the-seaport?image=4.

[4] http://www.wattwaybycolas.com/en/.

[5] http://www.cqxlxfzl.com/wenzhang/baijiazatan/264580.html.

[6] https://atsman.livejournal.com/1927702.html?view=comments.

4. 打破空地等未利用的空间与资源生产的空间互斥性

在城市未利用的空间中进行资源生产，是城市空间生产中的重要内容（图5-19）。

利用建筑间隙

建筑间隙 耕种❶

建筑间隙 附设❷

水面

水上漂浮 附加❸

水面上漂浮 附加❹

灌溉水渠上方 附加❺

水面上 附加❻

图 5-19　空地等未利用空间设计举例

❶ https://www.foodurbanism.org/le-56-ecointerstice/.

❷ http://www.bipv.ch/index.php/en/other-s-en/item/1177-elcentredelmon-eng.

❸ http://www.archdaily.com/783314/fl oating-fi elds-wins-shenzhen-uabb-award-and-is-set-to-continue-through-2016.

❹ http://www.archdaily.com/783314/floating-fields-wins-shenzhen-uabb-award-and-is-set-to-continuethrough-2016.

❺ https://theelectricityhub.com/tag/solar-canals/.

❻ https://www.feedsfloor.com/market-research/tracking-floating-solar-panels-market-research-report-2018.

5．打破设施、构筑物与资源生产空间的互斥性

外部开放空间中存在大量基础性设施与构筑物，都可以带有生产性功能（图5-20）。

灯＋雕塑

风能灯❶

路灯＋雕塑❷

景观小品

雕塑❸

景观小品❹

座椅

座椅❺

充电座椅❻

图 5-20　设施、构筑物设计举例

❶ https://www.greencarreports.com/news/1042537_could-passing-cars-power-wind-turbine-highway-lights.

❷ http://www.mpharchitects.com.au/portfolio_page/solar-trees/.

❸ https://architizer.com/idea/620236/.

❹ https://www.archdaily.com/931181/living-pavilion-behin-ha.

❺ http://mt.sohu.com/20150623/n415480944.shtml.

❻ http://www.psfk.com/2013/11/phone-charging-bench.html.

## 二、创造新的外部空间形式

在一定程度上，“桥”可以成为空间生产（纯物质空间）的始祖。第二章曾述及巨构建筑及空间生产始于柯布西耶在1930年设计的“阿尔及利亚城市方案”，在峭壁上将18万人的居住和高架桥的支撑结构相融合。下文将以桥为例，探索生产性外部空间的新形式（图5-21）。

整合建筑功能

桥上博物馆[1]

桥下复合空间[2]

整合生态种植（结合公共休闲功能）

悉尼高架桥公园[3]

高线公园景观[4]

图 5-21 新的外部空间形式

❶ http://www.gooood.hk/kistefos-museum-by-big.htm.

❷ http://www.newitalianblood.com/solarparksouth/projects/494-1.html.

❸ https://www.gooood.cn/the-goods-line-by-aspect-studios.htm.

❹ https://www.blogdaarquitetura.com/hight-line-o-parque-elevado-de-manhattan/.

整合资源生产

桥下风能发电[1]

光伏遮阳幕墙[2]

侧面藻类生产产能[3]

垂直农场[4]

整合多种生产功能

桥下复合生产[5]

空中桥梁 空间生产[6]

**图 5-21 新的外部空间形式（续）**

❶ http://www.archieli.com/architecture/solar-wind-bridge/.

❷ http://www.newitalianblood.com/solarparksouth/projects/470-1.html.

❸ https://www.civicarchitects.eu/nl/projects/algenreactor.

❹ https://www.viaggidiarchitettura.it/wp-content/uploads/2016/11/LAURIE-FINALfinalc.jpg.

❺ http://www.newitalianblood.com/solarparksouth/projects/188-1.html.

❻ http://inhabitat.com/suspended-green-pathway-is-an-unexpected-alternative.

由此可见，“桥”作为一个通过性的外部开放空间，可以整合能源生产、农业生产、生态资源生态，融合日常使用功能和公共活动空间，甚至可以做为一个游乐场而存在，它还可以使用纸、木材等生态材料进行本地建造。需要强调的是，之所以以“桥”为例来探讨形式的创新，原因如下：

（1）“桥”是空间生产的始祖；

（2）桥尺度小，易于进行先锋性的设计实验，如伦敦已建成的太阳能桥，纽约已建成的生态种植高线公园，法国已建成的废弃纸质桥梁；

（3）桥的类型多样，有利于建筑师发挥想象空间；

（4）桥本身有空间扩展的可行性，其上方、下方和结构连接处都有利于实现空间生产；

（5）无论是生态城市、紧缩城市还是生产性城市，建筑中的“桥梁”都是空间联系的重要组成，其在城市竖向空间中加入了水平向层级结构，故而对“桥”的设计是未来城市空间的重要设计内容；

（6）桥作为通过性空间，其设计方法具有复制性，其他交通空间可以借鉴此方法。

## 第三节 生产性社区设计——在社区尺度上的设计策略

社区（或街区）是生产性城市分布式布局的基本单位，由生产性建筑和生产性外部空间构成。其内部整合了多种能源的生产和多种功能。每一处空间和每一种资源均可采用上文所述的设计策略。

本节仍沿用案例分析的方法，借助于案例，将设计策略和生产性社区的意向具体化。所选案例为自给自足社区原型（Project for A Self-Sufficient Neighborhood Prototype）。它是IAAC（西班牙加泰罗尼亚高级建筑学院）的城市与科技硕士（Master in City & Technology）于2015～2016学年第一学期进行的制造城市原型（Fab City Prototype）课程，并隶属于自给自足项目（Self Sufficiency Project）。该课程由自给自足城市理论的提出者Vicente Guallart和Rodrigo Rubio等指导，并于2016年3～4月公布于IAAC官网中。

该项目的目的是为自给自足城市中的社区提供原型。他们认为对小规模基本单元的设计探讨，可以复制、扩展到整个城市中。因此所有内容都针对学校所在城市巴塞罗那中的一块尺寸为1km×1km的传统社区用地（图5-22），总人口数是25000。❶

图 5-22 设计场地

❶ http://www.iaacblog.com/programs/ self-suffient-neighborhood-syllabus-faculty/.

自给自足城市是本地生产城市所需要的所有资源，而不依赖全球供给的城市[1]。此概念与生产性城市理念相一致。因而自给自足社区与生产性社区相一致。由于IAAC是探索自给自足城市、生产性城市的先锋院校，故而此研究型设计对生产性社区的设计思路具有启发意义。

## 一、针对不同资源对生产性社区进行的探索

该项目设计者们从食物生产、能源、水、物质循环、交通、住宅、公共空间、设施几个方面对生产性社区分别进行了探讨，最后汇总于原型部分。

1. 社区中的食物生产设计策略

食物生产部分的设计者是Sherine Zein，其目标是本地食物生产和去除肉食。

（1）分析需求量

他在分析了肉食会带来更多的资源消耗之后，针对素食菜单，按照每人每天黄豆产品500克、小麦170克、豆类150克、蔬菜639克、坚果90克、水果400克的标准（由于取代了肉食，所以比平时食用的素食量要多），对所需面积进行了分析。却发现，若要满足25000人的素食需求，需要社区场地面积的3~4倍。

（2）选取种植的作物

选择在当地可以生长的、营养丰富、产量高、耗水少的物种（满足条件的多为水果和蔬菜）。之后根据不同的物种的特性考虑不同的种植空间（如根系大的树木而不能种植于屋顶）。此外，由于素食者更需要维生素D，而蘑菇中富含维生素D，故将蘑菇种植区面积翻番。

（3）确定种植地点与方法

社区中约有40000平方米的土地可以作为公共农园，进行永续农业种植；屋顶用于生产蜂蜜和全年生的植物（如西兰花），而屋顶的温室农业将与太阳能电池板相结合，种植需要温度控制的作物；高效的垂直农场采用水培的方式，适用于所有类型的蔬菜、水果和豆类；小区的步行街则用来种植具有美学特征的坚果；而蘑菇将种植于地下（图5-23）。

根据不同作物的产量和种植面积进行计算（图5-24）。得出，这个自给自足的社区可以为其25000个素食者生产所需食物的90%。剩下的10%的食物主要是小麦。它们可以在城郊或农村进行生产加工。

2. 社区中的能源生产设计策略

该设计者为Seda Tugutlu。其目标是实现100%的清洁能源、本地生产与分布式能源系统和用最高效的方式使用能源。

---

[1] http://www.iaacblog.com/projects/facilities-for-a-self-sufficient-neighborhood/.

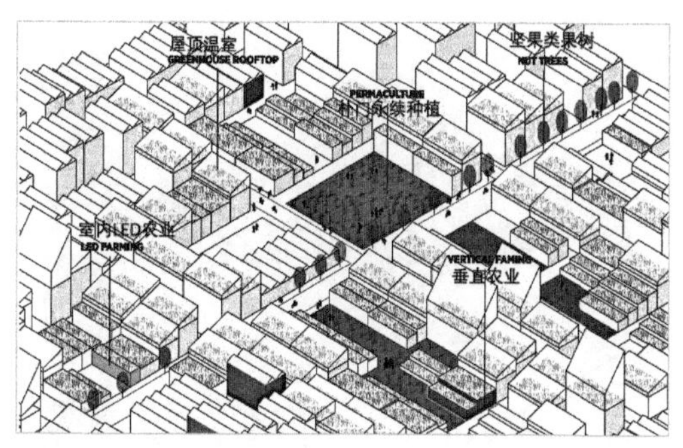


图 5-23 种植位置[1]

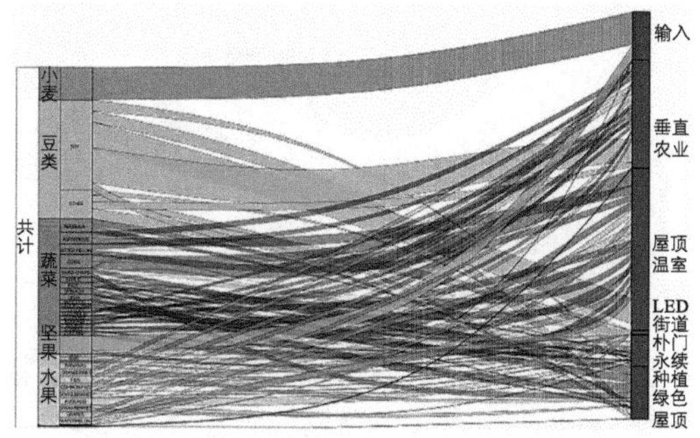


图 5-24 产量分析[2]

（1）空间布局方式分析

先对几个具有代表性的不同类型的城市能耗进行分析。得出密集城市（如纽约、中国香港和新加坡），所消耗的能源较蔓延型的城市（如休斯敦、东京）要少。从而得出为减少能源消耗应当发展紧缩城市，提供先进的公共交通服务、房屋尺寸应更小等结论。

（2）确定产能与储能方式

作者对不同类型的能源生产方式和储能方式进行比较，并结合场地条件选取适用的方式。能源的主要用途是电力和供热。方案中电力是由光伏太阳能电池板（PV，效率是24%），透明的太阳能电池板（Transparent Solar Panels，效率7%）和沼气提供。热能是由太阳能光热板（Solar Thermal Panels，效率50%）和沼气供应。储能方面，选择锂离子电池作为短期储能设施，氢燃料电池用于季节性蓄电。热银行（Thermal Banks）用于长期的热能存储。

（3）需求分析

对区域内不同功能不同部门的能源消耗量进行统计分析，并计算得出其所需要的PV数量，如农业需要7720W，需PV631m$^2$。

（4）进行能源循环、辐射量计算等多种分析

通过辐射分析对PV板的位置进行安排。辐射量最大的位置放置最多的太阳能电池板（图5-25）。

（5）安装能源生产与储存设施，进行产量计算

效率最高的太阳能光电板设置在辐射最高的表面。低效率的透明太阳能电池板与温室和立面相结合，沼气能量来自社区自身产生的废弃物（图5-26）。

能源的生产量超出了消耗量，多余的电力和能源由储能设施储存。

3. 社区中的水资源循环设计策略

设计者为Ilkim Er，其内容包括智能/合理用水和水资源基础设施两部分。

[1] http://www.iaacblog.com/project/type/self-sufficiency/.

[2] http://www.iaacblog.com/project/type/self-sufficiency/.

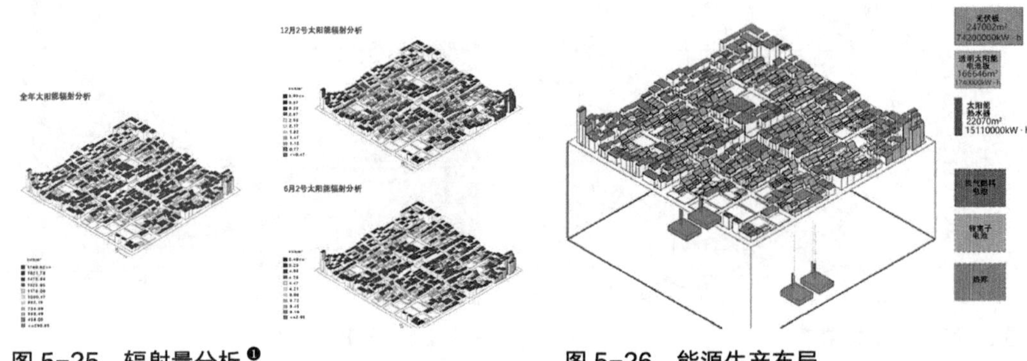


图 5-25　辐射量分析[1]　　图 5-26　能源生产布局

（1）需求计算（建立一个新的计算水的输入和输出的系统）

由于自给自足社区与所有社区的用水量均不相同（因为要进行农业、制造业生产，还需处理废水），所以不能直接用现有数据来确定需求量。作者用Grasshopper建了一个新的计算模型。

依据不同农产品的用水量，做出更明智的食物选择。农业用水将是社区用水量最多的部分，而农业中以牲畜饲养用水最多。为减少水消耗，社区的饮食偏向于素食。之后设计者按照营养为社区选择了种植的作物，将植物用水量按照月份进行分析；同时将屋顶收集的雨水量也按照月份进行分析。

（2）智能化管理

我们需要非常清楚地知道不同部门和不同日常活动的耗水量，才能对水智能化管理。也需让公众意识到简单的日常活动，如淋浴、洗衣、清洁家园和街道会产生巨大的用水量。而一些小的变化可能产生资源消耗的巨大差异。通过合作居住，共享设施（如公用洗衣机），可以有效减少用水量。

（3）雨水收集与再利用循环。雨水收集包括屋顶和街道的径流管理。它与日常生活、建筑、外部空间和处理设施形成一个紧密结合的整体。

（4）废水处理设施。社区中直接利用处理后的废水，其中黑水和灰水采用不同的处理体系。黑水表示与污泥混合的水，是沼气生产的重要来源一样，所以在社区的黑水处理厂中应包括产沼气罐（Biogas Production Tanks）。

灰水可以利用湿地自然处理。然而即使设置1km × 1km的人工湿地（等同于社区大小）也不能满足25000人日常生活的需求。因此除了设置人工湿地，还需设灰水处理厂（Grey Water Treatment Plants in WWTPs）。在水处理厂中，水首先通过罐子以去除污染，随后污泥作为沼气生产的原料而被排入沼气罐（图5-27）。

[1] http://www.iaacblog.com/project/type/self-sufficiency/.

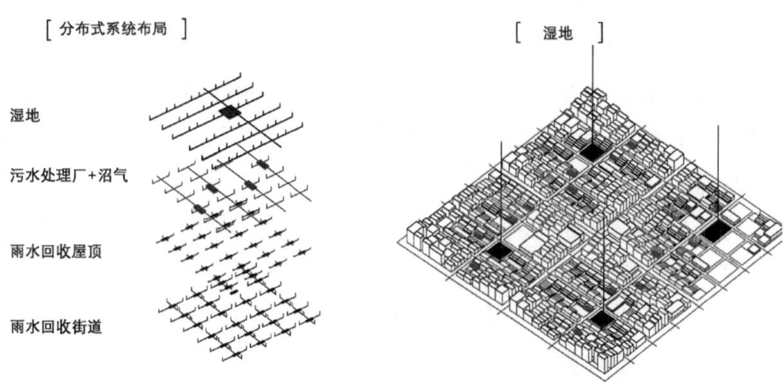


图 5-27 废水处理系统[1]

4. 社区中的物质循环设计策略

设计者为Mohit Chaugule，目标是实现零废物和循环经济。

（1）现状研究

分析了现有的物质流向与资源消耗情况，并计算出每人每年消费13.2吨物质，产生0.53吨废弃物，而25000人每天会产生31.95吨废弃物。

（2）循环经济

通过废弃物资源的回收再利用，发展循环经济。通过设计实现再生产，确保商品、构件、材料在任何时候都达到利用率和使用价值最大。通过管理有限的“库存”和发展可再生资源流来降低系统风险。

通过分析每一种物质的使用时间和消耗量，发现有很多物体（如家具、衣服等），它们寿命长但使用时间短，这些物品可以被共享，也可以在当地生产。

实现的主要方式，包括设计和技术，系统化、非线性地思考资源问题和制定政策——发展出一套适合于自给自足城市的政策。这些政策用于确保阻止废弃物流出经济系统。

（3）废弃物回收系统

在家庭尺度上应将废弃物分类，之后按类别送入所需的设施中。具体而言，有机废物占废弃物总量的42.2%，它们将运送至生物处理中心，作为肥料（1kg有机废料产生0.2～0.3kg肥料）或作为能源（1kg=0.75kW·h）。轻包装占比6.4%，它们或继续作为产品，或进入材料修复工厂。玻璃占比10.4%，它们或直接作为回收的玻璃产品，或进入材料修复工厂。纸和硬纸板或直接作为回收的纸质产品，或进入材料修复工厂。材料修复工厂流出的物质，或作为能源材料，或作为再使用物质的原材料，或成为再使用零部件。大件物品占比12.8%，将进入对应的工厂，之后或生产产品，或作为再收用材料。剩余6.9%的其他废物，经过处理工厂，生产产品或作为再使用

[1] http://www.iaacblog.com/project/type/self-sufficiency/.

原材料。

（4）当地生产与再设计

发展使用当地废弃材料的中小规模制造业，在制作的过程中，通过设计使产品使用期限更长；在使用中，提高使用效率并分享、共享；在使用后不丢弃，而是还回去或是再使用。

发展使用生命循环系统从设计开始，经过制作、分配、使用，才变成废弃物资源，进入再使用、复原、循环和处理的阶段。上述生命循环的每一个过程都应重新思考产品需求，进行再设计，拓展其使用方式，从而使可能的废弃物最小化。当然，最重要的就是尽可能地避免产生废弃物。

（5）社区中的物质制造循环基础设施

社区制造基础设施包括制造中心、制造中转站、后勤、生物处理中心、物质修复厂和废弃物回收中心。

为了更好地与城市交通相连接，所有的大型制造中心都位于次干道附近。每一个制造中心依其制造产品的不同而有不同的空间。如家具制造中心包括大型家具制造、小型家具制造、管理办公、家具储存、已完成产品的储存、回收家具修复、物质回收等空间；食物中心有两个，一个作为社区所生产，作物的加工中心一个更多用于中心市场的储存，并将这些物品分配至商业空间和餐厅；织物制造中心被划分为两大部分，一是新产品的制造，二是旧产品的回收与再加工。它包括纺织产品再利用工厂、储存、纺织产品工厂、材料回收区域。

每个街段都有一个制造枢纽，制造所有的小物品，却更像是城市的知识中心。它们包括制造数据中心、制造工坊、研究中心、公共区域与展示空间。可以成为学校、大学和公共设施的一部分。废弃物相关设施包括回收中心、物质修复工厂、沼气厂和堆肥处理中心（图5-28）。

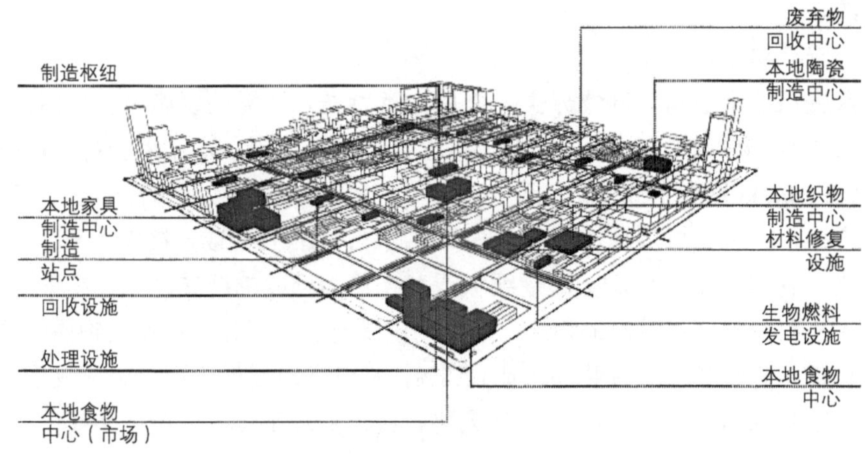


**图 5-28　自给自足社区中物质制造与循环设施**

最终，产生新的物质流（图5-29）。

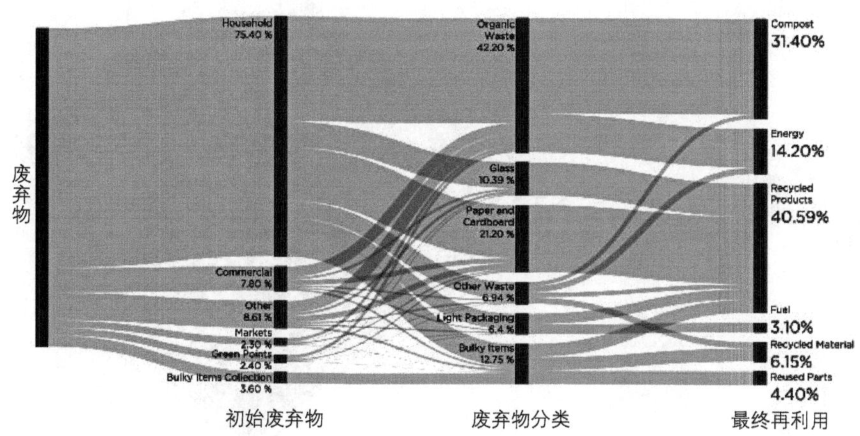


**图 5-29 城市新的物质流**

## 二、针对不同空间对自给自足社区进行的探索

1. 社区中住宅的设计策略

设计者是Caglar Gokbulut。

（1）户型

对几个代表性国家的住宅平均面积进行了对比。对当地的住宅空间面积进行案例分析。选择了6种不同的户型，每一种户型配置了3种不同规模的尺寸，共计18种。

（2）人口统计与户型配选

确定该地段的家庭数量和家庭构成比例，确定其中经营Airbnb（爱彼迎度假旅居和短租私人公寓）的比例，对应着家庭构成选择相应的户型，包括共享住房的户型。

（3）建筑设计

在一个街块内整合不同类型的户型。探讨并优化其组合方式并在大型住宅建筑中混合办公、商业，使这些建筑全天的能源消耗量均衡。

在此基础上，进一步加入太阳能光电板、太阳能集热器、屋顶种植、温室等生产功能。在低层建筑中会创造更多的室外平台与公共空间。在高层建筑中用太阳能生产取代绿色屋顶。

最后形成社区：25000人，8453户，804604m$^2$，平均每户3人，平均每人居住面积32.2m$^2$（图5-30）。

2. 社区中交通的设计策略

设计者为Rahul Pudale。目标是实现无车和共享交通，即居民不拥有车，而是在有需要的时候共享车。

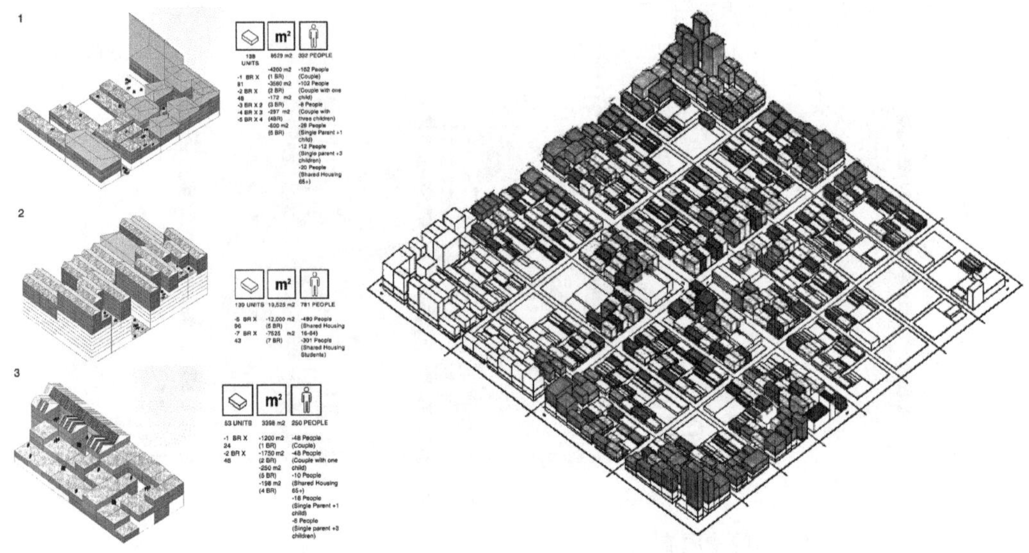


图 5-30 生产性社区中的住宅设计[1]

(1)与城市公共交通相连接

自给自足社区中土地功能混合使用，保证了服务位于居民的步行范围内。但要实现无车交通还需保证社区更好地与城市公共交通相连接。方案在道路交叉口设置了多个公交站点，并保障公交站点距离自行车停车场50米以内，距离公共设施250米以内，距离商业和办公350米以内，距离居住区500米以内。基于公交车的时速，将公交站的连接空间定为500米。

(2)共享自行车

更好地建设自行车基础设施，保证每1000个居民有30～40辆公共自行车。在更为密集的区域还应提高比例。将自行车停放点设在距离公交站和住宅、商业都接近的位置。

(3)共享车

每900个居民共享100～120辆车。使用智能手机和智能卡片进行租赁与管理。将停车场变成公共交通网络中的一部分。当然，共享的车使用清洁可再生能源。

3. 社区中公共空间的设计策略

公共空间部分由Chenghuai Zhou设计。

(1)公共空间使用者

设计者认为公共空间社会意义比其物理意义更为重要。因此，他归类了18种不同类型的使用者，并与21种公共空间的不同特征相连接，寻找其相关关系。

(2)公共空间类型

为了满足不同类型居民的需求，在社区中创建了16种不同类型的公共空间：永

[1] http://www.iaacblog.com/project/type/self-sufficiency/.

续种植园、邻里公园、观测点、都市农园、文化活动区、艺术活动区、健身步道、狗公园、市民广场、足球场、溜冰场、城市露营区、移动食品服务和二手市场。他们可分为4组：公园/露营、活动/休闲、健康/体育、礼仪/团结（图5-31）。

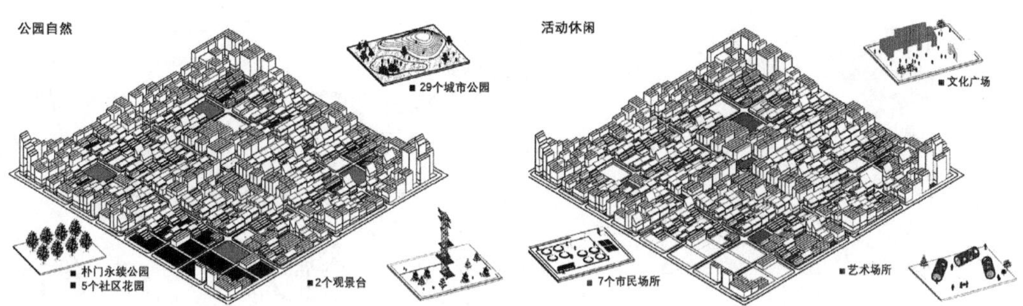


**图 5-31 公共空间设计（部分）**[1]

4. 社区中公共建筑的设计策略

设计者为Chiara Dall'Olio，目标是整合公共设施，更好地满足使用需求[2]。

（1）类型

自给自足社区中的公共建筑划分为4个层级：城市级（医院、大学生物医药研究中心）、社区级（大多数）、超级街块级（教育和体育设施等）、块级（为街区服务的设施）。其中最多的是教育、体育和商业/生产设施。

（2）距离与分布策略

根据其服务的规模，每个设施具有不同的半径，如托儿所和游乐场（250米—5分钟），小学、儿童中心、老年中心（500米到600米—10分钟）等。此外，根据设施的四个层级产生四种不同分布策略。市级设施靠近外围的道路，与城市快速连接。社区层级的设施位于社区的中心并接近其主要道路。超级街块层级的设施位于每个超级街块内主要道路相交的中心部分。块级设施分布在住宅楼的一楼，靠近人行道。

（3）探讨设施之间的关系

探讨不同设施之间连接的强度，得出下列四种关系的公共建筑设施应具有高的连接性：每天使用的设施之间、同一级别的设施之间、同一类型的用户使用的设施之间、功能互补性设施之间。探讨过程中注意关注每个设施本身所属类别、服务范围与面积大小。

（4）确定混合功能的设施原型

通过关系探讨和功能整合，产生了5种混合功能的建筑原型。市场制造中心（主要市场，工厂实验楼）、文化中心（文化设施，青年人设施）、医疗体育中心（医疗

[1] http://www.iaacblog.com/project/type/self-sufficiency/.

[2] 由于过去40年中，巴塞罗那的人口和面积几乎稳定，但设施却是之前的3倍，从中央设施转变为去中心化分布式的设施。在社区层面上也有了图书馆、运动中心、文化中心等。但自从2008年经济危机以后，许多设施转变为服务业。在未来，还会出现新的共享、互换、网络和远程设施的革命。

中心，老年中心，体育中心和运动场）、安全中心（警察和消防站，室内运动场）与看护中心（幼儿园，小学，老年中心）（图5-32）。

最后得出功能整合，相互之间链接的自给自足社区的设施布局（图5-33）。

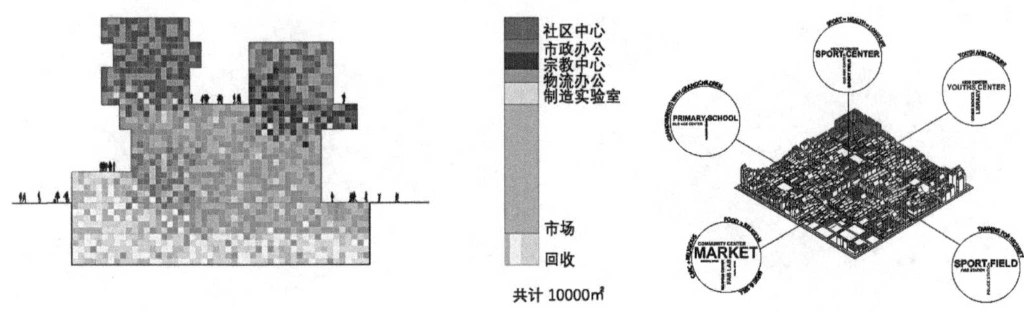


图 5-32　建筑原型

图 5-33　公共建筑布局

## 三、社区原型整合与评价

1. 社区原型

梳理一下其目标：

- 食物——本地生产自给自足、去除肉食
- 能源——清洁能源自给自足、零排放
- 水——智能管理、闭合循环
- 物质流——零废物、循环经济
- 交通——没有私家车、共享交通
- 建筑（住房与公共设施）——更好地满足需求、功能整合
- 公共空间——更好地满足使用者的需求

在每一项都达到目标后，该团队探讨如何在城市规划中整合上述元素。

（1）叠加

将上述研究成果进行叠加，得到完整的设计（图5-34）。

（2）整合所有资源的循环过程

在了解了不同资源的循环过程，以及它如何影响居民行为和城市的物理环境后，尝试整合并改变这些代谢过程。让城市更自主，在资源管理方面更加有效（图5-35）。

最后，形成了自给自足社区的原型（图5-36）。

2. 评价

该方案系统地从多资源多角度对生产性城市进行探讨的研究性设计，将近似于空想的“各类资源自给自足”一步一步落实于纸面之上，逻辑清晰，细节深入，操作性和完整度高。

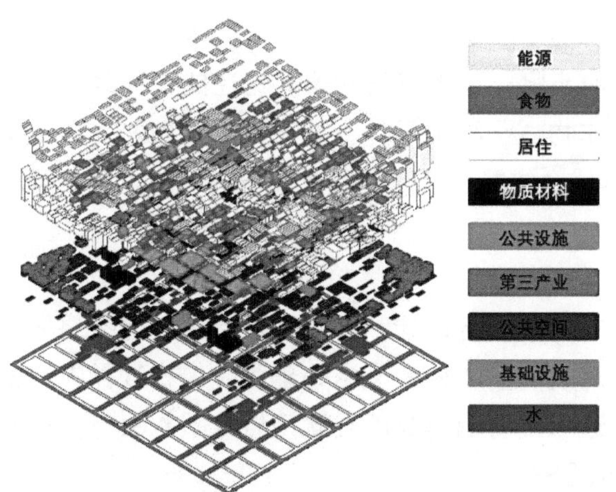


图 5-34　空间叠加

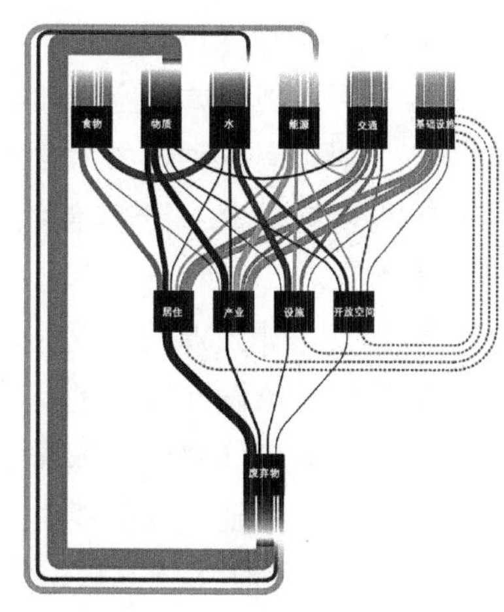


图 5-35　系统整合❶

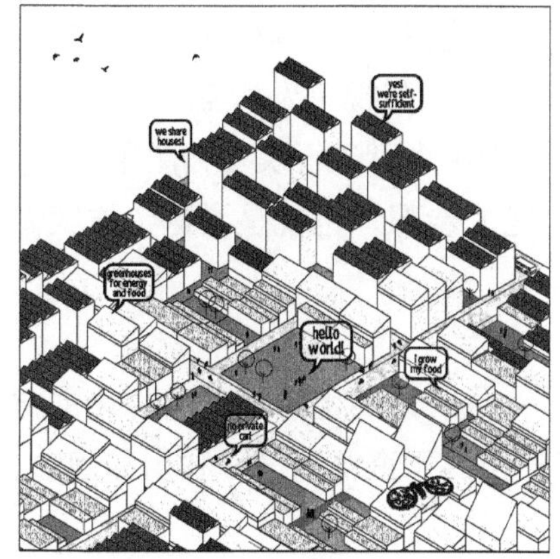


图 5-36　生产性社区❷

（1）优点和启示

① 清晰的逻辑推演结构

- 整体的思路是先分开探讨再整合。
- 资源生产部分以自给自足为目标，其思路基本是：现状研究→需求分析→分析选取生产方式和相关技术→分析选取生产地点→设计并布局生产性基础设施→设计配套生产与管理策略→产量分析。
- 城市功能部分以功能整合为目标，其思路基本是：类型分析→人与该功能空间的关系分析→功能空间之间的关系探讨→整合功能→分布式布局。

② 大量的研究现状

方案所有思路和结论都是建立在现状研究、对比分析的基础上，有理有据。

❶ http://www.iaacblog.com/project/type/self-sufficiency/.

❷ http://www.iaacblog.com/project/type/self-sufficiency/.

③ 深入到技术细节

由于深入到具体的空间和实际操作步骤，比本书第四章所论述的设计策略要具体很多。对现有的种植技术（如什么作物适于种植于什么环境，产量如何，需耗水多少，需耗能多少）、产能储能技术（什么位置适合选用的产能方式）的了解，有助于方案推进。

④ 时刻考虑资源的有效整合

尽管每一位设计者都是针对单一的资源进行设计，却时刻考虑对其他资源的影响和作用，如农作物的选取需水量少产量高的物种，废水处理系统中将过程中产生的淤泥排入沼气池，太阳能生产材料选取中将辐射高的位置用做太阳能生产，辐射低的位置附加透明太阳能板，作为种植温室。

（2）缺点

① 许多空间还没有跳出现有的利用方式，如外部空间中没有能源生产（方案中能源生产只在建筑屋顶和立面上进行），开放空间中农业也只有一个集中的公共农场，对交通部分的研究仅限于对公交站点和共享设施的研究，却忽视了无车道路所新产生的空间资源（去除车和停车场后会出现大量空地），景观中也可进行农业和能源生产。

② 在功能部分（除了住宅）缺少加入生产性功能的步骤，也就是说这个方案做到了“资源的整合”，却缺少“资源与空间的整合”。

③ 各组方案之间缺少呼应，有些地方存在冲突。

④ 有些整合方式的思路可以再拓展，如利用水—鱼—菜共生系统，用生物的方法来处理水，还能种植、养鱼。此外，物质制造部分强调了资源的循环利用和回收，却没有涉及可再生材料来源的生产。

## 第四节　生产性城市设计——在城市尺度上的设计策略

城市尺度的设计涉及两类，一是旧城改造，二是探索新的城市空间形式。

### 一、对现有城市的改造的设计手法——点线面与网络

1.“点”

将上文单一的生产性建筑（或部位）和开放空间的设计进行“复制”，从而使一个个单独的个体，转变为在城市中蔓延的生产性要素。如下面的几个例子：

（1）屋顶的复制

在城市中对屋顶的生产性功能进行复制，是“点”的设计手法最常见的表现形式。许多城市的屋顶都被纳入了改造计划，如伦敦、纽约。

让·努维尔曾提出过一个振兴“巴黎屋顶”的政策，通过在荷载允许的平屋顶上创建空中花园，形成一个梯田城市（图5-37）。

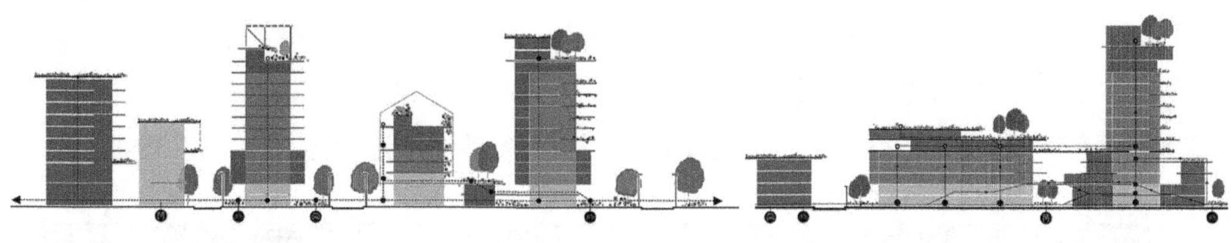

图 5-37 屋顶梯田[1]

如今，法国已经颁布规定，要求所有新建建筑的屋顶必须用于太阳能能源生产或作为绿色屋顶。[2]

（2）生产性建筑的复制

法国Rhône Alpes团队设计的名为“Canopea House”的小屋获得了2012年欧洲太阳能十项全能竞赛的第1名。这个设计的概念“纳米塔”（Nanotower）是指小型的独立塔楼，在每一个塔楼的顶层都有一个公共的客厅空间、一个夏季厨房、一个休闲空间以及可以为整个社区提供种植和储藏的空间[3]。这个如“温室”般的顶层在一定程度上整合了能源生产、农业生产（加工、食用、储存）、社会活动、日常生活等多种功能，也实现了复合空间的生产。然而最重要的，该作品是一个可以作为“点”进行复制，而且与城市其他系统相连接的生产性建筑（图5-38）。在某种意义上讲Canopea House之所以会获奖，是评委会对它更为开阔的视野，和更为深刻考虑社会问题的一种认可和鼓励。

图 5-38 城市中的“Canopea House”[4]

[1] Jean Nouvel—Arep—Mcd. Naissances Et Renaissances De Mille Et Un Bonheurs Parisiens [R]. Paris: Atelier International du Grand Paris, 2009: 118-119.

[2] http://inhabitat.com/france-requires-all-new-buildings-to-have-green-roofs-or-solar-panels/.

[3] http://bustler.net/news/2660/french-team-wins-the-2012-solar-decathlon-europe；http://www.foodurbanism.org/rooftop-farming-in-romainville/.

[4] https://inhabitat.com/modular-canopea-house-by-team-rhone-alpes-has-a-crown-of-dappled-light/.

（3）弥漫着微中心的城市模型

德国建筑师Finn Geipel 和意大利建筑师Giulia Andi 组成的LIN团队，在大巴黎规划咨询的第一轮方案中，提出弥漫着微中心的城市模型："这个城市的低密度提供了住房、大中型企业、学校和都市农业以空间，具有服务的连续性与微流动性"。由于巴黎城市的内在品质，如渗透率、灵活性，景观维和能力很高，并保持向另一个城市的开放。因而这种微中心可以逐渐扩散，最终将巴黎逐步改造（图5-39）。

**图 5-39　城市微中心及其扩散方式**

扩散的微中心包括垂直农业与城市农场。第二轮，他们认为应当在城市中恰当地广泛地引入垂直农场。这些塔将成为景观节点。其内部设有：蔬菜大棚、游泳池、酒吧、宾馆和合作工作的场所。此外，他们将城市农场作为"编程"城市绿色多样化的手段，用城市农场整合气候、房屋、教学空间与能源生产。[1]

2."线"

将生产性功能沿着城市道路、河流进行布置、拓展；在城乡接合的边缘产生用地与功能的交叉混合，从而形成一个控制城市扩张的保护带或者生产走廊。

（1）生产性道路

沿道路进行生产的设计和实施案例有很多，本章曾针对农业或能源生产性道路列举了大量的例子，不再赘述。需要强调的是，生产性城市中的道路不是为车而设计的。通过去除沿街占用的停车位，在道路上整合生态资源生产、能源生产、农业生产、市场零售和公共社会空间，将街道还原成充满活力的人性场所。

①食物城市主义中的城市生产性交通网络

食物城市主义（Food Urbanism）中，针对不同等级的道路提出了不同的设计策略，并借由道路网络和市场，形成了连通的城市生产性交通网络（图5-40）。

[1] LIN, Finn Geipel , Giulia Andi. Membre du Conseil scientifique de l'Atelier International du Grand ParisÉtude réalisée pour [R]. Paris: Habiter le Grand Paris, Atelier International du Grand Paris, 2013: 64, 66.

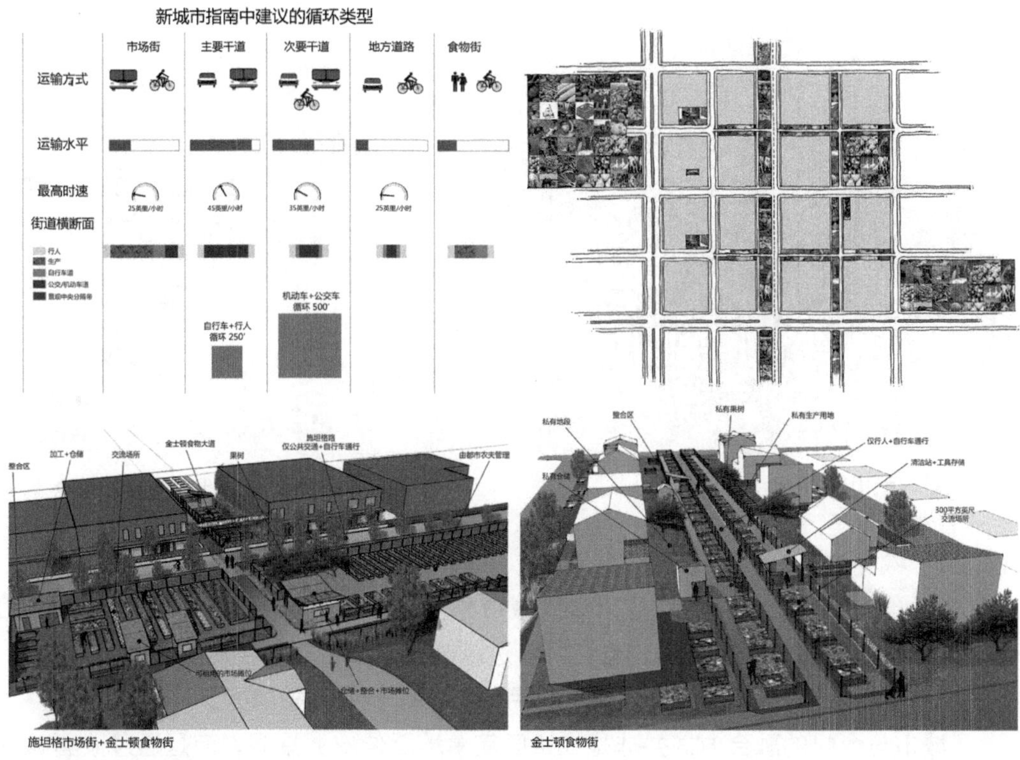


图 5-40　食物城市主义中的城市生产性交通 [1]

②沿河流水体布局

“南岸”（The Southlands）是DPZ的设计作品（图5-41）。其中三分之一的土地作为住宅（1800～2000家），三分之一的土地用于农业生产，三分之一作为公园和民用设施[2]。水系是社区的结构脉络，农田沿水系布置。农田与水系形成的整体，与建筑环境相互交替。从而使粮食生产和城市生活并存。[3]

③连续生产性城市景观

连续生产性城市景观是由安德烈·维尤恩等提出的，将都市农业与城市空间相整合的整合的设计概念（图5-42）。它包括传统的娱乐和休闲设施、都市农业、生态廊道、自行车道和人行道，是一个连续的开放的城市空间。[4]

---

[1] Grimm J. Food Urbanism: a sustainable design option for urban communities [M]. Ames: Iowa State University press, 2009.

[2] Donovan J, Larsen K and McWhinnie J. Food-sensitive planning and urban design: A conceptual framework for achieving a sustainable and healthy food system. Melbourne: Report commissioned by the National Heart Foundation of Australia (Victorian Division), 2011.

[3] Donovan J, Larsen K and McWhinnie J. Food-sensitive planning and urban design: A conceptual framework for achieving a sustainable and healthy food system. Melbourne: Report commissioned by the National Heart Foundation of Australia (Victorian Division), 2011.

[4] Viljoen, A. and Bohn, K, Continuous Productive Urban Landscapes: urban agriculture as an essential infrastructure[J]. The Urban Agriculture Magazine, 15 (2005): 34-36.

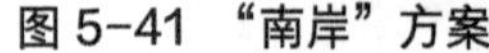

图 5-41 “南岸”方案

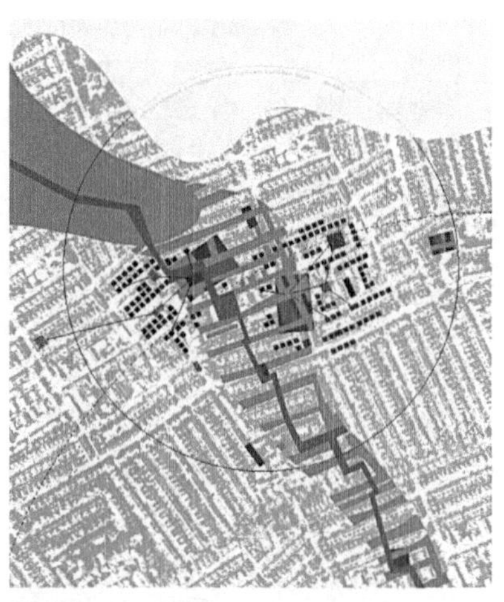

图 5-42 连续生产性景观概念

（2）城乡边缘的交叉混合

由于巴黎40米宽的环城大道已成为城市与乡村之间巨大的鸿沟，让·努维尔团队在大巴黎规划咨询会中提出应当在两者边缘创造一个相互融合的开放的空间结构，通过“新的孔隙”[1]来减缓断裂的情况。两者互相让步并互相享受。

“城市与乡村的融合方式并非是在市区简单地延伸农业景观，而是通过嵌套农业和城市的土地与用途，在城乡边缘创建一个相互融合且开放的空间结构：在城市，利用公共连续的空间、街道死角空间、部分半公共空间，设立果园、花园、菜园、科普大棚、教学花园和菜田、采摘销售、品尝大厅等，并使用能源生产、废料回收再利用等方式维护新型的景观；在乡村，创建一个接入城区的路网，设置连续的散步小道或自行车专用道路等，让市民享受乡村的环境（图5-43）。”该团队分析这个“边缘”有100米的深度就可以限制与饮食需求相关的汽车运输，促进粮食自给：“1公里的边缘都市农业每年可以产出500吨水果和蔬菜；其30%的边长就可满足1000万平方米的粮食供给。”

上述的策略不仅涉及土地用途，其核心思想是对边缘的两侧重新分类，对两个世界的“固定特征”进行干扰：在教育实验、休闲娱乐和生产销售之间，在城市游憩和农业景观之间、资源消耗与生态循环之间……让他们的经济发展、贸易形式、生活模式与文化都发生“搅拌”效果。

法国建筑师Yves Lion和Marc Mimram组成的François Leclercq团队也使用了边缘的设计概念——“要重新激活城市与农村之间的对话空间，考虑在中间地带建立新的发展格局，利用‘演变的农业’在城市和农村之间建立功能性的相互依存关系，开发相关的生产活动，重新分配与消费土地，发展联系两者之间的部门（农业、配送、培训、研究），并提升农业的经济效益。”Lion以实体景观（农田等自然和基础设施）

[1] (AJN) jean nouvel, (AREP) jean-marie duthilleul, (ACD) michel cantal-dupar. Naissances et renaissances et mille et un bonheurs pairsiens [R]. Paris: Atelier International du Grand Paris, 2009: 24, 28.

为底图，配置能源供应，并将此拓展为作为网络的田地，在城乡中间地带发展上述演变的农业，以建立依存关系（图5-44）。

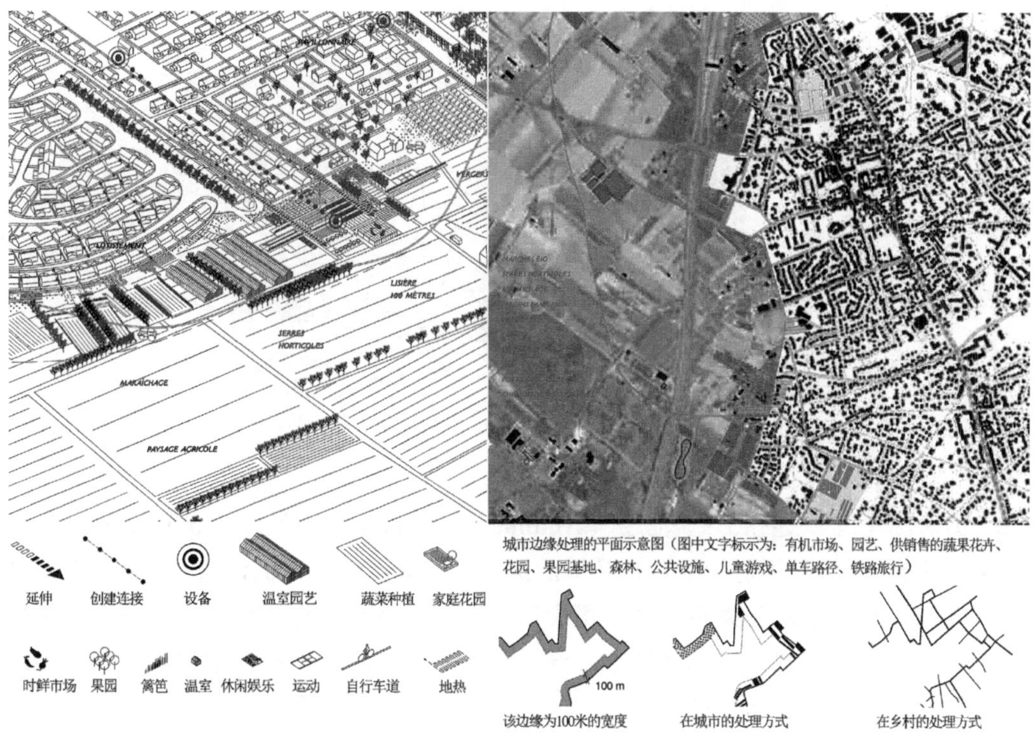


**图 5-43　处理边缘的方法** [1]

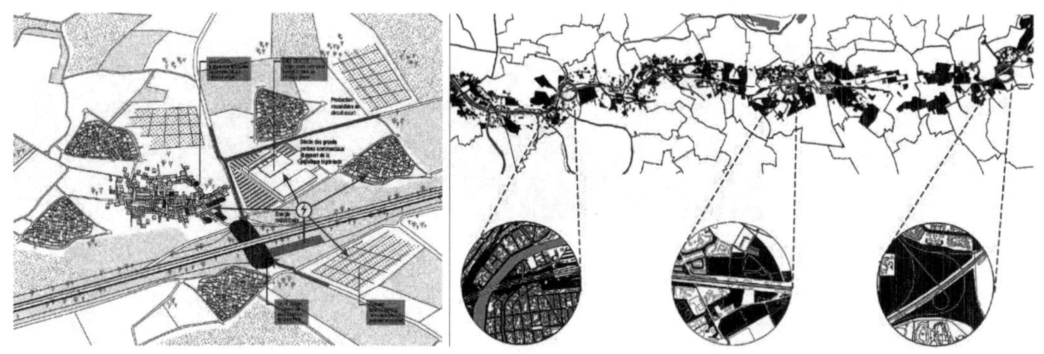

**图 5-44　Yves lion 的设计策略** [2]

法国TVK事务所（由建筑师Pierre Alain Trévelo和Antoine Viger-Kohler组成）也采用了与之相似的设计手法，他们为城乡中间地带设计了一个"中间环"：在一片广

[1] (AJN) jean nouvel, (AREP) jean-marie duthilleul, (ACD) michel cantal-dupar. Naissances et renaissances et mille et un bonheurs pairsiens [R]. Paris: Atelier International du Grand Paris, 2009: 24, 28.

[2] Agence Francois Leclercq, Atelier Lion & Associés, Agence Marc Mimram. Habiter Le Grand Paris du Lointain [R]. Paris: Atelier International du Grand Paris, 2013: 106, 117, 121.

阔的自然和农业生产区域上，结合大量的基础设施、公共活动以及城市内置空间的一个混合要素的组合拼贴（图5-45）。

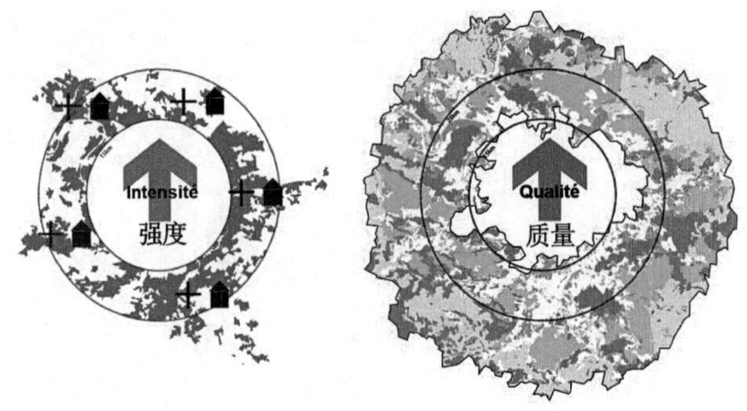


图 5-45 中间环[1]

由法国建筑师安托万·龚巴克（Antoine Grumbach）所带领的Antoine Grumbach et associés团队参与了两轮的咨询活动。第一轮咨询会时，他们认为“都市农业是理解城市与农村土地密切关系的关键概念”，“应通过调用各种手段来创建一个有机集聚：农业和自然区域，农业和居住，娱乐和生产……将一切有关的要素联合，而新的发展模式将在这些结合中产生”（图5-46）。团队通过对案例分析，得出“农业处于城市发展的核心”（L’agriculture au coeur du développement urbain）的结论，并得出实施都市农业的几条措施与原则：

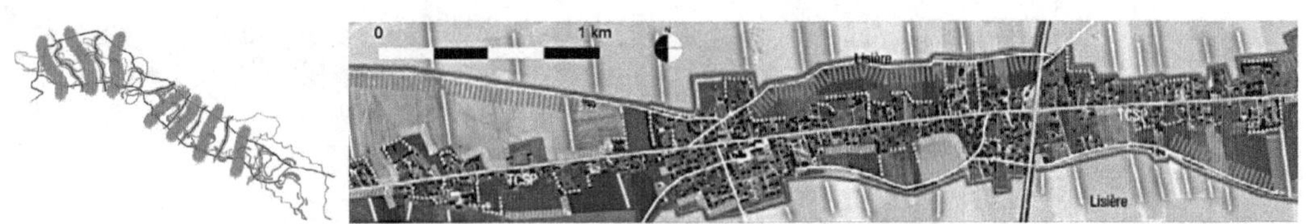


图 5-46 边缘的组织方式[2]

步骤1：发展农业。

- 发展能源自治农场：运用牲畜和农作物废弃物产生能源；
- 促进永续农业、有机农业和生物动力的发展；
- 保持食物运输路途短、食物新鲜的优势，进一步降低参与成本和运输污染。

步骤2：在城市景观层面对农业和景观、道路和公共场所进行重新分类。

- 农业景观和园艺绿化；

[1] TVK Transitions 2013: 40.

[2] Intensifier Les Lisières, Améliorer Le Rapport Ville Nature[R]. Paris: Atelier International du Grand Paris, 2009: 122.

- 兴建基础设施或利用建筑（屋顶）发展都市农业。

步骤3：创建农业网络、城乡接合处的生态走廊，防止城市扩展。

- 创建一个覆盖在大都市核心的新的农业网络；
- 利用农业活动在城市遗弃的土地上、城乡接合处等空间创建生物走廊。

步骤4：解决经济问题和涉及不同社会群体发展的综合问题。

- 风险区划：对经济欠发达地区加强非功能性的空间规划，同时增强不同参与者的价值，增强系统性；
- 强化农业的经济作用，增加涉农企业活动和更广泛的农业综合企业，发展经济增长的新极点；
- 利用都市农业的方式实现城市化，将农业与城市融合，减小城市土地与农业用地的价值差距（否则生产者自己都禁不住出售土地）；
- 开拓农业旅游的发展前景，为休闲活动制定全面的政策；
- 修复一些过程中产生的缺陷。

在第二轮咨询方案中，该团队有提出要让城市返回到具有生物多样性的状态，就有必要跨越大都市地区与“绿道”（trame verte et bleue）[1]的概念，允许物种从生物多样性领域的外部来源（农业区，附近的公园或自然空间等）移动到城市的内部。重建与当地商业相连接的都市农业市场，实现生产者和消费者之间的直接供给。[2]

3. “面”

（1）多孔城市

多孔城市是由意大利建筑师Bernardo Secchi和Paola Viganò提出的概念——“多孔城市是一个具有生物多样性渗透性的城市。连接城市主要生态区域的是‘绿化带’与‘农业飞地’。其中‘绿化带’包括市区和郊区渗透的网状的农田与林业；‘农业飞地’由大片森林和农业组成”。农业飞地具有渗透性、连续性以及开放性的特征，更加符合可持续发展的要求。[3]

保持农地的新型占地模式

法国建筑师Philippe Gazeau提出了一种新型的占地模式：12个五边形为一组，每一组都是五边形，围绕一个中心庭院分布，并放置在农地地面上。这种占地模式将土地从私人占领中解放出来，公共开放空间（自然和农业生产）持续和谐地与建筑物发生密切的关系，产生新生活方式（图5-47）。

---

[1] 绿道项目是法国于2010年开始实施的一个连贯的遍布全国各地的生态网络，其目的是通过保护和恢复生态的连续性来制止生物多样性的下降。Grumbach团队认为不应该仅仅将其限制在绿化的层面。

[2] Antoine Grumbach et Associés–mandataire. Étude réalisée pour l’Atelier International du Grand Paris Commande [R]. Paris: Habiter le Grand Paris, 2013: 65.

[3] Studio_013. cycles de vie, continuité urbaine, métropole horizontale [R]. Paris: Atelier International du Grand Paris, 2013: 40, 122.

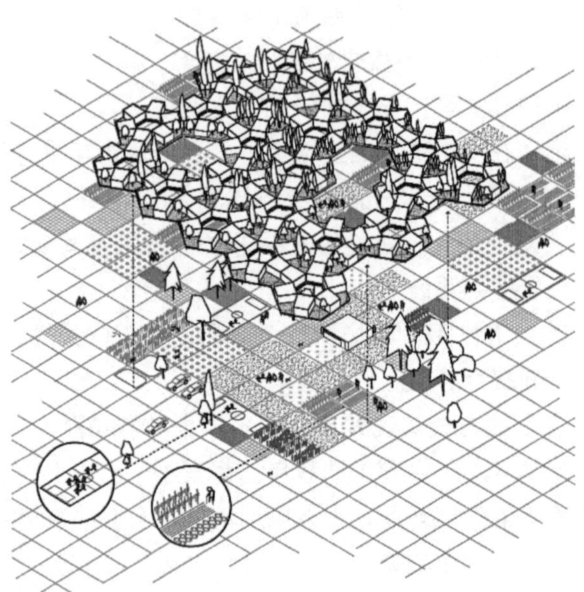

图 5-47 新型的占地模式[1]

（2）开放空间生产的复制

开放空间中的能源或农业生产也是可以广泛复制的。与生产性建筑不同的是，这种方式产生的不是一个又一个的“点”，而是广泛分布的“面”（图5-48、图5-49）。

图 5-48 食物都市主义中的一种布局方式[2]

图 5-49 太阳能伞[3]

[1] FGP-AGENCE TER. Etude Habiter le Grand Paris Conseil scientifique de [R]. Paris: Atelier International du Grand Paris, 2013: 9.

[2] Duany A. Garden cities: Theory & practice of agrarian urbanism [M]. Gaithersburg, MD: Duany Plater-Zyberk & Company, 2011.

[3] http://www.efikasnost.org/2013/06/dubai-razvija-grad-buducnosti.html.

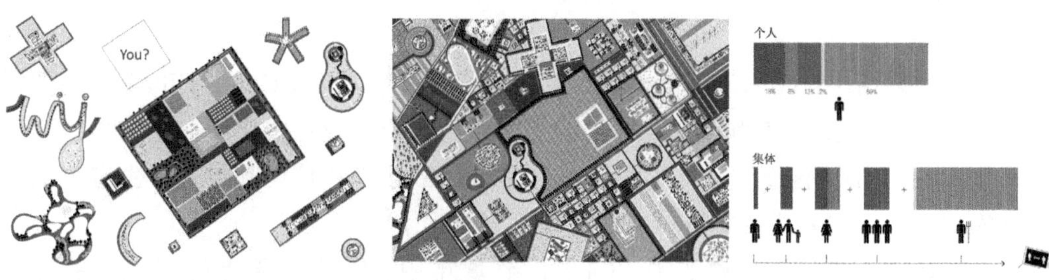


图 5-50 “自己动手城市主义：阿尔梅勒奥斯特世界”[1]

① 自己动手城市主义

MVRDV设计的“自己动手城市主义：阿尔梅勒奥斯特世界”（D.I.Y Urbanism: Almere Oosterworld）城市规划项目（图5-50）中59%的土地为都市农业，其余面积占比为建设18%、道路8%、公共绿地13%和水2%。该项目除了控制土地类型比例外，完全是自下而上的。“居民可以创建自己的社区，包括公共绿地，城市农业和道路”随着社区的发展，居民可以随需调整，从而无止境地发展自己的家园。“规划将广阔的农场与城市环境完美融合，使两者都能得到自由发展”[2]。

② 均质间隔种植

城市农业主义中提出了一种社区与社区种植园间隔种植的分布模式（图5-51）。这保障了每个居住区在每一面都能拥有、共享社区种植园[3]。

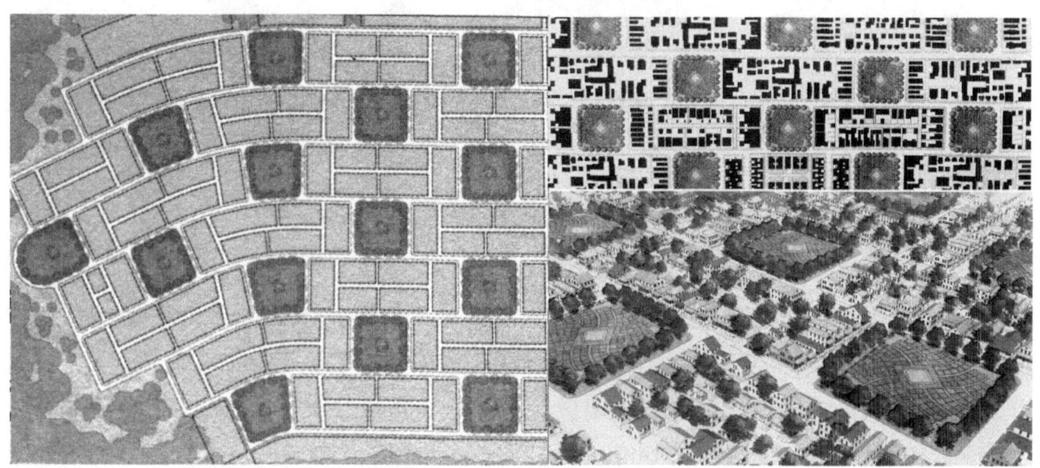

图 5-51 农田与城市建设均质布局的模式[4]

---

[1] http://www.archdaily.com/227503.

[2] Vinnitskaya, Irina. “D.I.Y Urbanism: Almere Oosterworld / MVRDV” 22 Apr 2012. ArchDaily. Accessed 07 May 2013. http://www.archdaily.com/227503. 另畅言网有据此翻译的部分译文：http://www.archcy.com/news/conf/classic_case/anlishangxi/gn_jg/classic_case/gjshy/gw_gh/0036ea183ca1dc17.

[3] Duany A. Garden cities: Theory & practice of agrarian urbanism [M]. Gaithersburg, MD: Duany Plater-Zyberk & Company, 2011: 28.

[4] Duany A. Garden cities: Theory & practice of agrarian urbanism [M]. Gaithersburg, MD: Duany Plater-Zyberk & Company, 2011.

4. 网络

生产性网络（Productive Networks）是食物生产性城市（CPUL City）中的重要概念。C为连接空地，P为使用开放式的空间（通过都市农业将环境、经济和社会变得有生产性），U为性质变化（内部原有绿地、新的场地和棕地都转变为生态用地或生产性用地），L是景观（提高城市的空间视觉质量）[1]。

形成CPUL城市的步骤如图：（1）回到城市中；（2）在图上标识现存的开放空间，然后用绿色基础设施将它们连接起来；（3）加入农业（能源）生产性土地；（4）连接成网（图5-52、图5-53）。[2]

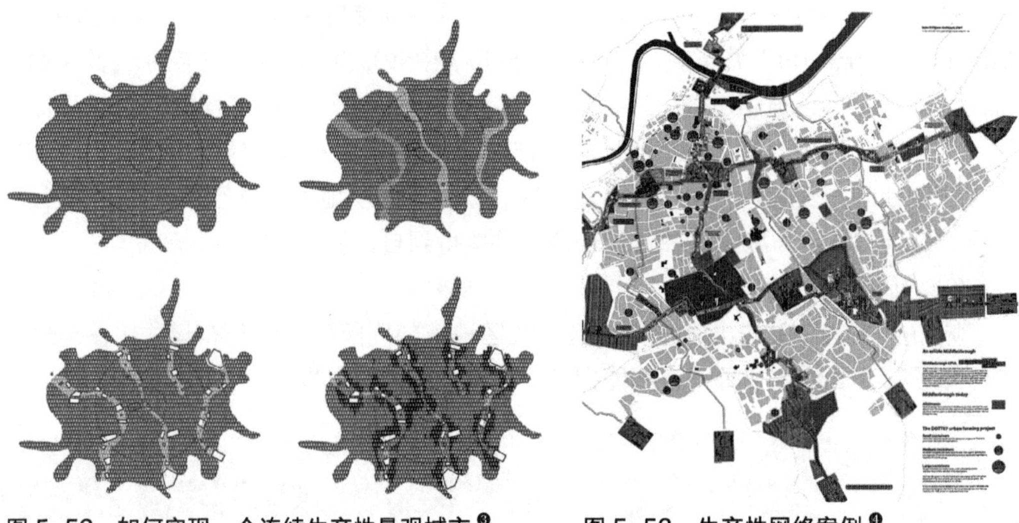

图 5-52　如何实现一个连续生产性景观城市[3]

图 5-53　生产性网络案例[4]

## 二、探索新的城市空间形式

若要实现最有效地打破资源的空间互斥性，实现生产的最大化，只在现有城市的基础上进行附加、梳理、重组等改造是不够的，需要探索新的城市及空间形式。既然是探索新的方式，就很难归纳出设计手法（否则就会束缚手脚）。在此，本书以Darrick Borowski、Nikoletta Poulimeni、Jeroen Janssen（AA）设计的食物生产性城市为例，对此进行说明（本节图片均来源于此）。

该研究型设计将食物基础设施作为城市代谢的重要组成部分，并以此为线索，通过数学建模和仿真等方式探讨提供给居民本地化、多尺度、分布式的粮食生产，

❶ Andre Viljoen Bohn&Viljoen Architects. The CPUL City Action Plan [C]. Torino: How town planning can integrate urban agriculture in city regeneration. Faculty of Architecture ,Politecnico di Torino, 201404, 5-17.

❷ Viljoen A, Bohn K. Second nature urban agriculture: designing productive cities [M]. London; New York: Routledge, 2014.

❸ Viljoen A, Bohn K. Second nature urban agriculture: designing productive cities [M]. London; New York: Routledge, 2014.

❹ Viljoen A, Bohn K. Second nature urban agriculture: designing productive cities [M]. London; New York: Routledge, 2014.

重新连接都市与其食物来源的可能性。通过重建住宅和小型自给农场的聚合逻辑，耦合消费者与生产性表面区域，探索新的生产性城市层级模块（包括城市循环网络的结构与编程、基于生产性社区产生的新的城市形态和新的建筑类型）。建立基本机制并由此塑造生产性城市空间。具体来说，研究分为三大组成部分：建立规则，以及空间探讨与生产性城市案例设计。[1]

1. 建立计算规则，确定控制参数

（1）城市空间描述

对典型城市的建筑密度$D$、容积率FAR、覆盖面积$C$、网络密度$D$、开放空间比率OSR进行分析，提取其拓扑结构，用形成的图案（Pattern Formed）和层次结构（Hierarchy）两个指标来衡量公共空间之间的联系。

需要解释的是，该研究用开放空间比率（OSR，Open Space Ratio）描述每平方米总建筑面积中未建设面积占的比值。

$$\mathrm{OSR} = (1 - C) / \mathrm{FAR}$$

其中$C$为覆盖面积，FAR是容积率（建筑地上面积/样本总面积）

$$\text{覆盖面积}(C) = \text{足迹} / \text{样本区域总面积}$$

由此可以推导出开放空间比率为（样本区域总面积 – 足迹面积）/地上总建筑面积。由于足迹可以简单理解为建筑占地面积。因此开放空间率就是开放空间的地面面积与地上总建筑面积的比值。

（2）建筑与生产用地的关系研讨

建立消费者与生产性表面面积之间的关系

在此之前要先知道需要多少土地来喂养城市中的人口。该研究对现有案例的产量和所需土地面积进行汇总分析，并结合AndréViljoen 和Katrin Bohn在《连续生产性景观》中的研究结论，得出美国的市民，每人平均每年需要100平方米的土地面积来生产其所需要的蔬菜和水果[2]。同时通过调查，获取典型的纽约家庭平均2.59人，平均占地面积为72m$^2$（6×12）。继而得到，每个家庭每年需要259m$^2$的生产性土地（图5-54）。

接下来，通过对几种情况进行分析，探讨居住建筑与生产性表面之间的关系，并由此确定建筑层数、建筑数量、建筑高度、建筑与生产性表面的组合方式等。

实验1：水平与垂直实验

以6户居民为例，这些住宅可以垂直布局形成多层的居民楼，亦可以水平横向布局。但其所需生产性表面积的占地都是6×259=1554m$^2$。通过分析得出垂直模式会增

[1] 来自生产性城市设计。Borowski D, Poulimeni N, Janssen J. Edible Infrastructures: Emergent Organizational Patterns for the Productive City [D]. London: Architectural Association School of Architecture, 2012；http://edibleinfrastructures.blogspot.co.uk/.

[2] 由于蔬菜水果可以在很小的范围内生长而谷物牲畜则需要更多的面积，此研究中城区中仅生产蔬菜和水果而其他粮食产品仍需郊区和农村生产供应。

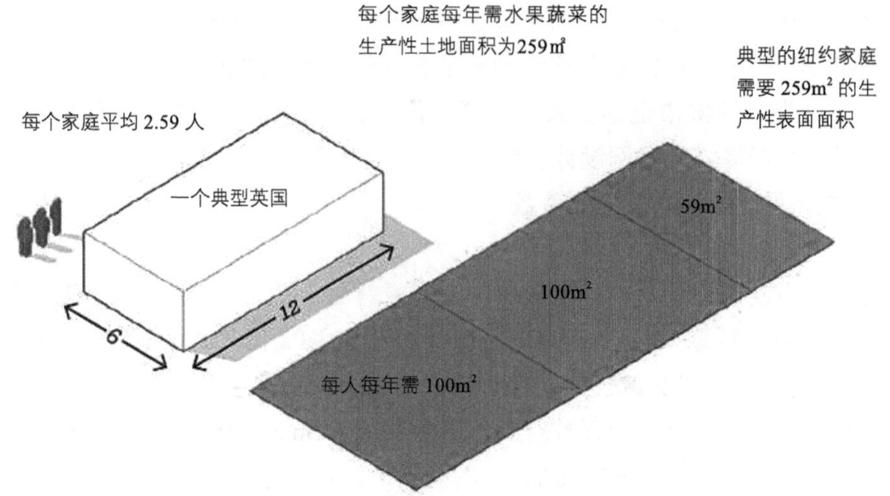


图 5-54　纽约家庭平均所需生产性面积计算

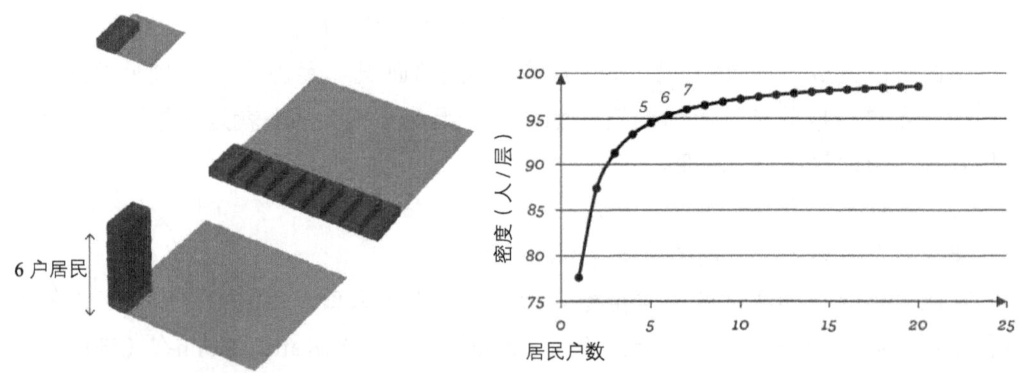


图 5-55　水平与垂直实验

加密度，但5、6层后密度的增加速率就减少了（图5-55）。

实验2：垂直增长与分布式布局

在居住单元Ud（Dwelling Units）数量不变的前提下，将高层拆解成几个不同数量的住宅楼。得到随着住宅数量增多，运输距离会降低，但存在一个阈值，当超过这个阈值时，住宅楼数量增多的意义就不大了。

实验3：表面混合实验

将表面划分成几个条，根据日照调整提升高度，结合日照的角度，每两层之间就会产生一定的面积重合，从而获得了更多的种植面积。假定原始种植的长度为30m，当建筑每层提高3m，种植的长度将提高至47m（图5-56）。

实验4：聚集实验

探讨两种土地（居住与生产性）连接的聚集逻辑。

以橙色为建筑模块（72m²），绿色代表1个人所需的100m²的生产模块。当规定每

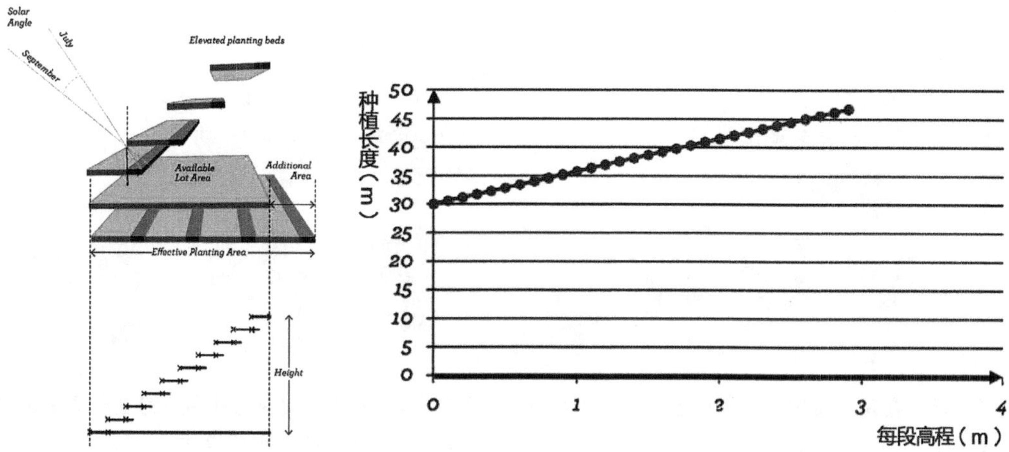


图 5-56　表面混合实验

个建筑模块都与其自身所需的3个生产模块相连接（为方便计算用3个人代替2.59个人）。又规定建筑模块必须两两相连。在这个规则下只有垂直、水平和水平垂直结合这3种聚集方式。

如果不规定建筑模块与生产模块之间必须连接，但建筑模块本身必须两两相连，就会产生一种聚集方式。但若居住模块之间可毗邻可远离，居住模块与其生产模块必须相连的规则下，当一个建筑模块单元取代一个生产模块，生产模块需在其相邻最近的地方重新定位，于是又会产生新的聚集模式（图5-57～图5-59）。

研究用友好系数衡量这个毗邻或远离的程度。友好系数（Friendliness Facter）用$F$表示，取值0～1之间，当$F$为0时表示所有的单元都彼此远离，形成均匀分布。当为1时则彼此相连，形成农场包围建筑群的状态（图5-60）。

此外，研究还给定了一个确定是否垂直布局的临界值——垂直增长临界值Threshold（V）。当相邻的居住者数量超出临界值时，新增加的建筑单元需定位于某原

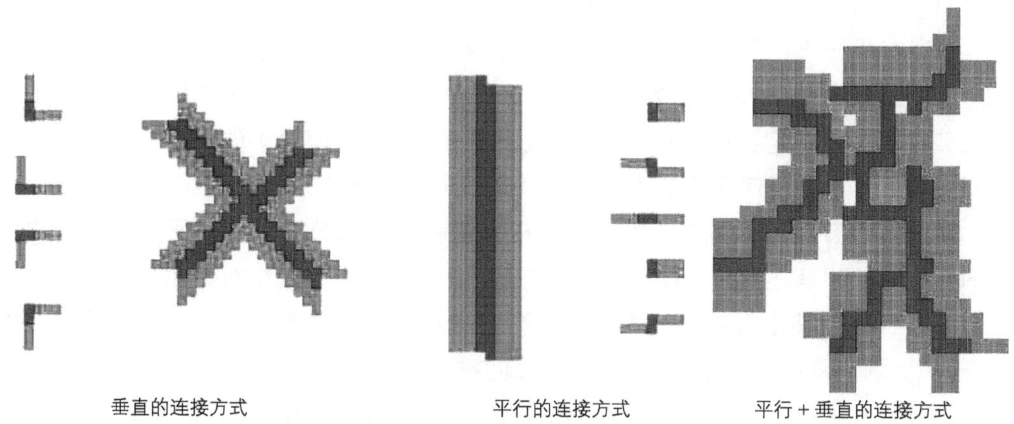


图 5-57　在建筑模块与生产模块必须连接且建筑模块相互之间必须连接的前提下产生的聚集方式

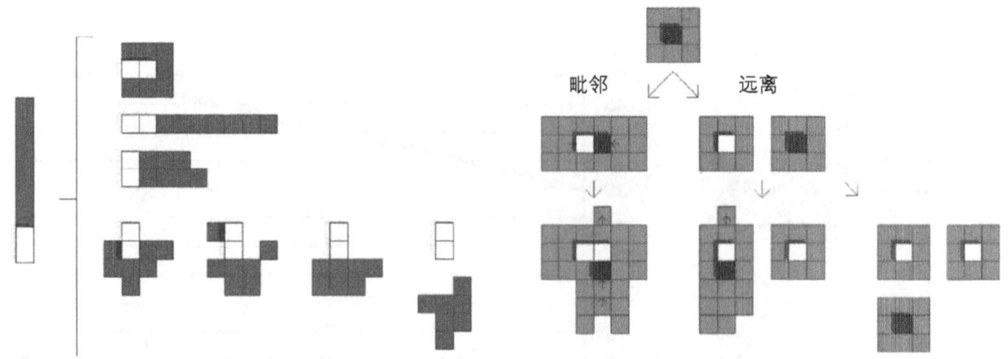


图 5-58　在建筑模块间必须相连的前提下产生的聚集方式

图 5-59　在建筑模块与其相应的生产模块必须相连的前提下产生的聚集模式

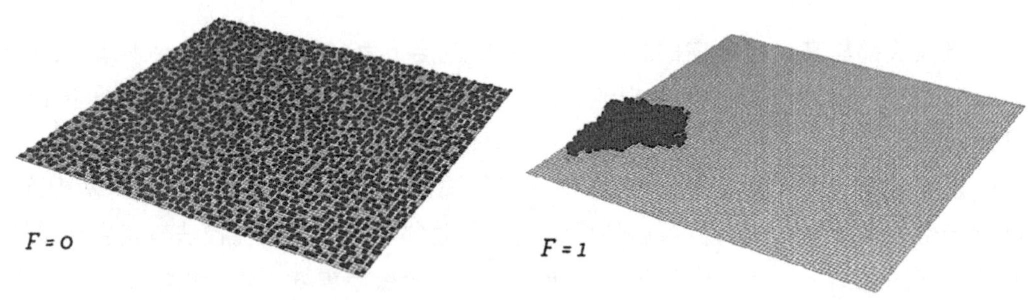


图 5-60　友好系数为 0 或 1 时的聚集情况

有建筑的上方，如果不足临界值，则代理的算法是水平建立在一个未建设的空间上。

为了实现更高的人口密度，给定的地块的生产强度PI（产量）可以通过技术方法增加。当该场地是满的，算法也允许增加生产强度。一个单元的PI=3意味该100平方米地块能满足3个人的需求。因此人口密度和友好系数可以决定场地的建筑密集程度。

（3）网络

上述过程已产生了生产者和消费者的细胞分布模式。这个模式还应有利于食物的运输距离最小化。在这里需先添加两个分布节点：批发节点（农场现场售卖）和零售节点（位于住宅群的小杂货店）。批发（W）和零售（R）的节点位置取决于住宅和农场的分布。任何住宅到达零售网点应不超过一分钟的步行路程或83m。

连接批发节点、零售与购买者，形成夹角和树状的分支结构。研究用绕行夹角（Detour Anger）来控制三者间的联系方式。由于一个更大的绕行夹角会导致单段距离更长，但也使整个网络更短（通俗解释就是当角度小了的时候还不如直接去批发市场买）。因此网络总长度也参与网络布局的控制。为了确保生产者到消费者的路线最短。又引入重叠范围OV（Overlap Range）、连续性Cn和闭合度Cr等参数。

$$\mathrm{Cn} = \frac{\text{连接数量}}{\text{可能的最大连接数量}} = \frac{L}{3(V-2)}$$

$$\mathrm{Cr} = \frac{\text{环路数量}}{\text{可能的最大环路数量}} = \frac{L-V+1}{2V-5}$$

其中*L*是拓扑连接数量，*V*是节点数量。

由此销售路径所产生的网络边缘将成为城市主要的循环路径，并需要支持城市公共内容，包括社会功能（零售、娱乐、机构和工作区），交通运输和娱乐/集会（城市广场和绿地）。

通过拓扑分析，确保每个节点高度连接，并可以服务于更大的交通量，使其他社会功能有更强的吸引。

至此，得到了如下的控制参数和描述参数：

（*F*）友好系数——0～1，控制建筑间的关系，也因此而决定了集群大小；

（A）场地尺寸——1km$^2$，为了将模拟区域内的建筑和生产用地限制在步行可达的范围内；

（V）垂直增长临界值——8（0～8）周围有8个建筑时引发垂直增长；

（PI）生产强度——1人=100m$^2$；

（QW）居住尺寸——72m$^2$=259人；

（*D*）密度；

（*H*）楼层高度；

（OSR）开放空间比率——未建设地面面积与已建成总面积的比值；

（*F*）频率——场地中建筑的分布；

（OV）重叠率——0～100%；

（Cn）连接度——0～1 衡量所有节点链接的程度；

（Cr）闭合度——0～1 网络中出现的环；

（*N*）网络总长度——单位是m。

其中密度（*D*）和友好系数（*F*）有制衡关系。当密度高而友好系数低的时候，居住区组团将有许多开放空间，其中的生产性功能将被聚集形成高强度的生产单元。从而导致生产力梯度（Productivity Gradient）的不平均分布。他们认为一个生产强度更为经济的分布方式是：$D$=140时，$F>0.45$；$D$=220时，$F>0.85$；$D$=280时，$F>0.95$。由于研究的核心是生产与消费的布局方式及其网络关系，为方便后文的分析，取参数$D$=220，$F$=0.95，d=30°，OV= 0.7。

2. 空间探讨

该研究从生产性网络（Productive Network）、生产性社区（Productive Blocks）、生产性类型学（Productive Typologies）三个方面入手，将数据转化为空间，对空间形式进行了探讨。

（1）生产性网络

根据空间节点数量和拓扑连接数量的多少对节点空间进行深化设计。节点空间由开放和封闭空间组成，将开放空间进一步细分为流通空间、生产空间、户外吃/喝空间和未编程的开放空间。将封闭空间划分为市场/超市、食物基础设施、社会/混合/半公共空间和半私密空间。节点连接数目不同，其占地大小和细分的功能的面积大小均有所不同（图5-61）。

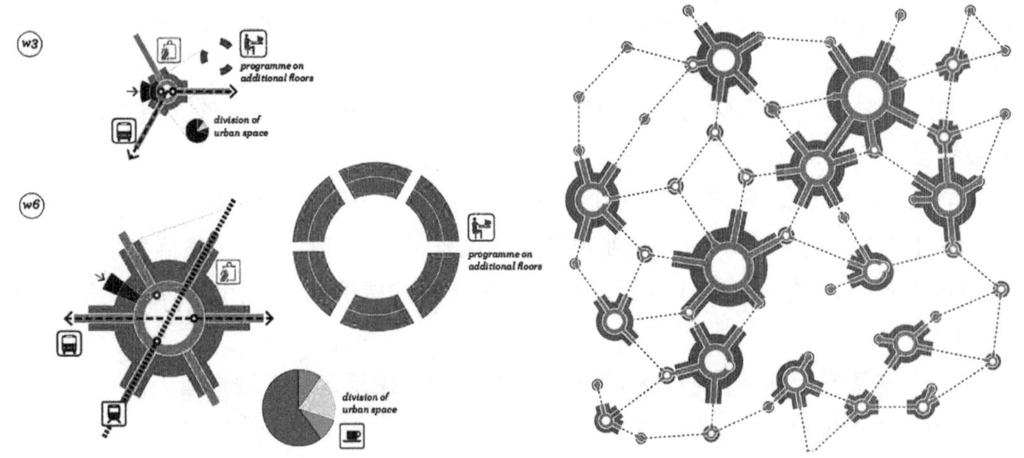


图 5-61 公共程序类型和面积都按照节点连接数分配

借助空间句法工具对连接度进行分析，并将每个道路空间划分为：公共/私人过渡、人行道、基础设施（包括传统的和食用）和运输/换乘四个区域。对四种区域分别进行设计探讨，并结合连接度的值，对低、中、高三种连接度的道路空间进行划分。

高集成度的路径作为市场街道或者社区零售的核心，低集成度的街道作为住宅街道，其宽度和相应整合的配备功能都各不相同，由此形成的街道层次更加鲜明（图5-62）。

与此同时，路径和节点处的建筑形态与开放空间形态也相应发生改变，产生连续的街道，并由此得到生产性网络（图5-63）。

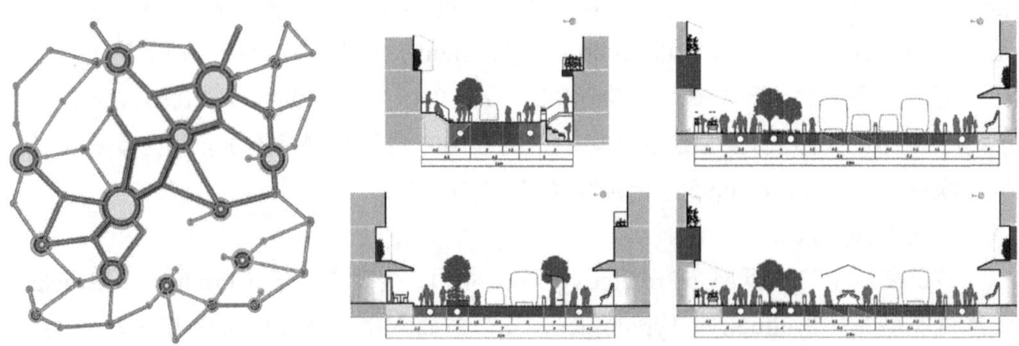

图 5-62 高度整合的道路空间

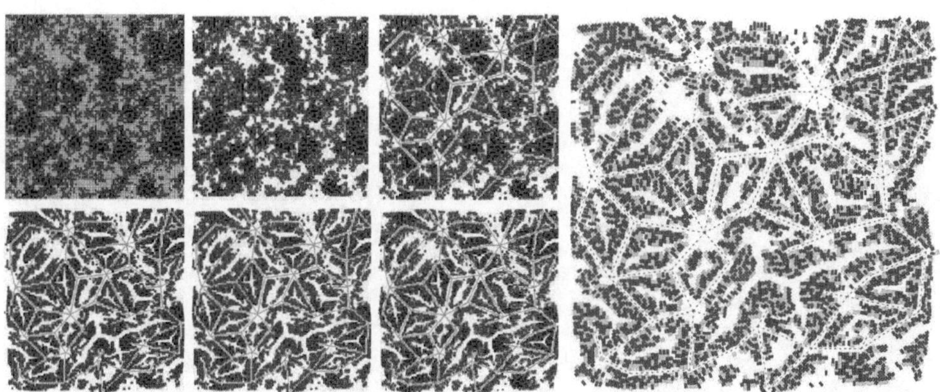

图 5-63　空间调整以生成生产性网络

图 5-64　生产性网络方法应用

研究者随后将该“生产性网络”设计方法应用于其他地段（图5-64）。

（2）生产性社区

纽约城典型社区的地块是270m×80m。其建筑面宽窄进深大，这是市场运作的结果，却牺牲了内部空间。生产性城市社区要打破这样的布局方式。其地块面积是2~3个纽约典型地块，建筑依然临近街道，却将开放空间最大化（图5-65、图5-66）。具有如下特征：

- 社区的大小/面积基于节点的数目；
- 每个社区都包含集中的生产区（Productive Commons）；
- 建筑集群包括住宅和温室；
- 这些社区的聚集产生了城市走廊；
- 混合社会功能，形成高度关联且高度社会化的城市肌理。

通过建筑将一个农业公共区与市区循环走廊相隔离，因此出现了空间体验三个

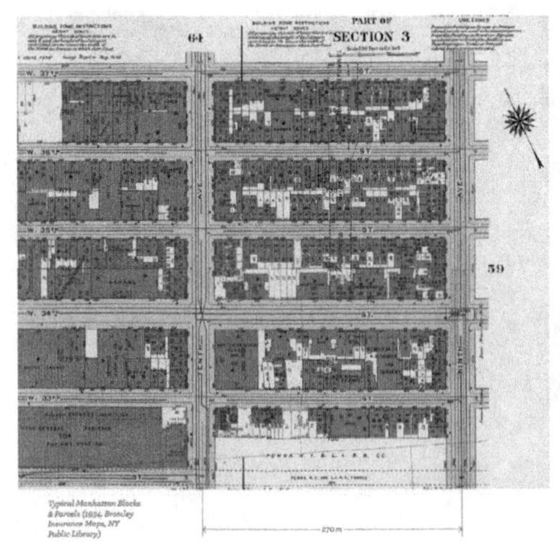


图 5-65　纽约典型社区

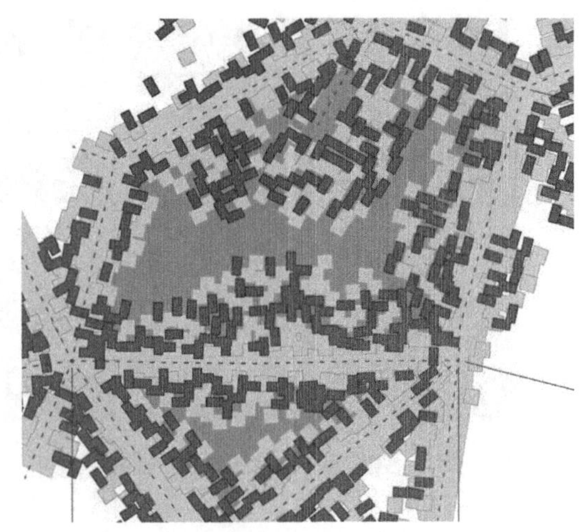

图 5-66　生产性社区

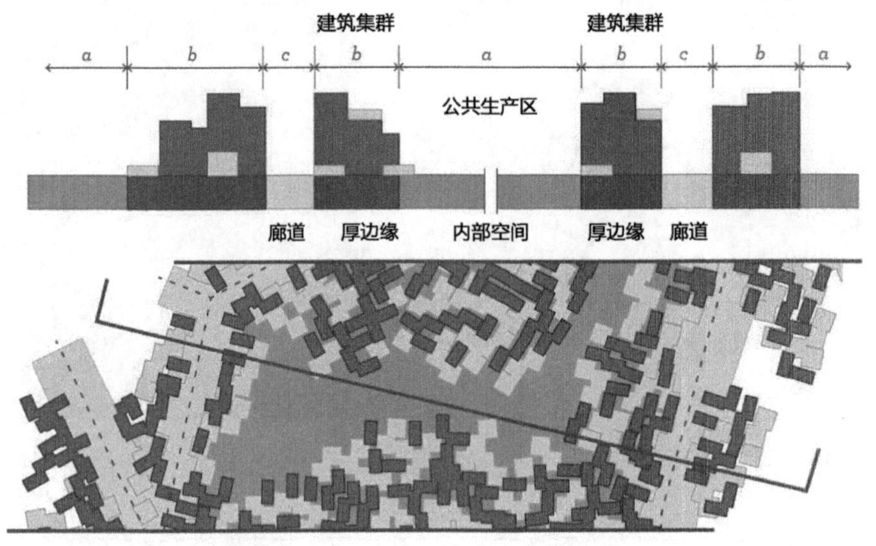


图 5-67　社区的 3 个空间层次

层次——边缘周围的城市走廊，住宅、温室和公共混合空间的渗透区，在内部共有的生产性区域（图5-67）。

社区是由边缘闭合的环路围合成的。这个环路由重叠参数（OV）控制，高的OV说明各环高度关联，导致死角更少但也将地块切割得更小。样本研究采用的OV值是0.7，相对平衡。在闭合环路确定后，社区多边形的边数决定了该社区建筑和开放空间的特性。在该系统中，边数多的社区面积也大，生产的面积也相应增加。这表明，较大的块将更适于用作商业农场。此外，大边缘可能需要交叉口和次要道路网络，为社会活动提供更多的选择。

为了避免公共开放空间被建筑和街道隔离成孤岛，研究尝试将开放空间连接成一个新的城市网络。将公园和休闲项目放入生产公地内，并基于社区的大小和居民的数量将公园进行重新分配。将公共空地的质心作为中心节点，下一个休闲节点被控制在距离它步行3分钟的范围内。将这些休闲节点通过新路径与主路径连接起来，从而使每个社区内部的共享绿地相连，产生只用于步行和自行车行的新的循环网络（图5-68）。

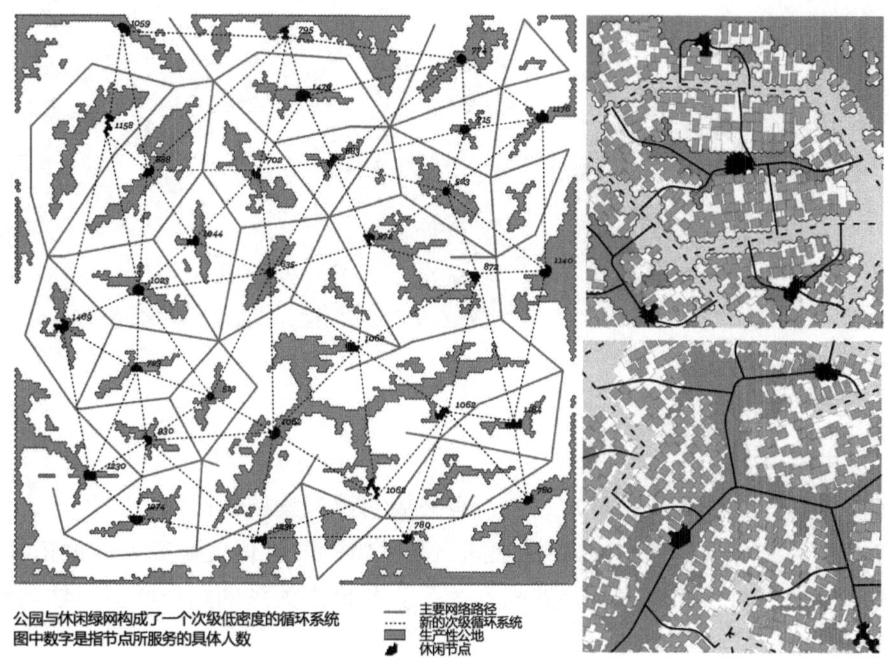


图 5-68　连接社区内部的共享绿地[1]

在平面布局确定后，为了更好地利用太阳进行生产，研究引入建筑高度新算法。根据当地气候和相应的太阳高度，改变接近于公共生产区的建筑的高度，使屋顶空间如同梯田一般。此算法进一步地区分了生产地块内部和外部的空间特征（图5-69）。

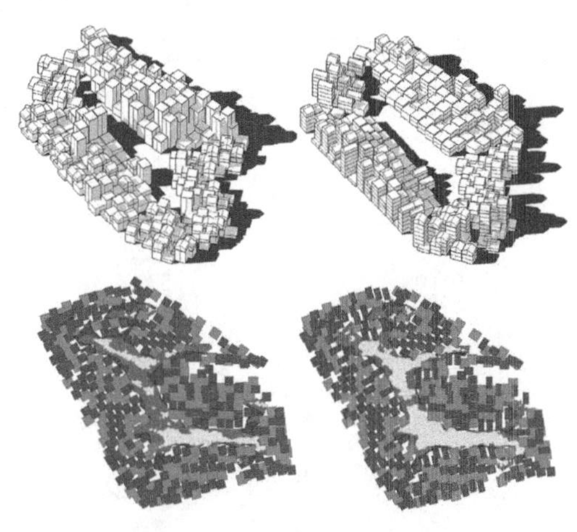

图 5-69　建筑高度调整前及建筑高度调整后

日照分析显示，空间调整后，生产性公共空间获得了更好地日照条件。结合日照分析的结果和植物特性，进行种植分区：1区—充满阳光（8个小时），种西红柿，辣椒和大部分蔬菜；2区—部分太阳（6～8小时）种植根茎类蔬

[1] Borowski D, Poulimeni N, Janssen J. Edible Infrastructures: Emergent Organizational Patterns for the Productive City [D]. London: Architectural Association School of Architecture, 2012.; http://edibleinfrastructures.blogspot.co.uk/.

菜；3区—部分遮阴（3～6小时）种植绿叶蔬菜。此外，面积更小的区域，由于接收阳光更少，更适合于根类蔬菜和绿叶蔬菜（图5-70）。

**图 5-70　生产性社区内部**

（3）生产类型学

在探讨完开放空间的处理方式后，有必要对建筑集群进行深入探讨。这个集群包括住宅、温室和公共/私人的混合空间，其独特的配置促使研究者通过拓扑分析，探讨相邻的住宅单元和生产单元的相互关系。并借由关系的拓扑类型对住宅和温室进行进一步地组织。

将住宅单元之间的拓扑关系转化为建筑类型——直链代表可以直接进入，圈代表四合院式，双链表示内部走廊。生产单位基于规模、拓扑关系和与网络的邻接程度，可以是公开的、社区的（半私人）或私有的。而住宅单元与生产单元之间，在平面上可以并置、嵌入，也可以包围和被包围。在剖面中，也存在不同类型的垂直关系，形成新的公共空间和高大的公共/半公共中庭般的温室单元（图5-71）。

将此方法应用于两个不同密度的样本。1个是类似于布鲁克林的中等密度

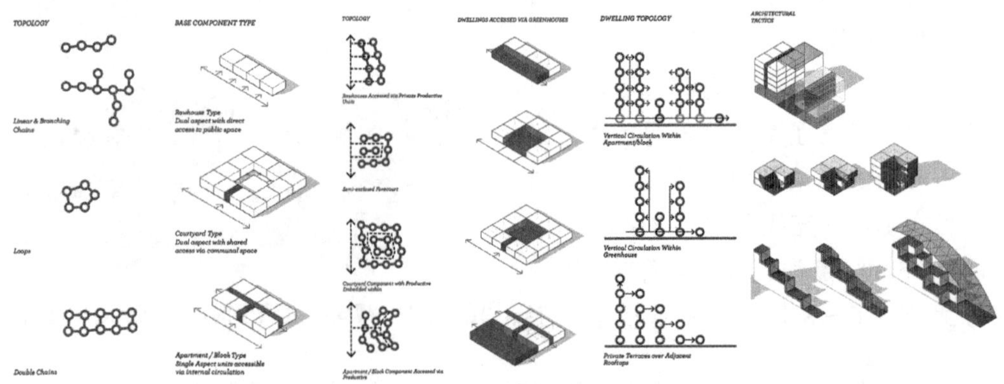


**图 5-71　住宅集群拓扑转化为熟悉的建筑类型**

（491ppl/ha），1个是类似于曼哈顿的高密度（1023ppl/ha）。研究首先识别建筑单元，规定拓扑类型。之后将温室按其规模、与居住建筑的关系、与主要道路的接近程度进行分析。识别公共的和商业的温室。将公共可达的空间置入，并解决垂直方向的循环。最后处理外表面（包括生产性表面和大规模温室）（图5-72、图5-73）。

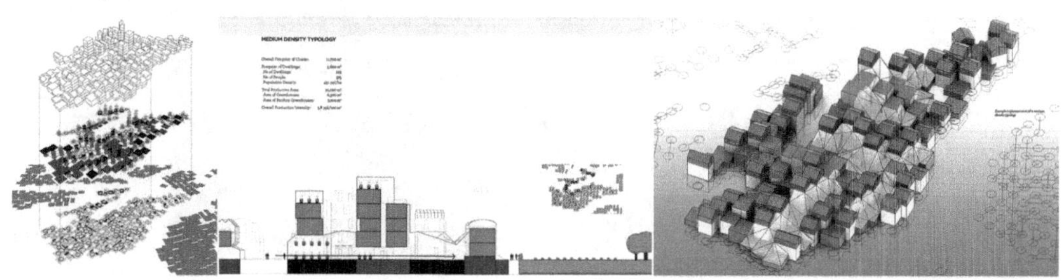


图 5-72　中等密度生产性类型学的应用

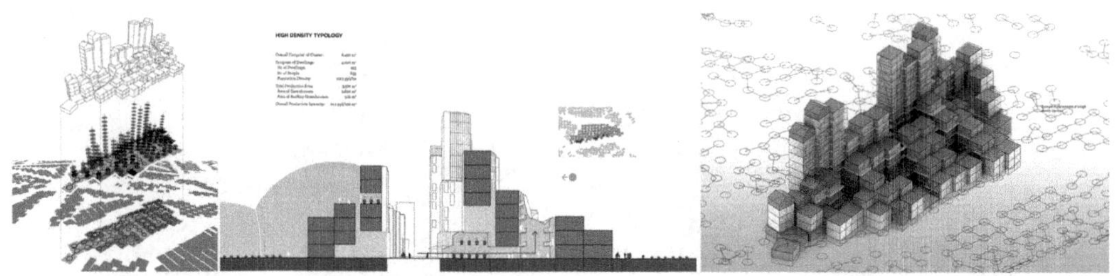


图 5-73　高等密度生产性类型学的应用

3. 生产性城市案例设计

在确定了网络、开放空间、建筑三个主要要素之后，研究用两个案例进行测试，以评估该方法应对真实场地的性能。第一个测试案例是探索如何将该方法应用于一个现有的城市结构中，第二个是探讨如何建立一个新的城市。

（1）纽约布鲁克林军港（Brooklyn Navy Yard）

场地面积4公顷（83英亩），交通便利。研究首先确定现有场地的基本参数，如建筑密度、容积率、开放空间率等。用$D$=200ppl/ha（该地区的平均值）进行仿真模拟，对肌理进行了评价，评价其产生大规模（>1公顷）商业农场且保持连续的城市结构的能力。最终选定参数$D$ =200，$F$ =0.90（图5-74）。

集群检测，鉴定>1公顷的连续生产性地块，放置批发节点。零售节点基于最大步行距离（$W$）而分布于整个住宅群内，与批发节点一起形成整个分销网络。测试几个不同的迂回角度，最后选定40deg以平衡低行程时间和低整体网络成本。每一个单独的分布网络与外部网络有30%的重叠，以利于连接到离他们最近的零售节点，形成一个连续的城市结构。在网络确定后，建筑形态根据城市走廊和生产性公共网络路径进行调整（图5-75）。

由此产生的街坊为6164人，拥有2380个住宅、18.57公顷的生产区、市场街和零

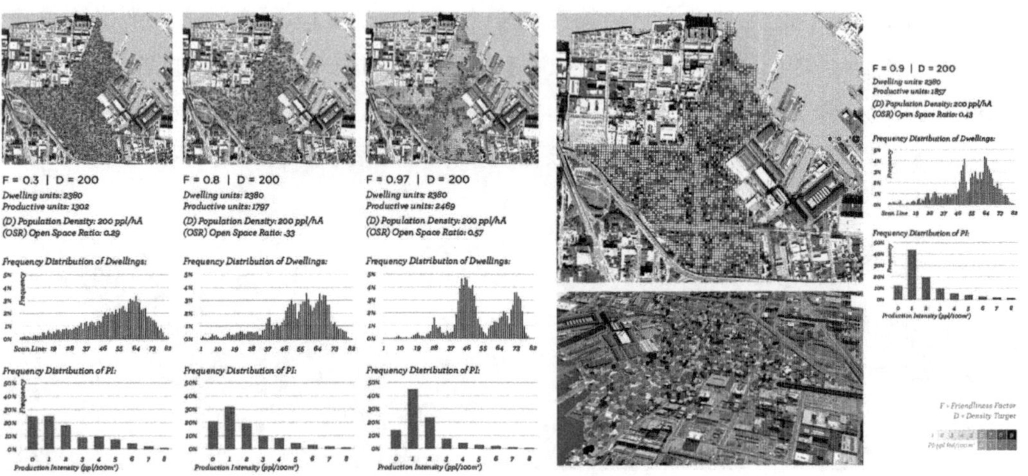


图 5-74　对场地模拟分析确定相关参数

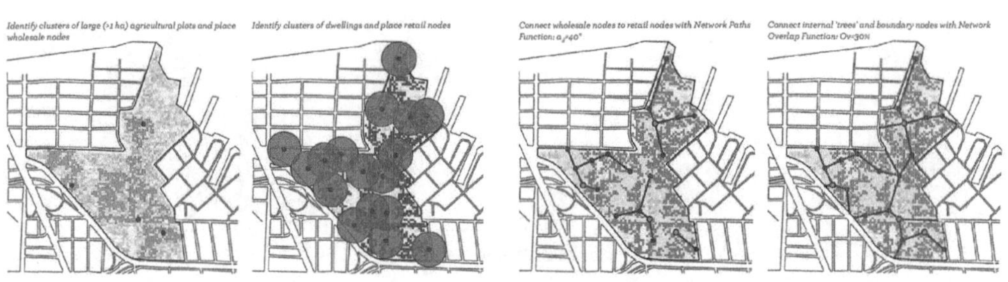


图 5-75　放置批发和零售节点，产生粮食分配和社会运动的网络

图 5-76　生产的社区

售走廊。其中心的城市农业可以提供农业教育和培训（图5-76）。

（2）瑞典斯德哥尔摩Kungsängen

他们提出要在Kungsängen附近的农业半岛上，构建一个15万人的新城市。为斯德哥尔摩和气候难民创造一个新的生产性城市原型。选择的场地是9平方公里，北边有通勤铁路线/站和现有城镇（吸引），东为海滨（吸引），而南部和西部主要是繁茂的树木（受保护）。

模拟仿真。先确定最先开发的1平方公里场地，再逐渐向外拓展。每个场地被赋予不同的密度（$D$）和友好系数（$F$）值，产生不同的空间特征，供居民在全市范围内选择。

网络。由于场地将作为斯德哥尔摩的卫星城市，通勤链接成为网络中最重要的部分。因此，一旦批发和零售节点的位置确定，中转的主要交通也将确定——在距离附近的批发节点400m（5分钟步行路程）的范围处，设置连接场地的通勤列车车站；如果在范围之内，则合并批发节点与车站。随后将所有节点联系在一起，分析节点和路径，对其进行排序，配置相应的公共区域（图5-77）。

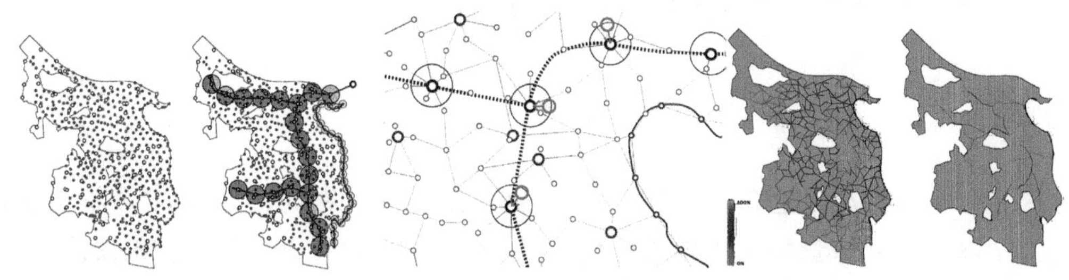

**图 5-77　批发和零售节点位置确定，生成分配网络，路径整合分析以及节点的排名**

生产性社区。不同地块的肌理由不同的密度和友好系数组合产生。也由此产生了不同的空间特征。由于场地的自然特征，允许地块内的娱乐节点与森林保护区和公共滨水区相连接，形成一个更大的休闲网络。

由气候形成的生产性类型。由于场地气候寒冷，植物生长期较短，因此将建筑中的种植模块都作为温室，甚至将中间的公共种植空间作为大型温室（图5-78）。

尽管这里只涉及了农业生产和空间生产，没有考虑能源等其他资源。但这个案

**图 5-78　生产性公共空间网络与温室类型**

例，是所有城市生产性设计案例中最为成功的。不只是因为他们做出了生产性社区、提出了生产性网络与类型，给出了生产性城市的空间形态，在一定程度上解答了“生产性城市到底是什么样子”的研究问题。最重要的是，该设计研究过程传达出一个理念——生产性城市不应当是一个具体的固定的空间形态。它应该画成什么样的平面图形或3D模型根本就不重要。它应当是在一整套逻辑体系下，一步步生成的东西。它最后的形态在很大程度上可以是随机的。只要满足了一些控制条件、规则、原则，就可以了。

此外，该方案中空间格局变化的出发点是使街区中心产生公共空间。这是现有街区空间（纽约）反思的结果，在最大化种植效率，食物购买最便捷等原则的控制下生成最后的空间形式。也就是说，整个推演的逻辑和控制方法，是这个研究的核心，也是生产性城市研究过程中应当学习和应用的。

## 小结

由于目前生产性建筑、生产性开放空间、生产性社区和生产性城市不存在实际案例，本章采用大量举例的方式，对生产性建筑和生产性开放空间中的生产位置、生产方式和设计方法进行归纳汇总，用个体的叠加勾勒出一个整体印象，以期同时解答何为“生产性建筑/开放空间”以及如何实现的问题。之后选取了两个设计案例，详细论述了其在构建生产性社区和生产性城市时的设计步骤与思路，两个方案均逻辑清晰，对生产性城市的进一步研究具有启发意义。

# 第六章　生产性城市的实施

## 第一节　生产性城市实施的整体策略

### 一、对资源的需求与生产潜力进行评估、分析与预测

列出该城市现有的农业食用、能源使用、制造原材消耗等资源消费的详细清单，并通过情景分析预测未来资源需求量；对可再生能源（太阳能、风能、生物质能等）进行评估，对现技术水平下的农业生产率、能源转化利用率、废弃物产生量与再利用率、可用土地资源等进行统计，得出目前水平下的资源生产量；综合考虑所有的可用空间和潜在的资源生产方式，通过情景分析预测资源生产量。通过对资源的评估预测与分析，能够对城市基本情况更加了解，发现资源消费问题的症结，也为后续具体策略的制定提供明确的基础。

### 二、突破思维桎梏，制定本地生产消费的策略清单

因地制宜制定明确有效的实施计划与方案，确定支撑整个生产性城市所有资源循环的城市结构、空间布局、交通模式与生产方式。结合资源使用情况，探讨如何剔除阻碍生产性城市实施的屏障，改变资源消费型城市形成的原因；结合资源分析预测情况，详细论述多种资源具体的本地生产消费策略，得出可实施的策略清单；对整个城市的新建或改造步骤详细探讨，对如何评估、监管、反馈、改进每一步骤的实施情况进行设定。

### 三、拆解策略清单，设定阶段性目标与计划

鉴于土地资源的珍贵性，尽管生产性城市的远期目标（生产的资源多于消耗的资源）更易在新建城市中实现，但遗弃现有的城市另建新城的做法不符合保护资源的初衷。故对现有城市的逐步改造成为实现生产性城市的必经途径。在最初阶段可以将策略进行拆解，在每段时期（如5年）完成20%的目标（如减少20%的能耗，增加20%的城市农业生产，将20%的屋顶改造为屋顶农园等），逐步做到100%。

## 四、建立多资源统筹多专业协作的新设计方法与管理模式

应对全新的城市结构、生产方式与资源组织模式，必须建立新的设计方法、规划体系、管理结构与实施方法。如上文分析，资源本身是一个整体，“分开解决单个问题只能使人类陷入一个更大的环境破坏的恶性循环中去”[1]。生产性城市从一开始就要打破部门与专业的界限，或集中办公或以协同工作平台为依托，实时交互，信息共享，把多种资源的相关规划整合为一个文件，让相关人员都参与决策与执行中。此外，由于对各类资源的组织是空间发挥生产力的重要途径，必须统筹多种“资源流”，建立整体的评价标准，制定整体的策略与实施方案，以求全面解决问题。

## 五、通过 GIS 系统与模拟分析，优化资源与场地的双向匹配

利用所有可能的空间进行生产是生产性城市的理想模式。但考虑到造价、资源产量、技术成熟度与生产运营的便捷程度，仍需根据资源特性优选适宜空间。例如，太阳能常基于辐射量分析的结果进行布局；制造品可根据产品的需求程度、生产方式与所需空间（3D打印不需大厂房）的不同进行分布。因此，在实施之初需针对每一种资源建立场地优选评价体系。

当某一空间适合于多种资源生产，通常可基于场地的日照、阴影、地表、交通、其他资源的基础设施等情况来确定它将进行哪一类资源的生产。以屋顶为例，由于屋顶同时适合能源与农业资源的生产，而能源对太阳辐射的要求更高，其生产场所也不要求与城市绿网进行连接。因此，坡屋顶、不上人屋顶、太阳能辐射最高处、无阴影遮挡处、屋顶荷载较低处、建筑年份较长、质量不佳者或工厂等有污染环境的建筑屋顶，以能源生产为主；而可上人平屋顶、太阳能辐射较低处，荷载较高且相关配套设施（如水资源的可达性）齐全处以光伏温室种植优先；可上人的大型公共建筑屋顶太阳则以农业生产结合餐厅等公共空间为主。这些内容也将反映于GIS系统之中，并最终获取资源与空间的双相匹配地图。

## 六、建立一致认可的生产性城市评价标准

为生产性城市建立如LEED绿色建筑、LEED-ND生态社区一般的评价标准，并形成广泛一致意见。该评价体系包括城市各类资源的生产与消耗情况，整体资源的循环组织情况等。借鉴评价标准编制规范，将评级体系的底线作为项目审批的硬性要求，使生产性建筑、生产性交通和基础设施等都能达到标准；对在某些标准（如

---

[1] [美]理查德·瑞吉斯特. 生态城市——重建与自然平衡的人居环境（修订版）[M]. 王如松，译. 北京：社科文献出版社，2010: 17.

资源生产增加量或资源消耗减少量）上表现突出的项目，给予优先和优惠；对城市进行星级评估与数据追踪，为其他城市的建设提供参考和借鉴。

## 七、通过经济手段进行引导和驱动

运用多种类型的经济手段，如征税和罚款（污染税、碳税、能源税、烟尘排放税、针对交通的拥堵税、“针对货物和服务的物化能源税”❶、针对废弃物的填埋税等），减免税费（对生产性基础设施的安装减免费用或提供无息贷款），补贴奖励（针对非机动交通的经济补贴、为废弃物再利用提供的补贴，以及为可再生资源的主动产消者提供的补贴与优惠），定价（将其隐藏成本变得清晰可见：在远途运输的原料、食品及货物的售价中包含环境污染成本以及“人类健康所付出的代价、温室气体引起的气候变化的代价、石油脆弱性的代价以及后续的对外政策的代价”❷，在汽车的售价中包含能耗、污染、土地占用、交通堵塞的成本等。）这些经济手段需综合应用，形成体系，如将征收的税费用于生产性绿色基础设施的建设或作为奖励补贴的资金。

## 八、通过政策手段进行引导和控制

运用多种政策手段，如立法（如可再生能源法、购电法、都市农业法等），制定标准（如“允许太阳能温室超出红线”❸、将“区级供应站结合小型热电站的模式作为设计标准”❹等），强制执行（如强制安装pv或太阳能热水系统、强制所有建筑达到绿色建筑或被动式房屋标准、强制撤销停车位等），优惠政策（如给无车的人优惠，“租赁房屋时通过签订无车合同来获得住所”❺；给就近工作的人优惠，“当应聘的人条件差不多时，聘用住房离工作场所最近的人”❻）等。还可将政策和经济手段结合，如“德国‘电网回购’的政策，以常规发电电力价格4倍的价格将电力卖给电网”❼。市场/经济是城市发展的驱动力，而政策给出了发展的框架，这两者结合是引导和保障策略顺利实施最为有效的武器。

---

❶ [加]Rodney R.White. 生态城市的规划与建设[M]. 沈清基，吴斐琼，译. 上海：同济大学出版社，2009: 143.

❷ [澳]彼得·纽曼，等. 弹性城市——应对石油紧缺与气候变化[M]. 王量量，等，译. 北京：中国建筑工业出版社，2012: 145.

❸ 焦舰. 国内外生态城（镇）比较与分析[M]. 北京：中国建筑工业出版社，2013: 18.

❹ [澳]彼得·纽曼，等. 弹性城市——应对石油紧缺与气候变化[M]. 王量量，等，译. 北京：中国建筑工业出版社，2012: 81.

❺ [美]理查德·瑞吉斯特. 生态城市——重建与自然平衡的人居环境（修订版）[M]. 王如松，译. 北京：社科文献出版社，2010: 203.

❻ [美]理查德·瑞吉斯特. 生态城市——重建与自然平衡的人居环境（修订版）[M]. 王如松，译. 北京：社科文献出版社，2010: 200.

❼ [英]吉拉尔德特. 城市·人·星球：城市发展与气候变化（第二版）[M]. 薛彩荣，译. 北京：电子工业出版社，2011: 186.

## 九、通过教育和示范项目，引导生活方式的改变

生产性城市作为新的城市发展模式，需要“建立一个与之相匹敌的文明基础设施”[1]，生产性城市中的产消者也需建立与之相匹敌的新的生活方式。对于分布式的本地生产，居民的参与度和支持力度决定了生产的成效，没有公众全面参与，任何策略都不可能真正实现。

要让居民清楚了解自己的资源消耗水平。尽管很多信息并被隐藏，居民仍有知情权。比如食物里程，很多人都没有意识到食物的远途运输会给环境带来破坏，那么就需要在被购买的食物上标注该食物所经历的运输里程、其背后所消耗的石油量以及相应造成的污染等，当居民知道这些隐藏的信息后或许会有所改变。还可通过信息系统监测用户对能源的使用情况并得出他的某种做法排放了多少废物。如开了多少里程的车，排放了多少有害气体，导致PM2.5升高了多少；又如“库里蒂巴的公共展示牌标明了市民通过回收木材和纸张节约的树木的数量，鼓励人们参与回收计划；也用展示牌来标明在什么时候达到了危险级别”[2]。

让居民达成共识。在社区、公园、广场进行针对大众的宣传活动，科普生产性城市的理念，培训农业种植、可再生能源生产、废弃物再利用所需的技能，在学校教授相关课程、培训新的产业工人、教育和培训城市发展决策者。

建立示范项目，让居民看到成功的实例，采用让居民认可的技术。“简·舍勒（Jan Scheurer）测评了一定范围内的欧洲城市生态更新技术，他发现只有那些来自于社会并且服务于社会的技术革新更容易持续下去并成为当地居民生活的一部分。然而设计师的革新设计是强加给居住者的，没有参与感也没有相应的教育，往往被居民忽略，甚至直接被丢掉了。我们需要在整个转变过程中更加关注社区及其居民。”[3]

## 十、推进本土化的同时注重全球化

生产性城市是本地化的，但本地化并不排斥全球化；生产性城市是强调农业生产和农业景观，提倡熟人社区，但不代表会回到乡村模式；生产性城市可以最大限度地自给自足，但并不意味着封闭。“人们还是需要全球经济和文化活动，也需要全球协作治理。”[4]留学、旅游、全球展览、会议、电影、奥运、球赛……所有的全球功

---

[1] [美]理查德·瑞吉斯特. 生态城市——重建与自然平衡的人居环境（修订版）[M]. 王如松，译. 北京：社科文献出版社，2010: 327.

[2] [英]吉拉尔德特. 城市·人·星球：城市发展与气候变化（第二版）[M]. 薛彩荣，译. 北京：电子工业出版社，2011: 262.

[3] [澳]彼得·纽曼，等. 弹性城市——应对石油紧缺与气候变化[M]. 王量量，等，译. 北京：中国建筑工业出版社，2012: 94.

[4] [澳]彼得·纽曼，等. 弹性城市——应对石油紧缺与气候变化[M]. 王量量，等，译. 北京：中国建筑工业出版社，2012: 157.

能都照常进行；依赖于信息化的建造方式与传播方式，本地企业依然可以做大做强（在各地建立分部），本地创意依然可全球共享。

生产性城市是环境学家David Brower 提出“国际化的思考，本土化的行动”[1]的写照。时代的变化使得越来越多的科研成果不再只属于某个个人，而成为多个团队协作的共同成果。人类基因组破解这样浩大的工程，证实了知识共享、集思广益、全球协作的力量，打破了“少数人控制的封闭的知识产权”[2]的阻碍。像3D打印一样既是本地的又是全球的生产方式，在生产性城市中成为主流。这是简·雅各布斯描述的以“产业、文化产品为主要动力的交流活动最大化和交通流量最小化的创新目标”[3]的实现途径。思想的开放性与物质的本地化非但不矛盾，还须建立在更发达的全球化的基础之上，方能实现。

# 第二节　生产性城市的设计步骤

对于新建城市和旧城改造是有不同的设计步骤的。

## 一、新建城市的设计步骤

步骤1：确定人口规模等基本的控制指标，参考现有生态城市案例和新建城市案例，对比选取最适宜的人口规模。

步骤2：由于我们期望生产性城市具有普适性，因此对于场地位置没有特殊要求，只要求不可占用耕地和生态用地，但对于城市尺度，仍需在大量案例分析的基础上确定。

步骤3：大量的现状研究基础工作。

- 对所选场地的基础资料分析，对场地资源生产能力进行评估；
- 对现有同等规模城市进行数据分析；
- 了解现有资源生产技术水平，对未来发展情况进行预测；
- 分析各种物质的使用时间与消耗量；
- 研究每一种资源从提取→转化为原材料→生产加工→消费→废弃物排放的整个循环过程。

❶ [美] 道格拉斯·法尔. 可持续城市化——城市设计结合自然[M]. 黄靖，译. 北京：中国建筑工业出版社，2012: 43.

❷ [美]杰里米·里夫金. 零边际成本社会[M]. 迪赛研究院专家组，译. 北京：中信出版社，2014: 185.

❸ [美]理查德·瑞吉斯特. 生态城市——重建与自然平衡的人居环境（修订版）[M]. 王如松，译. 北京：社科文献出版社，2010: 324.

步骤4：确定策略目标。

根据当地具体条件，确定不同资源的自给程度（如食物是100%自给还是城市生产70%农村生产30%）。

步骤5：在此之后有针对性地对所选区域的资源生产能力进行评估。

涉及空间自然资源储量，周围生态条件、交通条件、文化历史、气候、土壤质量、雨量、太阳辐射强度与时长等。若所选区域生产能力过低，在此进行生产所造成的浪费大于所节约的资源，需放弃生产，考虑最为便捷有效的资源输入方式，并在输出位置加大该资源的产量（参考“城际互补”特征）。

步骤6：建立专门的机构（政治、经济、科研团体）。

一是解决资金问题，启动预算策略；二是整合多专业多部分，以利于资源的整合；三是确定主要的利益相关者并促进合作与对话；四是考虑存在的政策障碍，制定相关政策条例和审批规程。

步骤7：需求分析。

① 计算能源、食物、水、日常用品、基础设施的实际消耗量/需求量；

② 计算过程中浪费掉的能耗、食品、水、废弃物（如制冷、淋浴中散发出来的热量）；

③ 统计各类别中较大的消费排放主体及其空间布局，结合未来人口和城镇化情况进行调整。

具体一种资源而言：

- 食物：参考统计年鉴，并按照营养成分类别确定所需食物类别。参照统计资料得出每人每天的食用标准，从而计算出总人口所需。依据当地的产量标准得出所需耕地面积；按标准能耗和水消耗得出所需的能源量和用水量。
- 能源：按照不同部门对现有的能源消耗情况分别做出统计，需注意的是生产性城市中的“生产”已发生了变化，如工业制造增多，农业生产增多，因此，相关能耗除了参考统计资料，还需在其他生产部门产量确定之后进一步确定。
- 水：水资源的消耗量也是分为两个部分，一是日常生活用水，可依据统计年鉴中的人均消耗量×人数来获得，另一部分是生产用水，需在产量确定之后依据统计数据均值得出需水量。
- 日常用品：参考同规模城市的统计年鉴，确定不同类别的产品购买量，同时得出消耗最多的产品；统计不同产品的使用时长，得出有可能共享的物品；由同规模城市的垃圾数量预估废弃物数量。

步骤8：结合需求量和目标创建详细的任务书。

确定生产的资源种类，该过程中必须注意与当地需求结合，与当地生态条件结合，各资源之间密切整合，结合实际需求选取生态种植的种类。

步骤9：确定城市分布式布局的尺度和布局方式，确定分布式单元的额尺度以及各单元间的连接方式，细化各单元的控制指标。

步骤10：用参数化控制的方式形成新的城市肌理。

步骤11：确定生产地点和方法。

① 分析能源流、食物流、加工制造流、服务与制造链接、人员流动、废弃物流，确定主要链接关系并与主要消费者的空间布局对应。

② 计算分布式能源微网供应范围及空间布局，确定主要的生产性建筑布局。

③ 根据“流”和整体布局，重新整合功能；运用生产性城市重构操作手法，结合空间生产，布局能源生产、粮食生产、产品生产与服务系统。

④ 尽可能地创造新形式，其次是采用复合和整合的方式进行生产，以实现资源生产的最大化。

具体而言：

- 农业：基于不同作物的特性和不同生产方式所需要的空间、支撑条件、消耗的其他资源量，基于日照、阴影、地表情况、周围交通、水资源、荷载情况等进行选择；
- 水：屋顶、街道径流、人工湿地；
- 能源：基于辐射量分析的结构和不同技术能源选择不同存在效率差异；
- 制造品：根据生产内容、产品大小、需求程度、日购买量、生产方式、所需空间，在不同层级上分布；
- 废弃物回收：按回收物品的不同、服务层级不同确定分布网点。

步骤12：设计并布置生产性基础设施系统，整体的智能管理控制系统。

- 农业：因温室、覆土、水培等种植方式不同而需不同的基础设施，但都离不开生产工具、加工工具、存储空间、灌溉设施和肥料处理设施，考虑到食品商品生产和销售等过程还需有其他支撑系统；
- 能源：先确定分布式系统如何布网、循环，之后确定太阳能采光板、风能发电装置、太阳能集热器、地热收集装置、废热收集转化装置、电力和热能存储装置、沼气生产装置、其他生物质能生产装置，配置相关管线、控制系统、转换器、气象信息采集预测装置、用户端智能管理系统以及与交通系统相配合的错时充电存储-回流放电系统；
- 水：布置屋顶雨水收集设施，农业/生态种植雨水过滤处理，街道径流雨水收集，灰水处理–菜鱼共生处理系统，黑水处理与沼气罐，废水再循环利用系统；
- 废弃物管理：针对不同类型的废弃物设置不同的回收处理再分配系统；
- 制造品：材料获取设施（旧材料再处理与可再生资源生产），制造加工设施，维修设施，共享经济相关设施，产品回收设施等。

步骤13：输入输出分析。

进行整合所有相关资源的整体循环系统分析。

步骤14：智能化管理反馈与调控。

深入分析每一种资源、每一个部分在逐个环节、逐个时间段中的资源消耗与生产量，合理分配。

分析消耗的主导因素，加以引导改变，做出更为合理的使用生产选择。跟踪整个生产消费过程，评估是否符合既定原则与目标，加以反馈和调整。

## 二、城市生产性更新设计步骤

城市生产性更新的设计步骤与新建城市相似，在此只强调有区别之处。

步骤1：确定或根据现有情况预测控制指标。

步骤2：大量的现状研究，基础资料收集，诸如居民人口构成、消费习惯、生活习惯、社区购物、日常行为等，实地分析现有的基础设施。

步骤3：制定目标。

步骤4：评估现有及潜在的资源生产能力。调查现有的空置土地和屋顶，分析其基本条件（日照、交通可达性、水资源可用性、地表特征、荷载等），得出相匹配的资源生产方式。

步骤5：建立专门机构，解决土地租赁问题。

步骤6：需求分析。与新建城市推测数据不同，改造城市可以直接获取本地资源的消耗量，还可以了解居民生产意愿与需求。

步骤7：制定详细的任务书。

步骤8：在现有城市肌理下，合理确定分布式布局尺度以及微网与原有基础设施网络的关系。

步骤9：确定生产方式和生产地点。

需分析现有的资源流，分析现有布局中的资源消耗主体，主要采用附加、并置和复合的方式加入生产性功能。改造过程中考虑对原有环境的影响。

步骤10：设计并布置生产性基础设施。考虑尽可能地利用或改造原有设施，处理新加设施与原有设施的关系。

步骤11：产量计算与整体循环系统分析。

步骤12：配套智能化管理反馈与调控系统。

# 第三节　生产性城市对建筑、规划专业教育的要求

上文已分析，滞后的观念与教育模式，是城市与建筑无法转型的根源。必须将城市与建筑的转型方向作为设计的基本原则，作为未来城市和建筑的核心内容与逻

辑进行教授与培养，才能实现教育转型。也只有实现教育转型，才能真正实现城市与建筑的转型。

① 需从小就培养建筑道德、生态生产意识和敢于突破陈旧思想的思维。在设计中不把城市与建筑作为个人创作的试验品，是一种道德；将生产与生态融入我们生活中的点点滴滴，是一种伦理；不把它们作为附加的技术和推销的广告，是一种职业素养；适应时代需要敢于突破桎梏，是一种精神。而这些都需从小熏陶培养方能建立起来。

② 培养对当下及未来清醒分析的能力。如果以寻找抄袭模仿的对象为目的去观察解读设计作品，仅限于了解“思潮”和“风格”，必定会与新的思想、技术脱节。如果对时代没有清晰的认知，也就无从分析现实的整体环境和使用需求，更无法满足未来的需要。

③ 在教育和实践中调整设计与技术的关系，强调设计专业本身的作用。设计是完整的过程，绝不应在方案基本完成后再对照着标准让设备工程师逐项添加技术，更不应该有几乎没有建筑师的绿色建筑团队。事实上，从最初的场地分析、方案构思，到从生态和资源生产的角度提出设计策略，从而改变形体、功能、空间，到建立新的建筑美学……都应该是建筑师而非技术工程师的职责。建立与之相匹配的新的教育模式与设计方式，成为当务之急。

④ 整合多专业，培养复合型或具备合作学习能力的人才。当今“建筑学教学侧重于‘建筑物’，景观教育侧重于‘开放空间’，规划教育则侧重于‘规范框架’。但我们却无法从单一学科内找到未来的答案”❶，学科发展的复合性与城市发展的整合性都要求未来的城市与建筑设计者不仅需掌握多方面的知识与技能，还应具有与其他学科共同合作学习的能力。

⑤ 将转型方向作为设计的基本原则，建立新的课程体系与培养系统。这不仅需要调整教材（如在城市规划原理等传统课程中加重相关内容），更要在整个课程体系中贯穿生态、生产、分布、整合的理念与方法。不应让它们仅作为选修课或专题设计，而应将它们视为如功能、流线、造型、空间一样的基本设计要素，成为未来设计的基本原则！

❶ [美]约翰·伦德·寇耿，[美]菲利普·恩奎斯特，[美]理查德·若帕波特．城市营造——21世纪城市设计的九项原则[M]．赵瑾，等，译．南京：江苏人民出版社，2013: 240.

# 第七章　走向生产性城市

## 第一节　生产性城市的设计目标

为提高城市综合承载力，生产性城市除了要遵守可持续设计的基本原则，还应实现如下的目标：

（1）资源方面

- 提高城市自给力和弹性，实现城市资源供需平衡；
- 打破资源空间互斥性；
- 加强食品安全性、能源清洁度、水资源安全性、土壤回复力；
- 在保证效能小、耗水少的前提下促使农业产量最大化；
- 空间形式有利于生产的最大化；
- 可再生能源生产最大化；
- 水资源回收利用最大化；
- 废弃物资源回收利用率最大化；
- 提高产品多样性；
- 知识生产最大化；
- 绿色生产，无污染性和有毒性化工；
- 提高不同类型资源间的连接性；
- 提高相同用途资源（如太阳能、分能、生物能、废热）整合度；
- 提高同一资源多用途间的整合度；
- 提高每一个生产过程间的连接性和便捷度；
- 提高产品加工、批发、零售、购买的便捷度；
- 提高产品共享、租用、转卖、回收过程的便捷度；
- 提高回收–再设计–生产过程的便捷度；
- 实现企业对产品全生命周期负责制；
- 将资源作为一个平台，整合物理、生态、社会、经济、文化多方面发展；
- 将开放空间的生产功能和社会交往功能最大化，将无益的仅仅为停车和疏散指标而存在的开放空间赋予生产和社会交往功能；
- 分布式布局与整合重构一体化；

- 建筑形式有利于生产，可以更好地满足使用需求，功能整合，有利于资源有效利用；智能化管理，鼓励建筑和开放空间满足不同需求；
- 散布各种以生产回收再加工为目的的小型生产单元。

（2）生态方面

- 提高生态承载力，降低生态足迹；
- 加强人与生态系统的亲近性；
- 提高生物多样性，采用害虫综合管理；
- 回复土壤肥力和安全性；
- 生产性开放空间相互连通形成网络，并与城市生态廊道相连接；
- 提高水分渗透，有效利用农业生产过程中的二次用水；
- 设置本地保护濒危物种的生态种植区；
- 水源保护，分布式人工湿地与连通的地表径流，改善微气候；
- 生产性网络与城市生态网络相复合；
- 提高应对灾害的能力；
- 清洁空气，减少PM2.5和$CO_2$；
- 生态资源生产最大化，固碳最大化；
- 利用生物降解手段进行废物再生产。

（3）社会方面

- 通过合作生产分享成果，促进交流最大化；
- 共享生产工具；
- 塑造社区，加强本地归属感和认同感；
- 空间容纳社会活动最大化；
- 通过生产活动和与自然的接触，提升心理和生理健康状况；
- 社会空间生产最大化；
- 共享生产经验，提高合作意识和全民意识；
- 生产者和消费之间沟通最大化；
- 个性定制与产品使用评价便捷化；
- 实现文化全球化、资源本地化（全球设计，本地制造）；
- 推动更多的文化交流与人才交流；
- 实现无技术垄断的知识共享社会；
- 保护文化资本，利用本地文化、材料、传统手工艺等设计生产产品，推动本地文化传承与传播；
- 提高应对个性化定制的设计能力；
- 提高应对废弃物的再设计能力，加重技术研发，将分布式的研发嵌入到城市肌理之中，并与教育培训等功能相结合；
- 改变人们的交通方式，倡导无私家车，把交通空间还给人；

- 提高公共交通体系的通达性与便捷性；
- 提供更多的工作岗位；
- 通过教育、培训普及和提升公众对于资源消耗的认识，让儿童亲子种植、加工、生产，培养资源意识。

（4）经济方面

- 不单纯以GDP作为衡量经济的标准；
- 考虑将外部成本融入价格体系；
- 发展本地经济，形成产业健全均衡的经济体力；
- 发展共享经济和循环经济，改变人们消费观念，提倡购买使用权，而非拥有权；
- 工业与服务业密切结合，形成一体；
- 提倡农业资源的生产达到产业化、商业化经营，允许富足资源的出售；
- 促进“全球企业本地生产零售”式经营发展模式；
- 形成一套强有力的资本运营方式；
- 推动产业变革，发展诸如3D打印等新型制造方式的普及。

（5）政策方面

- 形成一整套整合多专业、多资源的管理模式；
- 形成完善的政策框架和规则条例；
- 建立平等的合作对话机制；
- 加强对优秀案例的宣传和普及；
- 提高运营模式的可操作性和可复制性；
- 建立审核和奖励机制；
- 成立社会团体，提供信息和技术服务。

## 第二节 生产性城市实施的可行性

### 一、目标达成的可能性

就能源而言，目前的新能源技术正蓬勃发展，太阳能等可再生能源产量呈指数化增长，相关成本急剧下降。相关产品量和技术普及度都持续增加。

据BP集团统计，2015年可再生能源发电量增长了15.2%，其中太阳能增速高达32.6%。10年前除水电以外的可再生能源占全球发电量比仅为2%，2015年已上升至6.7%，而欧盟高达18.6%。[1]德国全国电力的三分之一来自太阳能、风能和其他可再

[1] BP公司．BP世界能源展望（2016中文版）[R]．London: British Petroleum Company, 2016.

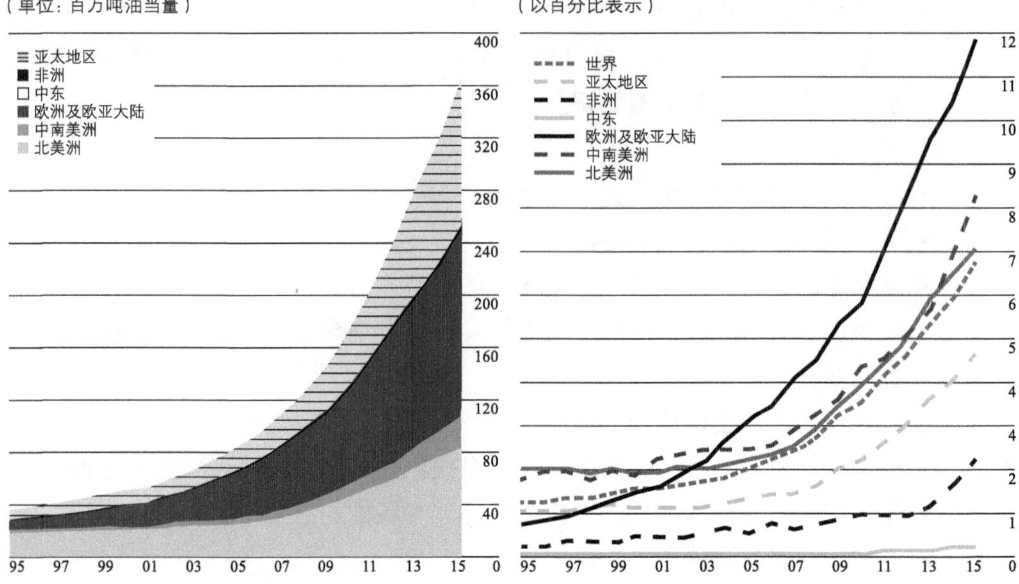


**图 7-1　可再生能源消费量与发电份额** ❶

生资源。其无害资源占全部能耗的比值已经高达78%（图7-1）。❷

在这样迅猛的发展趋势下，“全部使用可再生能源”“去煤炭”“去石油”都已经不再是口号。在全世界范围内已涌现出一批“零能耗城市”“太阳能城市”和“零排放城市”。

以德国维尔德波尔茨里德（Wildpoldsried）为例，由于在过去的17年里，建成并使用4983kWp光伏，5个沼气设施，11个风力涡轮机和水电系统❸，早在2011年，其生产的能源比所需就多出321%❹。如今，每年产生的能量是其所需的5倍，还能通过销售多余的电力获取利润❺（图7-2）。德国弗赖堡的Sonnenschiff太阳能城市通过太阳能与建筑屋顶一体化等手段，实现产生的能量是其所消耗量的4倍。❻荷兰太阳能城市海尔许霍瓦德（Heerhugowaard），作为第一个二氧化碳零排放城市，其屋顶产生的能量可以涵盖其1400家用户所需的全部能量（图7-3）。❼

❶ BP公司，BP世界能源展望（2016中文版），UK London, 2016.

❷ Germany is on track to get a third of its electricity from renewable resources this year [OL]. http://inhabitat.com/german-trains-will-run-on-100-renewable-energy-by-2050/.

❸ http://inhabitat.com/famous-architects-unveil-energy-generating-site-plans-for-the-2017-astana-world-expo/.

❹ German Village Produces 321% More Energy Than It Needs! [OL]. http://inhabitat.com/german-village-produces-321-more-energy-than-it-needs/.

❺ http://inhabitat.com/famous-architects-unveil-energy-generating-site-plans-for-the-2017-astana-world-expo/.

❻ Sonnenschiff: Solar City Produces 4X the Energy it Consumes.

❼ Stad van de Zon, Heerhugowaard, The Netherlands [OL]. http://www.urbangreenbluegrids.com/projects/stad-van-de-zon-heerhugowaard-the-netherlands/.

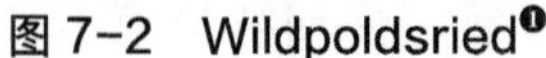
图 7-2 Wildpoldsried[1]

图 7-3 Heerhugowaard[2]

与上述依靠太阳能实现能源自给自足的城市不同，佛蒙特州伯灵顿（Burlington）作为美国第一个100%依靠可再生能源运行的城市，则主要依靠生物能发电——生物能发电（废弃木棍）占43%[3]。事实上，无论其主要采用的是哪一种可再生能源。这些城市的成功至少证明了，100%可再生能源在实践上是完全可行的。

此外，大量的研究也从理论上证实了在城市中实现100%可再生能源自给是完全可行的。如Henrik Lund（2007[4]、2014[5]）及其与Brian Vad Mathiesen进行的相关研究（2009[6]、2011[7][8]、2015[9]），Mason（2010[10]），Steinke（2013[11]），Zervos（2010[12]）和牛津大学（2016[13]）等。

需要强调的是，每个地区的能源消耗量差异很大。同时每个城市太阳能辐射量、日照时长、建筑和开放空间中能源生产可行性等因素均不相同；各地所使用的可再

[1] http://inhabitat.com/german-village-produces-321-more-energy-than-it-needs/.

[2] http://www.urbangreenbluegrids.com/projects/stad-van-de-zon-heerhugowaard-the-netherlands/.

[3] Can A City Run On 100% Renewable Energy? [OL]. https://www.youtube.com/watch?v=zKhzVcHrWH4.

[4] Lund H. Renewable energy strategies for sustainable development[J]. Energy, 2007, 32(6): 912-919.

[5] Lund H. Renewable energy systems: a smart energy systems approach to the choice and modeling of 100% renewable solutions[M]. Amsterdam: Elsevier Academic Press, 2014.

[6] Lund H, Mathiesen B V. Energy system analysis of 100% renewable energy systems—The case of Denmark in years 2030 and 2050[J]. Energy, 2009, 34(5): 524-531.

[7] Mathiesen B V, Lund H, Karlsson K. 100% Renewable energy systems, climate mitigation and economic growth[J]. Applied Energy, 2011, 88(2): 488-501.

[8] Connolly D, Lund H, Mathiesen B V, et al. The first step towards a 100% renewable energy-system for Ireland[J]. Applied Energy, 2011, 88(2): 502-507.

[9] Mathiesen B V, Lund H, Connolly D, et al. Smart Energy Systems for coherent 100% renewable energy and transport solutions[J]. Applied Energy, 2015, 145: 139-154.

[10] Mason IG, Page SC, Williamson AG. A 100% renewable electricity generation systems for New Zealand utilising hydro, wind, geothermal and biomass resources[J]. Energy Policy, 2010, 38(8): 3973e84.

[11] Steinke F, Wolfrum P, Hoffmann C. Grid vs. storage in a 100% renewable Europe[J]. Renewable Energy, 2013, 50: 826-832.

[12] Zervos A, Lins C, Muth J. RE-thinking 2050: a 100% renewable energy vision for the European Union[M]. Brussels,Belgium: European Renewable Energy Council, 2010.

[13] 100% Renewable Energy Plan for public review and comment[DB/OL]. 2016-06-22. http://www.oxfordcounty.ca/Portals/15/Documents/SpeakUpOxford/2016/100RE/OCDraft100REPlan20160622.pdf.

生能源技术和效率也有所不同。所以很难确定可能的能源产量。能源的生产消费平衡计算必须要结合所研究的城市，具体问题具体分析。因此，上述案例的成功不代表其他城市均能实现自给自足。但有一点是肯定的，这些城市的成功证实了能源自给的可行性。此外，由于生产性城市中采用了交通与能源生产的一体化、大量农业生产（将产生更多的沼气原材料）和藻类种植等其他生产方式，产生的能源有可能比上述案例要多。

农业生产亦是如此。由于所选物种不同，使用种植方法不同、生长条件不同等都会导致产量的变化，因此某个城市的生产消费情况并不能直接应用到另一个城市中。

目前有大量研究探索都市农业的发展潜力。但每个人的计算方法和结论都不相同。如Sharanbir针对克利夫兰计算得出："如果利用所有空地的80%，可满足对新鲜农产品（蔬菜、水果）22%到48%的需求，25%的家禽和蛋类需求和蜂蜜的100%；若利用所有空地的80%和住宅私人用地的9%，可得到31%至68%所需的新鲜农产品，94%的家禽和蛋，以及蜂蜜100%；若再增加工业和商业屋顶使用面积的62%，可得到46%至100%的新鲜农产品，家禽和鲜蛋的94%以及蜂蜜100%"[1]。John Brett 等通过潜在用地的研究得出"丹佛可生产的蔬菜量是其需求的14倍"[2]的结论；cpul中认为城市可以提供蔬菜和水果的30%；食物都市主义中计算得出568英亩的都市农业可以满足埃姆斯人口50%的水果与蔬菜需求[3]。法国建筑师Antoine Grumbach的推演则是"每平方米的都市农业用地相当于1平方米温室大棚，而1公顷屋顶表面若作为蔬菜温室，以80%的表面计算，则平均产率为70公斤/平方米/年；年产量8400吨；若使用量为400克/天/人，则5000居民的年消耗为7300吨，过剩1100吨，还可创建150个永久性的就业机会……"[4]本书在论述中曾反复强调，自给率到底能达到多少并不重要。重要的是，马上开始实践。因为一旦开始行动，自给率就会迅速增长。例如萨拉热窝于开始实施都市农业时，蔬菜自给率为10%，仅2年后就将该数字就上升到40%上。[5]

2016年获得英国工程技术学会IET最高社区奖的英国托德莫登（Todmorden）小镇，有1/3的居民自己种菜吃，70%的人购买本地食物，并有望在2018年实现食物的自给自足[6]。这个由居民自发的被称为"不可思议的食物"（Incredible Edible）的活动，并没有经过什么自给率的计算。他们只是在屋顶上、花坛里、草坪上、停车场、路边甚至坟墓上……所有可能的地方进行着食品生产，享受着种植。托德莫登的故事证明，一旦开始生产，就有可能达成目标（图7-4）。

[1] Grewal S S, Grewal P S. Can cities become self-reliant in food?[J]. Cities, 2012, 29(1): 1-11.

[2] John Brett ,Debbi Main, Jessica Cook. Urban Agriculture Potential in Denver[R]. Denve :University of Denve, 2015.

[3] Grimm J. Food Urbanism: a sustainable design option for urban communities[M]. Ames: Iowa State University press, 2009.

[4] Antoine Grumbach et Associés – mandataire. Étude réalisée pour l'Atelier International du Grand Paris Commande[R]. Paris: Habiter le Grand Paris, 2013: 65.

[5] Grewal S S, Grewal P S. Can cities become self-reliant in food?[J]. Cities, 2012, 29(1): 1-11.

[6] http://www.treehugger.com/green-food/incredible-edible-how-to-make-your-town-self-sufficient.html.

图 7-4　遍布于托德莫登的农业生产[1]

## 二、实施的可操作性

托德莫登的案例在证明了目标达成的可能性的同时，也证实了农业生产的可操作性。2008年获得加拿大国家城市设计大奖的加拿大麦吉尔大学可食用校园活动（Edible Campus）就是采用在硬质铺地上放置花盆的手段实现的（图7-5）。

摆上花盆，种上菜。就是这么简单，不需要太多的技术手段就能够实现。事实上，无论是农业生产、可再生能源生产、水资源回收处理还是农业与建筑一体化，太阳能与交通一体化……技术门槛都较低，都具有极强的可操作性和可复制性。

图 7-5　麦吉尔大学可食用校园活动[2][3]

[1] http://www.incredible-edible-todmorden.co.uk/pictures.

[2] https://www.mcgill.ca/mchg/files/mchg/MakingtheEdibleCampus.pdf.

[3] https://insideurbangreen.typepad.com/.a/6a00e3982480928833016764cd1abe970b-pi.

图7-6是笔者在天津居住的小区。图7-7是笔者在山东居住的小区及自己耕种的菜地。这个小区首层住户都有一块自种田、都使用太阳能热水器、采用地热空调，小区使用太阳能路灯，并在景观中大量种植果树。无论它是否算作生产性小区，至少说明了生产本身具有可操作性。

就制造业而言，也同样出现了大量案例证实其融入城市生活的可操作性。图7-8所示的，是笔者天津居住小区附近商场中的“超级工厂”。尽管这是以手工体验（如3D打印、做皮具、木工、陶瓷等）为目的，而非为了生产。但它的存在证实了，中

图 7-6　天津市南开区某小区

图 7-7　泰安市某小区（其中左图蔬菜为作者自种）

图 7-8　天津大悦城超级工厂

小型制造是能够与居民的日常生活相结合的。

而这只是发生在笔者身边的例子。其实，生产并不复杂，它被市民广为接受，并且具有极强的可操作性。

## 第三节　生产性城市资源生产消费策略总结

上文在第四章分别对不同资源的生产策略进行了分析（汇总于表7-1），又在第五章分别针对不同尺度的城市空间给出了相应的设计策略。在此，将从多资源系统的视角出发对城市空间的重新组织，从更为宏观的视角对生产性城市的资源生产消费策略进行总结。

生产性城市中不同资源的生产消费策略汇总　　表 7-1

| 资源 | 策略概述 | 策略详述 |
| --- | --- | --- |
| 农产品 | 打破农业生产用地与城市建设用地的“空间互斥性” | 在建筑、外部开放空间、闲置土地以及构筑物中，通过附加、放置、集成与重构的方式，采用固体基质栽培、无土基质栽培、覆土栽培、容器栽培等方法，生产相适宜的食用作物、燃料作物与经济作物 |
| | 满足农业活动“全生命周期”的需求 | 充分考虑农业生产、分配、加工、消费和处理回收再利用的整个流程。不仅要为每个过程提供所需的基础设施，还要尽可能地缩小某一过程与其他过程的空间距离（如在种植区设置加工餐饮空间）与社会距离（如农民市场） |
| | 实现农业空间与城市布局的融合 | 在城郊设置面状的永续农园与森林公园，在城乡交接处设线性生态廊道，在城市内部利用屋顶、空地等发展点式农业，沿道路河流发展线性农业，最后将上述空间连接形成农业网络 |
| | 将农业作为城市资源循环系统的关键环节 | 一方面，因农业活动会消耗水和能源，故需选取耗水低且能效高的物种与生产方式；另一方面，农产品及废弃物是可再生能源生产与生物制造的重要原料，故必须将农业资源与其他资源的循环利用统筹考虑 |
| 能源 | 管理能源需求侧，降低使用需求 | 限制不可再生能源的使用；在建筑的设计、施工和运行管理中采用更严格的零能耗标准；在规划上优化城市结构，强化功能混合；在交通上推广无车城市 |
| | 打破能源产地与其他用地的空间互斥 | 采用附着、外置、集成、重构等方式，让每一栋建筑、每一条道路、每一处设施、景观都成为小型的发电站、供热站、制冷站或储能站，实现能源与建筑、交通和景观设施的一体化 |
| | 通过分布式系统实现能源系统与城市布局的重构 | 以社区为单位将生产性建筑、交通和景观连接，统筹发电、供暖、制冷等不同能耗形式，配备储能与控制单元，待自成体系后将这些局域微网并联；并借助氢气和可移动存储设施进行时间和空间上的错峰配置 |
| | 智能优化循环过程 | 生产性城市将借助智能系统对能源循环及相关资源的消耗进行预测、连接、监督、反馈和调控。如基于天气预报的能源生产预测系统、城市产能跟踪与调控系统、用户能耗智能管理系统等 |
| 制造品 | 采用生物生产方式，减少化学物质使用 | 在产品设计之初就周密考虑其整个生命周期，用可降解的材料取代金属和化学物质（如用角质薄层取代铝制包装）；采用物理、生物的手段进行生产与处理（如采用白蚁和细菌造纸），制造健康、可降解、可循环利用的产品 |
| | 推广 3D 打印等新型制造方式 | 推广数据驱动制造的生产方式，它们兼具本地性与全球性，耗材极少，应用广泛，对空间要求低，使制造业可和城市其他功能相混合……是适于生产性城市的生产方式 |

续表

| 资源 | 策略概述 | 策略详述 |
| --- | --- | --- |
| 制造品 | 打破工业与城市其他功能的空间互斥性 | 产业变革模糊了工业与服务业的界限，增强了生产与消费的联系；技术进步减小了工业对城市其他功能的干扰，缩小了它所需的空间。受两者影响，生产性城市中的新型生活服务工业可如零售业般与城市其他功能充分混合，而生产服务型工业则将以城市为单位进行分布 |
|  | 基于大数据的开放性分布式物流系统 | 在城市内均衡设置配送中心，并将其作为使用权共享的社区基础设施。每个中心负责服务半径内产品的接收、存储与分配。它通过大数据智能匹配，将产品运送至中心，再将中心库存或其他中心配送过来的产品运送给消费者，避免空车/机返程并减少生产消费间的物流距离 |
| 水 | 结合海绵城市措施汇水、储水 | 生产性城市中广泛分布的屋顶菜园、社区农园以及城市农业景观，将与海绵城市措施（渗水地面、沿建筑与道路的雨水收集系统、人工湿地等）一起，共同汇水、储水、净水 |
|  | 就地处理再利用，构成分布式生态废水处理系统 | 每个建筑均装有小型生物污水处理设备，每个社区（或同规模外部空间）均配备独立的“活的机器”污水处理系统（利用作物、微生物、鱼类和蜗牛净化污染）或小型湿地，构建分布式全覆盖的生态废水处理系统，非集中汇入城市污水处理系统 |
|  | 细化“污水分类”，智能优化不同等级污染物的排放处理 | 一方面通过激励、教育等方式引导“污水分类”收集（如单独收集含腐蚀性化学物质或抗微生物成分的，会破坏处理系统生态平衡的危险废水），并通过设施优化和智能识别引流等方式将其单独处理；另一方面，采用法规与经济两大调控手段限制上述物质的生产与使用 |
|  | 将水循环与其他资源循环统筹考虑 | 把农业灌溉、液体储能、工业用水与海绵城市、雨水回收、废水处理再利用等理念和技术相联通，还将采用生物技术提取污水中的有效成分，如提取废水中的碳酸钾用于其他生产❶等 |
| 废弃物 | 主动将废弃物作为资源 | “废弃物”是生产性城市最重要的原料之一。不仅要在“3R”原则下解决弃置问题，变废为宝，更要主动将其不利于环境的因素转化为有益因素（如吸收雾霾制作墨水❷），变害为宝 |
|  | 发展共享经济 | 共享经济是弱化物品所有权、强化其使用权的一种经济形式。它通过网络，为闲置的资源寻找生产经营者，或将其多次使用者相连接，让“废弃物”最大化地发挥其使用价值 |
|  | 分布式废弃物投放与处理设施 | 有机废物：建筑内及周边配食用垃圾处理设备，广场公园设蚯蚓塔，社区设处理中心，待处理后堆肥使用；可回收利用的物品：社区设回收维修站，用于社区共享经济；危险废物：城区设环保站集中处理，并逐步限制其使用 |
|  | 优化各类资源的循环系统 | 采用生产方全生命周期负责制。使用可循环材料，将产品设计为方便拆分的组件，并标示不同组件的回收类别，制造或可降解或可作为另一生产过程原料的产品，如用废料淀粉制作塑胶❸ |
| 土地/空间资源 | 多系统高度复合的立体城市 | 建构集建筑立体化、交通系统立体化、基础设施系统立体化、景观立体化、农业生产立体化、能源生产立体化、各产业布局立体化、资源循环系统立体化于一体的高度复合的城市 |
|  | 创造更多物理空间以提高生产力 | 通过去除不必要的空间（如车行道）、功能混合等方式改变空间分布模式；通过将城市的基础功能与生产性功能相复合、主动创造更多的空间用以生产等方式提高空间的资源生产力 |
|  | 优化空间组织资源的方式 | 重新整合城市资源系统，根据现有及潜在的能源流、食品流、原料流、产品流、服务流、人员流、废弃物流，确定相关的空间布局，并根据所有“流”和整体布局重新整合各项功能 |

❶ [英]吉拉尔德特. 城市·人·星球：城市发展与气候变化（第二版）[M]. 薛彩荣，译. 北京：电子工业出版社，2011: 227.

❷ 冈特·鲍利. 蓝色经济学[OL]. http://www.rmlt.com.cn/2014/0709/289616.shtml.

❸ 刚特·鲍利. 蓝色革命：爱地球的一百个商业创新[M]. 洪慧芳，译. 台北：天下杂志出版社，2010.

续表

| 资源 | 策略概述 | 策略详述 |
| --- | --- | --- |
| 社会 / 文化资本 | 社会空间与社会文化资本的生产 | 社区支持农业、社区能源自治、社区共享经济等社会空间生产方式，可将陌生人社区发展为熟人社区，有助于维系社会稳定，构筑可持续的社会结构 |
| | 历史文化空间与历史文化资本的生产 | 文化遗产作为文化生产的产品，可展示城市文脉与城市生活；同时，对其保护、利用、加工、再创作、创新的过程本身也是城市文化空间再生产的过程 |
| | 创造精神空间，以改变生活方式 | 通过提供、创造丰富多样的当地生产与活动，重新将人们的生产、生活、工作、休闲、娱乐与教育融合在一体，促使居民产生地域感、认同感和归属感，并为其形成新的生活方式创造条件 |
| 人力资源 | 生产性养老 | 六十至七十多岁、生活自理的老年人，较工作繁忙的中青年，拥有更充裕的时间、更丰富的经验以及参与生产活动的热情，因而可以在生产性城市中发挥重要作用。更重要的是，老有所为能缓解老年人退休后的心理不适，让他们的生活重新充满活力 |

## 一、严格控制消费端

对需求端的有效控制是生产性城市能够实现的前提。生产性城市将：a. 构建本地产业与资源循环链，将消费与生产重组；b. 基于大数据与资源互联网，对每一个用户的消费行为进行跟踪预测与智能优化；c. 限制不可再生资源的使用；d. 实现零废物城市，发展共享经济，优先使用废弃物资源，建构完善的分布式废弃物回收处理再利用系统；e. 减少生活中原本不必要的城市空间，如车行道与停车场等为车服务而非为人所设计的空间。

## 二、采用绿色生产技术与材料进行生产

绿色生产是生产性城市的唯一生产手段。生产性城市将：a. 在生产方式上，尽量用物理、生物的手段进行生产与处理；b. 推广定制生产与数据驱动的“增材建造”方式；c. 材料上，在城市潜在污染区种植燃料作物、蓝绿藻类以及工业原料作物，用于生产生物燃料与制品；d. 用可降解的材料取代金属和化学物质（如用面包虫蛋白取代石油制成的毒素乙二醇防冻剂[1]），严禁任何不利于人体或生态系统健康的物质从循环过程中排出。

## 三、有效打破资源生产用地与城市建设用地的“空间互斥性”

技术的革新打破了传统生产方式、生产媒介与生产空间的桎梏。大量案例证实，几乎所有的城市空间都可进行相适宜的资源生产与消费活动。生产性城市将借鉴已有经验，选取与空间相匹配的资源与技术，通过附加（生产性功能放置或贴附于表

[1] 刚特·鲍利．蓝色革命：爱地球的一百个商业创新[M]．洪慧芳，译．台北：天下杂志出版社，2010: 257.

面）、集成（生产性功能与原部件合为一体，如光伏玻璃）、整合（多种生产性功能叠加，如光伏大棚）、重构（创造新的形式，如垂直农业）等方式，让每一栋建筑、每一个广场、每一条道路、每一处设施、每一处景观都成为小型的农园、森林、发电站和共享经济中心，详见第五章。

## 四、在更小的范围内实现资源“全生命周期”的整合，并强化该循环系统的可见性

资源生产与消费间的空间隔离，产生了大量的管网、造成了资源流失、增大了生态足迹，并难以实现资源与用户的实时交互与需求匹配。为了将它们在空间（物理空间与社会空间）和时间上重新链接，生产性城市在分布式资源系统的每个单元内，满足资源生产加工、储存传输、消费和处理回收再利用的整个流程的各项需求——为每个步骤提供相应的基础设施，尽可能地缩小各步骤间的空间距离，并强化资源循环过程的展示性、可控性或可参与性。[1]

例如，上海川沙开能环保有限公司净水机产业园，通过生态净水河道（图7-9b）、有机菜园（图7-9c）、屋顶水池（图7-9e）等景观与设施，向员工及参观者展示了其“全水回用负排放系统”（厂区生产生活污水经处理后达到直饮水标准）（图7-9a）。该厂产品被用户替换下来的滤芯，被置于河道两岸作为物理吸附设施和有机菜园使用（净水滞留的有机废弃物用于种植），构成了独特的风景线。此外，厂区处理过程中的水也用于屋顶菜园（图7-9d）的灌溉。该菜园位于食堂顶部，其收获的

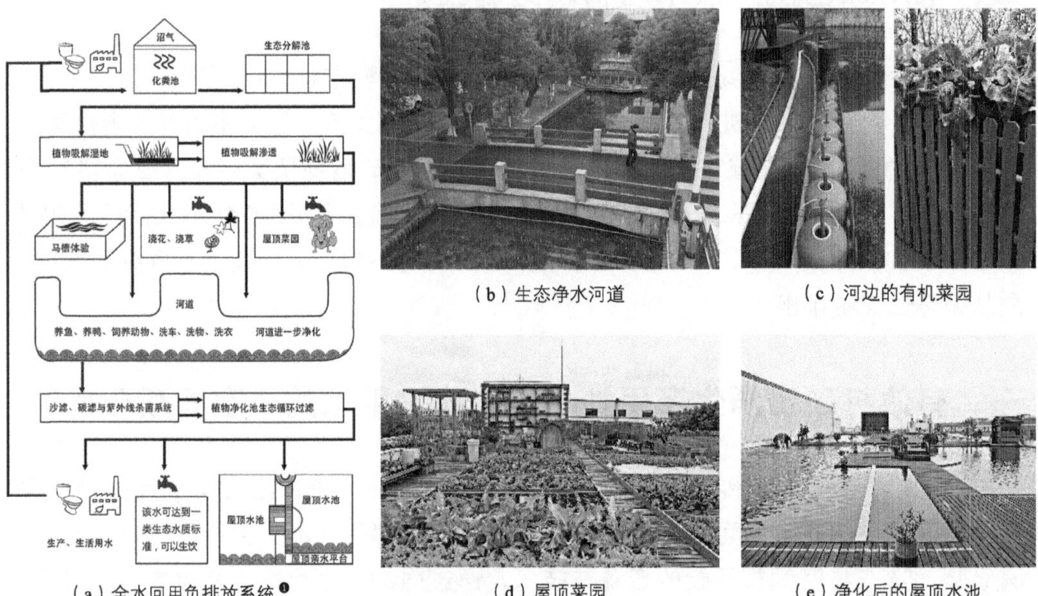


（a）全水回用负排放系统[1]

（b）生态净水河道

（c）河边的有机菜园

（d）屋顶菜园

（e）净化后的屋顶水池

图 7-9　上海川沙开能环保有限公司净水机产业园

[1] 开能环保有限公司提供。

果蔬加工后供员工食用，而消费过程所产生的污水亦汇入园区的水处理系统之中。总之，通过基础设施的完整性、可见性与消费体验性，该厂在厂区内部建构了水循环系统，并让人们参与到其中从而强化了对水循环的认知。

## 五、统筹考虑多种资源，构建完整的城市绿色基础设施

资源系统的复杂性与相互依赖性，使得人们针对单一资源所做出的尝试会对其他资源造成影响。故而，生产性城市需基于多资源的相互关系进行统筹设计，让城市资源系统成为一个循环畅通的整体（图7-10）。

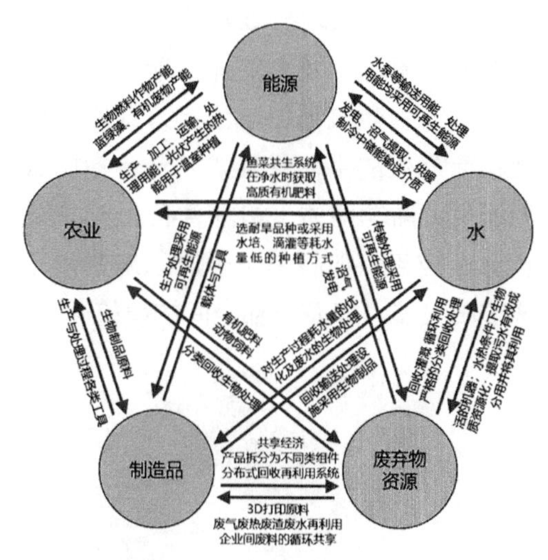

图 7-10　生产性城市资源关系梳理

由斯坦福大学学者James Ehrlich与丹麦建筑事务所EFFEKT共同设计的再生村落（ReGen Villages）❶（详见第三章第三节），采用“一个系统的输出成为另一系统的输入”的方式建构了一个闭合的多资源循环系统。该方案为每个住宅设置了种植温室以提供食物并调节室内微气候；厨余垃圾或制成堆肥，或转化为沼气，或喂养家畜和士兵蝇；士兵蝇用于喂养社区鱼菜共生系统中的鱼；鱼排泄物作为水培农业系统（同样产量下耗水量比传统种植方式减少90%）的肥料；沼气和温室光伏所产生的电能一起进入智能电网；沼液和雨水一同进入蓄水池；池中清洁水输送到水培系统，灰水用于灌溉季节农园和温室内作物❷……如此首尾相接循环往复，实现了这一可持续社区的资源整合与自给自足。

## 六、实现资源生产消费空间与城市布局的融合

整合资源与空间的操作手法可以简单地归纳为“点—线—面—网”。“点”——在城市中利用屋顶、阳台、空地、停车场等“微空间”进行生产。它们具有渗透性、灵活性和可复制性，可以作为一个个的“微中心”在城市中逐渐扩散蔓延。“线”——将生产性功能（含绿色基础设施与相应的社会活动空间）沿着城市道路、河流进行布置，并在城乡边缘形成一个功能混合的自然生产走廊以控制城市扩张。“面”——在城郊保有森林公园与永续农园，并强化它们与城市的功能关系。“网

❶ https://www.effekt.dk/regenvillages/.

❷ https://iut.univ-amu.fr/sites/iut.univ-amu.fr/files/marine_robert_-sonia_zarzah_2017.pdf.

络”——以社区为基本单元建构资源循环系统，待自成体系后借助点状、线状生产性要素将这些局域微网并联，并将该分布式网络与城市绿色基础设施网络相融合，构成城市生态发展的骨架。

## 七、创造新的空间形式

若要更有效地打破资源的空间互斥性，仅对既有空间进行附加、梳理、重组等改造是不够的，还需要探索新的建筑与城市空间。就建筑而言，目前常见的创新方式包括：将建筑部位与生产方式集成的设计手法创新，为增加种植面积和太阳辐射面积而产生的平台悬挑式、退台梯田式、螺旋覆盖式等形式创新，以及为资源生产而诞生的新功能体（如垂直农业）。就外部空间而言，其形式创新则多为生产设施的创造性应用，如将其用于原本未曾用于资源生产的空间，将生产设施本身作为景观或遮阳设施，以及外部空间的建筑化。（图7-11）

藻类太阳能海水淡化花园[1]

新能源发电建筑[2]

风能景观[3]

聚光太阳能接收景观[4]

**图 7-11　生产性空间形式创新手法举例**

❶ https://chronicletechno.com/20000-solar-powered-garden-wheel-will-save-california-from-drought/.

❷ http://www.arch2o.com/2017-world-expo-zaha-hadid-architects-coop-himmelb-l-au-unstudio-sn%C3%B8hetta-j-mayer-h-safdie-architects/.

❸ http://www.landartgenerator.org/competition2014.html.

❹ https://unfccc.int/news/celebrating-the-beauty-of-renewable-energy-land-art-generator-initiative.

## 八、强化物质空间生产过程中的社会空间生产

空间不只是物质的容器和组织资源的方式，也是社会关系的渗透，具有社会性、精神性和文化性。这些特性的表达也有赖于物质空间本身，一如列斐伏尔所述，“如果未曾生产一个合适的空间，那么‘改变生活方式’‘改变社会’等都是空话”[1]。生产性城市通过提供相应的活动机会与场所，并使由此形成的社会关系在空间中得以表达，形成社会空间。同时，资源生产与消费活动所带来的体验，能够强化人们对资源的认知。这种认知和包围着人们的生产性物理环境一起，构成生产性的文化氛围，从而让人们对活动场所建立地域感和认同感。而这种认同感也会反向触发人们的生产性行为，引导生活方式的改变。

# 第四节　生产性城市研究与设计愿景

## 一、生产性城市设计手法畅想

生产性城市理论还处于雏形阶段，在其指导下产生的新的城市形态有多种可能性。我们所做的设想与设计，还不完善，远没达到我们想象中的效果，但这只是我们尝试的第一步。

### （一）自下而上——由点及面的发展

1. 生产性功能的全方位覆盖

以现有城市空间为基础，尽可能地挖掘其生产潜力，让所有可能的空间都进行相适宜的生产活动。如在建筑中发展小型制造业，在屋顶上进太阳能及农业生产，在建筑立面上进行光伏生产，在外部绿色开放空间种植果蔬，将交通空间和停车场变成立体的，顶部或复合其他功能（如篮球场）或为遮阳光伏或为种植格架……总之，让生产性功能全方位覆盖整个城市空间。所见之处，无不欣欣向荣。这种生产性更新设计方式最易于上手，也最易一步一步实现。其可能的空间形态，或如让·努维尔针对大巴黎地区进行的设计（图7-12）。

[1] [法]昂利·列斐伏尔．空间：社会产物与使用价值[M]//包亚明编．现代性与空间的生产（列斐伏尔专辑）．上海：上海教育出版社，2003.

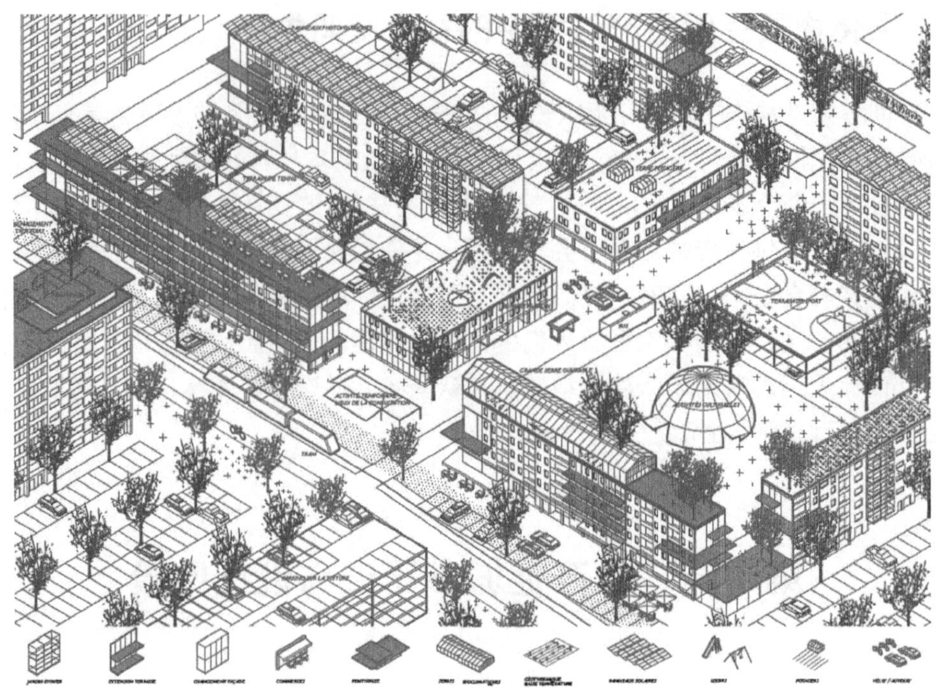

图 7-12 城市生产性更新后意向图（让· 努维尔设计）[1]

2. 生产性功能模块化置入

城市发展之中已产生一种功能小型化、集合化、机械化与模块化的趋势，许多原本需要较大面积的“房屋”已经成为“小盒子”置入了其他功能体中。如商场中小型唱吧和自动榨汁机，社区公园、社区和办公室里的小型健身房、快递箱、生鲜超市和共享办公仓（图7-13）。人们可以在办公室健身，也可以在社区里办公。这不仅大大减少了其所占用的空间，还满足了当代人们对于功能混合和便捷生活的需求。那么，生产性功能也可以整合成一个个的模块盒子，置于建筑与外部空间之中，如超市中现摘现卖的种植箱等（图7-14）。

图 7-13 功能的小型化、模块化与混合化

[1] Jean Nouvel—Arep—Mcd . Naissances Et Renaissances De Mille Et Un Bonheurs Parisiens [R]. Paris: Atelier International du Grand Paris, 2009: 118-119.

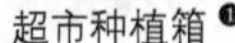
超市种植箱[1]

种植屋[2]

图 7-14　生产性功能的小型化与模块化

图 7-15　生产性步行道路改造设计[3]

由此而来的设计思路有两类。一类是在城市现有空间上搭建模数框架，再把不同的生产性功能做成尺寸相似的模块，组合插入框架之中。如六合工作室丁潇颖设计的社区步行道路改造（图7-15）。

还有一类是在社区或城市空间中"放置"小型的生产性功能，并以此来激活整个区域的生产活力，如再生村落设计（详见第三章第三节）以及IAAC对于社区小型加工业的考虑（详见第五章第三节）。

3. 以生产性功能为纽带，联通原有空间

该设计手法与将在社区中放置生产性模块以激活空间思路一致，但联通的生产性廊道可以与原有空间有更好的互动关系，也更容易实现资源之间的整合。如杨元传设计的住区生产性更新方案（图7-16）和赵曼等设计的高密度城区高密度环境下的生产性社区（图7-17）。

---

❶ http://weburbanist.com/2016/03/31/vertical-micro-farms-fresh-produce-grown-in-berlin-groceries/.

❷ https://www.want.nl/ikea-growroom/.

❸ 丁潇颖设计，张玉坤指导。

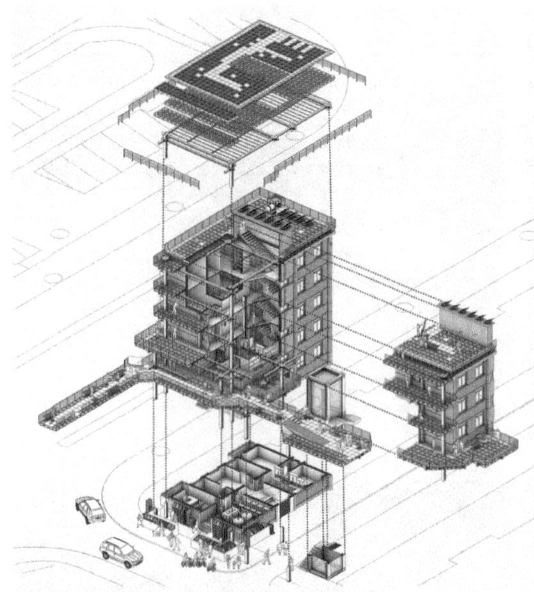

图 7-16　住区生产性更新设计[1]

图 7-17　高密度环境下的生产性社区设计[2]

## （二）由上而下——形成新的城市形态

1．从空间结构入手，改变城市形态

改变城市形态以更好地实现生产性功能有两种设计思路。一种是在“二维平面”上改变城市现有的纹理格局，如将城市层次体系的拓扑图示反映于城市空间之中，见陈格格设计的生产性城市层级结构体系（图7-18）。

[1] 杨元传设计，张玉坤指导。杨元传．社区食物系统规划及其空间模型建构[D]．天津：天津大学．

[2] 赵曼、张舒然设计，张睿、张玉坤指导。张睿，赵曼，等．给养城市——基于生产性理念的可持续社区设计策略与教学实践[J]．建筑与文化，2017(8): 216-218.

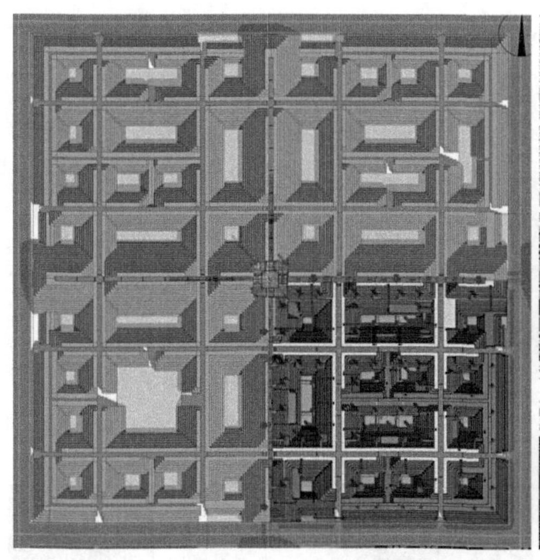
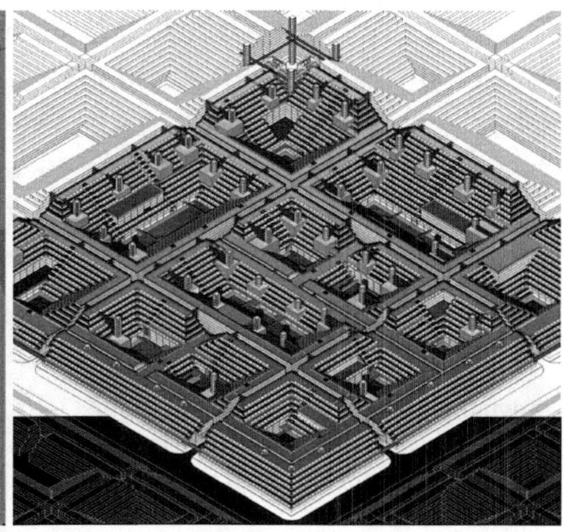

图 7-18 生产性城市层次体系假想模型[1]

另一种是从“三维立体”的维度出发对城市未来形态进行畅想，如杨元传等所设计的梯田森林城市（图7-19）。

图 7-19 梯田森林城市[2]

2. 参数化控制生成新的空间形态

参数化生成城市空间是不同于将平面图示反馈于空间之中，而是通过确定生长

[1] 陈格格设计，张玉坤指导。陈格格. 古代里坊制与未来生产性城市层次体系[D]. 天津：天津大学，2018.

[2] 杨元传、丁潇颖等设计，张玉坤指导。杨元传. 社区食物系统规划及其空间模型建构[D]. 天津：天津大学，2017.

因子与控制因素，采用编程软件（Rhino grasshopper或python等）自行生成新的城市形态。这个过程中，需要计算人均所需的资源消耗量（可简化为只考虑农业、太阳能和水），按照预估人口数和平均居住面积与工作面积，预估单户人家建筑面积所对应的资源生产面积，再有日照风等自然因素和资源获取、分配、处理的路径以及多资源的循环关系等影响因子，控制生成不同的布局、高差以及不同的资源生产消费分布情况，还可对同时适用于同一空间的不同资源进行优选，对不同方案进行比对优化。

由于这是整个课题组致力的终极目标，因此设计成果都还是半成品。如杨元传用python计算生成的农业社区模型（图7-20）。

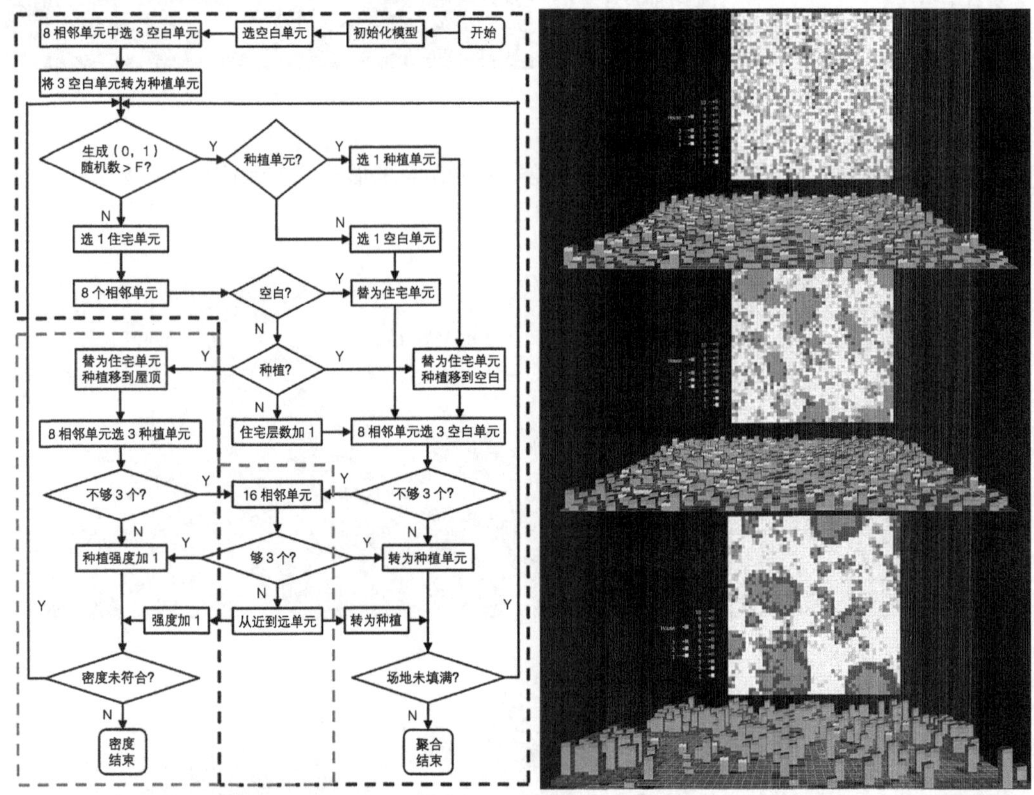


图 7-20　农业社区模型[❶]

## 二、生产性城市研究前景展望

（1）深入研究

由于本书目标是建构生产性城市理论框架，论述中力求尽可能多地覆盖到"面"，却深度不足。因此，接下来首先要深入研究每一种资源和每一类空间，得到详尽且

❶ 杨元传设计，张玉坤、郑婕指导。杨元传．社区食物系统规划及其空间模型建构[D]．天津：天津大学，2017.

具有很强操作性的设计策略和方法。

（2）查漏补缺

在第四章中曾对生产性城市研究的内容进行过初步汇总，本书已经解答了其中一部分，还有一些问题未曾涉及。

（3）建构模型

本书没有正面回答“生产性城市到底是什么样子的”这一问题，后续需分别针对新建城市和城市改造两方面建构不同的生产性城市模型，将理论研究落到实践中。如不落地，所有措施和设计步骤都只能是空洞的口号。

（4）建立评价指标体系或工具

界定生产性城市不能简单地用自给率和生产消耗比两个指标，生产性城市的设计、实践、监督、反馈也需要借助一定的指导工具。

从学科角度讲，“生产性城市”是一个新兴的城市发展理论或规范策略，现在处于思想萌芽阶段，为了使“生产性城市”从理论成为现实，为了使“生产性”成为每一个城市或建筑的基本特征，任重而道远。借用理查德·瑞杰斯特的论述“没有轻松之路，而且每一个解决方法也将引起新的问题，但我们将坚定不移地走下去，而且拥有每一个通向‘生产性城市’的机会。”[1]

城市正自发地进行光合作用，沉浸在当地的资源流动之中。它收获太阳能、风能等可再生能源，利用所有可能的空间生产食品和生态资源。放眼望去，一片勃勃生机。它的绿色制造业和服务业密不可分，废弃物和废水的回收处理再生产都井然有序，资源与空间因打破互斥性而彼此拥抱，人们因生产和共享而交流合作……这个充满生机和活力的城市将收获、生产或再造它所需要的一切。

这个美妙的城市，是一个充满希望和遐想的“乌托邦”，却也切实可行，可以一步一步、一处一处地实现。让我们每个人都从小事做起。放弃开私家车，就近工作、购物，利用自己产生的废弃物，在空地上种植蔬菜、果树，安装太阳能采光板，使用太阳能热水器，采用节水洁具……“只要人们满足于小的进步，不把他们看成是长途旅行的第一步”[2]，再宏伟的目标都能逐步实现！

[1] [美]理查德·瑞吉斯特. 生态城市——建设与自然平衡的人居环境[M]. 北京：社科文献出版社，2002.

[2] [美]理查德·瑞吉斯特. 生态城市——重建与自然平衡的人居环境（修订版）[M]. 王如松，译. 北京：社科文献出版社，2010: 372.

# 参考文献

## 图书


[1] Viljoen A, Bohn K. Second nature urban agriculture: designing productive cities [M]. London; New York: Routledge, 2014.

[2] Duany A. Garden cities: Theory & practice of agrarian urbanism [M]. Gaithersburg, MD: Duany Plater-Zyberk & Company, 2011.

[3] Philips A. Designing urban agriculture: a complete guide to the planning, design, construction, maintenance and management of edible landscapes[M]. New York: John Wiley & Sons, 2013.

[4] Van Veenhuizen R. Cities farming for future, Urban Agriculture for green and productive cities [M]. Leusden, The Netherlands: RUAF Foundation, IDRC and IIRP, ETC-Urban agriculture, 2006.

[5] Jac Smit, Joe Nasr, Annu Ratta. Urban agriculture: food, jobs and sustainable cities, Second Revision [M]. New York: the United Nations Development Programme, 2001.

[6] Salle J, Holland M. Agricultural Urbanism: Handbook for building sustainable food systems in 21st century cities [M]. Sheffield, VT: Green Frigate Books, 2010.

[7] Mougeot L J A. Growing better cities: Urban agriculture for sustainable development [M]. Ottawa: International Development Research Centre, 2006.

[8] Gottdiener M. The social production of urban space [M]. Texas: University of Texas Press, 2010.

[9] Girardet H. Creating regenerative cities [M]. New York: Routledge, 2014.

[10] Girardet H. Regenerative cities [M]//Green Economy Reader. Studies in Ecological Economics, vol 6. Cham: Springer, 2017.

[11] Gorgolewski M, Komisar J, Nasr J. Carrot City: Designing for Urban Agriculture [M]. New York: Monacelli, 2011.

[12] Grimm J. Food Urbanism: a sustainable design option for urban communities [M]. Ames: Iowa State University Press, 2009.

[13] Guallart V. The Self-Sufficient City: Internet has changed our lives but it hasn't changed our cities, yet [M]. Calgary, AB, Canada: ACTA Press, 2014.

[14] Flynn K C. Farming the City [M] //Food, Culture, and Survival in an African City. Palgrave Macmillan US: Springer, 2005.

[15] Daniel Bell. The Coming of Post-Industrial Society [M]. New York: Basic Books, 1999.

[16] Von Grebmer K, Torero M, Olofinbiyi T, et al. 2010 Global Hunger Index—The Challenge of

Hunger: Focus on the Crisis of Child Undernutrition [M]. Paris: IFPRI Press, 2010.

[17] Toffler A. The third wave [M]. New York: Bantam books, 1981.

[18] Intergovernmental Panel on Climate Change. Climate change 2014: mitigation of climate change [M]. Cambridge: Cambridge University Press, 2015.

[19] Conant R T. Challenges and opportunities for carbon sequestration in grassland systems_A technical report on grassland management and climate change mitigation [M]. Rome: FAO, 2010.

[20] Drucker P F. The future of manufacturing [M]. Forney: MTS Publications, 2000.

[21] Adriaanse A, Bringezu S, Hammond A, et al. Resource flows: the material basis of industrial economies [M]. Washington D C: World Resources Institute, 1997.

[22] René van Veenhuizen. Cities farming for the future: Urban agriculture for green and productive cities [M]. Leusden: ETC-Urban Agriculture, RUAF, 2006.

[23] Bruinsma J. World agriculture: towards 2015/2030: an FAO perspective[M]. Rome: FAO, 2003.

[24] Viljoen A. CPULs: Continuous productive urban landscapes [M]. London; New York: Routledge, 2005.

[25] Hausmann R, Hidalgo C A, Bustos S, et al. The atlas of economic complexity: Mapping paths to prosperity [M]. Cambridge: MIT Press, 2014.

[26] Goodland R, Daly H, El Serafy S, et al. Environmentally sustainable economic development: Building on Brundtland [M]. Brundtland: UNESCO, 1991.

[27] Zervos A, Lins C, Muth J. RE-thinking 2050: a 100% renewable energy vision for the European Union [M]. Brussels, Belgium: European Renewable Energy Council, 2010.

[28] Lund H. Renewable energy systems: a smart energy systems approach to the choice and modeling of 100% renewable solutions [M]. Amsterdam: Elsevier Academic Press, 2014.

[29] Ackerman K. The potential for urban agriculture in New York City: Growing capacity, food security, & green infrastructure [M]. New York: Urban Design Lab at the Earth Institute Columbia University, 2011.

[30] De Zeeuw H, W. Teubner, Green and productive cities: a policy brief on urban agriculture [M]. Freiburg, Germany; Leusden, The Netherlands: ICLEI and ETC, 2002.

[31] De Zeeuw H, Dubbeling M. Cities, food and agriculture: challenges and the way forward [R]. Leusden: RUAF Foundation, 2009.

[32] Home W, Sale O. The State of the World's Land and Water Resources for Food and Agriculture Managing Systems at Risk [M]. Rome and Earthscan, London: FAO, 2011.

[33] Cowie J, Heathcott J, Bluestone B (Eds). Beyond the ruins: The meanings of deindustrialization [M]. Ithaca: Cornell University Press, 2003.

[34]（法）勒·柯布西耶. 走向新建筑[M]. 陈志华，译. 西安：陕西师范大学出版社，2004.

[35]（西）比森特·瓜里亚尔特. 自给自足的城市：智慧与可持续发展城市设计之路[M]. 万碧玉，译. 北京：中信出版社，2014.

[36]（美）麦金纳尼. 简单的逻辑学[M]. 北京：中国人民大学出版社，2008.

[37]（美）凯文·凯利．必然[M]．北京：电子工业出版社，2015.
[38]（美）丹尼尔·贝尔．后工业社会的来临：对社会预测的一项探索[M]．高铦，王宏，等，译．北京：新华出版社，1997.
[39]（澳）彼得·纽曼，等．弹性城市——应对石油紧缺与气候变化[M]．王量量，等，译．北京：中国建筑工业出版社，2012.
[40]（美）理查德·瑞吉斯特．生态城市——重建与自然平衡的人居环境（修订版）[M]．王如松，译．北京：社科文献出版社，2010.
[41]（美）杰里米·里夫金．零边际成本社会：一个物联网、合作共赢的新经济时代[M]．北京：中信出版社，2014.
[42]（美）杰里米·里夫金．第三次工业革命：新经济模式如何改变世界[M]．张体伟，译．北京：中信出版社，2012.
[43] Douglas V. Shaw．后工业时期的城市[M]//（英）诺南·帕迪森．城市研究手册．郭爱军，等，译．上海：格致出版社，2009，8.
[44]（美）Daly H E，Farley J C．生态经济学：原理和应用（第二版）[M]．金志农，等，译．北京：中国人民大学出版社，2014.
[45]（美）林中杰．丹下健三与新陈代谢运动[M]．北京：中国建筑工业出版社，2011.
[46]（美）Dickson Despommier．垂直农场：城市发展新趋势[M]．林慧珍，译．台北：马可波罗文化出版，2012.
[47]（英）Herbert Girardet．城市·人·星球：城市发展与气候变化[M]．薛彩荣，译．北京：电子工业出版社，2011.
[48]（德）Ingrid Hermannsdorfer，（德）Christine Rub．太阳能光伏建筑设计——光伏发电在老建筑、城区与风景区的应用[M]．北京：科学出版社，2013.
[49]（法）昂利·列斐伏尔．La Production de l'espace, 3e'edn [M]．刘怀玉，译序．Paris: Anthropos, 1986.
[50]（加）Rodney R.White．生态城市的规划与建设[M]．沈清基，吴斐琼，译．上海：同济大学出版社，2009.
[51] 包亚明．现代性与空间的生产（列斐伏尔专辑）[M]．上海：上海教育出版社，2003.
[52]（美）胡迪·利普森，梅尔芭·库曼．3D打印：从想象到现实[M]．迪赛研究院专家组，译．北京：中信出版社，2013.
[53]（澳）德奥·普拉萨德，马克·斯诺．太阳能光伏建筑设计[M]．上海现代建筑设计（集团）有限公司技术中心，译．上海：上海科学技术出版社，2012.
[54]（比利时）刚特·鲍利．蓝色革命：爱地球的一百个商业创新[M]．洪慧芳，译．台北：天下杂志出版社，2010.
[55]（美）雅各布斯．城市与国家财富[M]．北京：中信出版社，2008.
[56]（英）彼得·霍尔．明日之城：一部关于 20 世纪城市规划与设计的思想史[M]．童明，译．上海：同济大学出版社，2009.
[57]（英）理查德·罗杰斯．小小地球上的城市[M]．北京：中国建筑工业出版社，2004.

[58]（加）Rodney R.White. 生态城市的规划与建设[M]. 沈清基，吴斐琼，译. 上海：同济大学出版社，2009.

[59]（美）道格拉斯·法尔. 可持续城市化——城市设计结合自然[M]. 黄靖，译. 北京：中国建筑工业出版社，2012.

[60]（美）约翰·伦德·寇耿，菲利普·恩奎斯特，理查德·若帕波特. 城市营造——21世纪城市设计的九项原则[M]. 赵瑾，等，译. 南京：江苏人民出版社，2013.

[61]（美）April Philips. 都市农业设计[M]. 申思，译. 北京：电子工业出版社，2014.

[62] 千年生态系统评估项目组. 生态系统与人类福祉：评估框架[M]. 北京：中国环境科学出版社，2006.

[63] Asian Development Bank. 迈向环境可持续的未来：中华人民共和国国家环境分析[M]. 北京：中国财政经济出版社，2012.

[64] 国际欧亚科学院中国科学中心，中国市长协会，中国城市规划学会与联合国人居署. 城市，让生活更美好，中国城市状况报告2010 / 2011[M]. 北京：中国城市出版社，2010.

[65] 国际欧亚科学院中国科学中心，中国市长协会，中国城市规划学会与联合国人居署. 中国城市状况报告2014 / 2015[M]. 北京：中国城市出版社，2014.

[66] 国务院发展研究中心和世界银行联合课题组，李伟，Sri Mulyani Indrawati. 中国：推进高效、包容、可持续的城镇化[M]. 北京：中国发展出版社，2014.

[67] 钱兴坤. 国内外油气行业发展报告[M]. 北京：石油工业出版社，2015.

[68] 孙江. 空间生产——从马克思到当代[M]. 北京：人民出版社，2008.

[69] 潘小川. 危险的呼吸2：大气PM2.5对中国城市公众健康效应研究[M]. 北京：中国环境科学出版社，2012.

[70] 孙云莲，杨成月，胡雯. 新能源及分布式发电技术（第二版）[M]. 北京：中国电力出版社，2014.

[71] 焦舰. 国内外生态城（镇）比较与分析[M]. 北京：中国建筑工业出版社，2013.

[72] 焦舰. 太阳能生态城设计[M]. 北京：中国建筑工业出版社，2013.

[73] 詹姆斯·奥康纳. 自然的理由——生态学马克思主义研究[M]. 南京：南京大学出版社，2003.

## 期刊

[1] Rees W, Wackernagel M. Urban ecological footprints: why cities cannot be sustainable—and why they are a key to sustainability [J]. Environmental impact assessment review, 1996, 16(4): 223-248.

[2] Ferkiss V. Daniel Bell's Concept of Post-Industrial Society: Theory, Myth, and Ideology [J]. The Political Science Reviewer, 1979, 9: 61.

[3] Hearn F. The Deindustrialization of America: Plant Closings, Community Abandonment and the Dismantling of Basic Industry [J]. Telos, 1983(57): 205-213.

[4] Viljoen, A. and Bohn, K, Continuous Productive Urban Landscapes: urban agriculture as an essential infrastructure [J]. The Urban Agriculture Magazine, 2005 (15): 34-36.

[5] Peters G P, Minx J C, Weber C L, et al. Growth in emission transfers via international trade from 1990 to 2008 [J]. Proceedings of the National Academy of Sciences, 2011, 108(21): 8903-8908.

[6] Lund H. Renewable energy strategies for sustainable development [J]. Energy, 2007, 32(6): 912-919.

[7] Connolly D, Lund H, Mathiesen B V, et al. The first step towards a 100% renewable energy-system for Ireland [J]. Applied Energy, 2011, 88(2): 502-507.

[8] Foley J A. Can we feed the world & sustain the planet? [J]. Scientific American, 2011, 305(5): 60-65.

[9] Mason I G, Page S C, Williamson A G. A 100% renewable electricity generation systems for New Zealand utilising hydro, wind, geothermal and biomass resources [J]. Energy Policy, 2010 38(8): 3973e84.

[10] Fuglie K O. Total factor productivity in the global agricultural economy: Evidence from FAO data [J]. The shifting patterns of agricultural production and productivity worldwide, 2010: 63-91.

[11] Grewal S S, Grewal P S. Can cities become self-reliant in food? [J]. Cities, 2012, 29(1): 1-11.

[12] Bluestone B. Is Deindustrialization a Myth? Capital Mobility versus Absorptive Capacity in the U.S. Economy [J]. Annals of the American Academy of Political & Social Science, 1984, 475(1): 39-51.

[13] Jungho Baek. Hyun Seok Kim. Trade Liberalization, Economic Growth, Energy Consumption and the Environment: Time Series Evidence from G-20 Economies [J]. East Asian Economic Integration, 2011(1): 3-32.

[14] Caldeira K, Davis S J. Accounting for carbon dioxide emissions: A matter of time [J]. Proceedings of the National Academy of Sciences, 2011, 108(21): 8533-8534.

[15] Foley J. A five-step plan to feed the world [J]. Natl Geogr, 2014, 225(5): 27-60.

[16] Cole M A. Trade, the pollution haven hypothesis and the environmental Kuznets curve: examining the linkages [J]. Ecological Economics, 2004, 48(1): 71-81.

[17] Hall P. Modelling the post-industrial city [J]. Futures, 1997, 29(4): 311-322.

[18] Torben Iversen. The Dynamics of Welfare State Expansion: Trade Openness, De-industrialization, and Partisan Politics 10 [J]. The new politics of the welfare state, 2001: 45.

[19] Taylor J R, Lovell S T. Mapping public and private spaces of urban agriculture in Chicago through the analysis of high-resolution aerial images in Google Earth [J]. Landscape and Urban Planning, 2012, 108(1): 57-70.

[20] Mathiesen B V, Lund H, Karlsson K. 100% Renewable energy systems, climate mitigation and economic growth [J]. Applied Energy, 2011, 88(2): 488-501.

[21] Mathiesen B V, Lund H, Connolly D, et al. Smart Energy Systems for coherent 100% renewable energy and transport solutions [J]. Applied Energy, 2015, 145: 139-154.

[22] Lund H, Mathiesen B V. Energy system analysis of 100% renewable energy systems—The case of Denmark in years 2030 and 2050 [J]. Energy, 2009, 34(5): 524-531.

[23] Behrens K, Duranton G, Robert-Nicoud F. Productive cities: Sorting, selection, and agglomeration [J]. Journal of Political Economy, 2014, 122(3): 507-553.

[24] Steven Clarke. Agricultural Urbanism: Lessons from the Cultural Landscape of Messinia [J]. Athens J Tour, 2015, 2(3): 19-36.

[25] Steinke F, Wolfrum P, Hoffmann C. Grid vs. storage in a 100% renewable Europe [J]. Renewable Energy, 2013, 50: 826-832.

[26] Garnett T. Farming the city: the potential of urban agriculture [J]. Ecologist, 1996, 26(6): 299-307.

[27] Specht K, Siebert R, Hartmann I, et al. Urban agriculture of the future: an overview of sustainability aspects of food production in and on buildings [J]. Agriculture and Human Values, 2014, 31(1): 33-51.

[28] Glaeser E L, Kolko J, Saiz A. Consumer city [J]. Journal of economic geography, 2001, 1(1): 27-50.

[29] Zhao H D, Ling J M, Fu P C. A Review of Harvesting Green Energy from Road [J]. Advanced Materials Research. 2013(723): 559-566.

[30] Leduc W R W A, Van Kann F M G. Spatial planning based on urban energy harvesting toward productive urban regions [J]. Journal of Cleaner Production, 2013, 39: 180-190.

[31] Rovers R, Rovers V, Leduc W, et al. Urban harvest+ approach for 0-impact built environments, case Kerkrade west [J]. International Journal of Sustainable Building Technology and Urban Development, 2011, 2(2): 111-117.

[32] Raschid-Sally L, Bradford A M, Endamana D. Productive use of wastewater by poor urban and peri-urban farmers: Asian and African case studies in the context of the Hyderabad Declaration on Wastewater Use [J]. Beyond Domestic, 2004: 95.

[33] Agudelo-Vera C M, Mels A, Keesman K, et al. The urban harvest approach as an aid for sustainable urban resource planning [J]. Journal of Industrial Ecology, 2012, 16(6): 839-850.

[34] Butler D. Food: The growing problem [J]. Nature, 2010, 07: 546-547.

[35] Cohen S S, Zysman J. Why manufacturing matters: The myth of the post-industrial economy [J]. California Management Review, 1987, 29(3): 9-26.

[36] Peters G P, Minx J C, Weber C L, et al. Growth in emission transfers via international trade from 1990 to 2008 [J]. Proceedings of the National Academy of Sciences, 2011, 108(21): 8903-8908.

[37] Jungho Baek, Hyun Seok Kim. Trade Liberalization, Economic Growth, Energy Consumption and the Environment: Time Series Evidence from G-20 Economies [J]. East Asian Economic Integration, 201101(15): 3-32.

[38] Caldeira K, Davis S J. Accounting for carbon dioxide emissions: A matter of time [J]. Proceedings of the National Academy of Sciences, 2011, 108(21): 8533-8534.

[39] Chauffour J P. Global food price crisis: trade policy origins and options [J]. PREM Trade Note, 2008(7): 1-8.

[40] Iversen T. 2 The Dynamics of Welfare State Expansion: Trade Openness, De-industrialization, and Partisan Politics 10 [J]. The new politics of the welfare state, 2001: 45.

[41] Haavelmo T, Hansen S. On the strategy of trying to reduce economic inequality by expanding the scale of human activity [J]. Population, technology, and lifestyle: The transition to sustainability, 1992: 38.

[42] Mehrabi M G, Ulsoy A G, Koren Y. Reconfigurable manufacturing systems: key to future manufacturing [J]. Journal of intelligent manufacturing, 2000, 11(4): 403-419.

[43] Hepburn D. Mapping the World's changing industrial landscape [J]. The World's industrial transformation series, 2011(11): 1-16.

[44] 黄如良．对台湾“新产业空洞化”的质疑[J]．亚太经济，2003 (2): 69-72.

[45] 季剑军．国际经济结构调整对我国的影响[J]．中国经贸导刊，2013(30): 14-15, 19.

[46] 刘戒骄．美国再工业化及其思考[J]．中共中央党校学报，2011，15(2): 41-46.

[47] 乔・瑞恩，西摩・梅尔曼．美国产业空洞化和金融崩溃[J]．商务周刊，2009 (11): 46-48.

[48] 王力．发达国家“再工业化”颇多无奈[J]．世界知识，2011(24): 20.

[49] 王小侠．后工业社会的产业转型与城市化[J]．沈阳师范大学学报：社会科学版，1998 (6): 43-45.

[50] 张健．后工业社会的特征研究——基于哲学的视角[J]．人文杂志，2011 (4): 22-29.

[51] 章玉贵．产业空洞化——中国制造业的最大隐忧[J]．资本市场，2012 (5): 108-109.

[52] 王亚菲．经济系统可持续总量平衡核算——基于物质流核算的视角[J]．统计研究，2010, 27(6): 56-62.

[53] 武志峰，李红．基于投入产出理论的资源环境综合核算[J]．煤炭经济研究，2006(7): 34-35.

[54] 杨开忠，杨咏，陈洁．生态足迹分析理论与方法[J]．地球科学进展，2000, 15(6): 630-636.

[55] 郑德凤，臧正，赵良仕，等．中国省际资源环境成本及生态负荷强度的时空演变分析[J]．地理科学，2014 (6): 672-680.

[56] 朱彩飞．可持续发展研究中的物质流核算方法：问题与趋势[J]．生态经济：学术版，2008(1): 114-117.

[57] 刘翀．保罗・索勒里和他的城市实验室——Arcosanti[J]．新建筑，2009(3): 34-41.

[58] 高亦兰．鲍罗・索勒里和他的阿科桑底城[J]．世界建筑，1985(5): 19.

[59] 姚栋，黄一如．巨构城市“10 万人生活的巨构”课程思考[J]．时代建筑，2011 (3): 62-67.

[60] 任群罗．地球生态系统的负荷分析与可持续发展[J]．中国农村经济，2009(10): 86-93.

[61] 孙艺冰，张玉坤．国外城市与农业关系的演变及发展历程研究[J]．城市规划学刊，2013, 3: 006.

[62] 段伟建等．建设可再生型城市的必要性[J]．人类居住，2011 (Z1): 18-20.

[63] 陈宪．再工业化“不是”工业化[J]．传承，2012 (9): 65-65.

[64] 杜传忠，王飞．产业革命与产业组织变革——兼论新产业革命条件下的产业组织创新[J]．天津社会科学，2015 (2): 90-95.

[65] 傅筱．从工业化生产方式看现代建筑形制的演变[J]．建筑师，2008(5): 5-13.

[66] 戚聿东，刘健．第三次工业革命趋势下产业组织转型[J]．财经问题研究，2014 (1): 27-33.

[67] 江盈盈，贾倍思，村上心．后工业社会环境中的人与住宅[J]．新建筑，2011(6): 23-29.

[68] 金碚，刘戒骄．美国“再工业化”观察[J]．决策，2010 (2): 78-79.

[69] 李大元，王昶，姚海琳．发达国家再工业化及对我国转变经济发展方式的启示[J]．现代经济

探讨，2011 (8): 23-27.
[70] 李宇亮，邓红兵，石龙宇．城市可持续性的内涵及研究方法[J]．生态经济，2015, 31(08): c20-26.
[71] 廖峥嵘．美国“再工业化”进程及其影响[J]．国际研究参考，2013(7): 1.
[72] 孙柏林．“第三次工业革命”及其对装备制造业的影响[J]．电气时代，2013(1): 18-23.
[73] 张欣，崔日明．后危机时代美国再工业化战略对我国的启示与影响研究[J]．江苏商论，2011 (2): 147-149.
[74] 赵景来．第三次工业革命与新经济模式若干问题研究述略[J]．国家行政学院学报，2013(4): 113-117.
[75] 郑德凤，臧正，赵良仕，等．中国省际资源环境成本及生态负荷强度的时空演变分析[J]．地理科学，2014 (6): 672-680.
[76] 张睿，吕衍航．城市中心“农业生态建筑”解读[J]．建筑学报，2011(6): 114-118.
[77] 李振宇，邓丰．形式追随生态——建筑真善美的新境界[J]．建筑学报，2011(10): 95-99.
[78] 赵继龙，张玉坤．城市农业规划设计的思想渊源与研究进展[J]．城市问题，2012(4): 83-88.
[79] 高宁，华晨．城市与农业关系问题研究——规划学科新的理论增长点[J]．城市发展研究，2013, 20(12): 39-44.
[80] 贺丽洁．都市农业规划用地的动态模型研究——以荷兰代尔夫特市为例[J]．哈尔滨工业大学学报（社会科学版），2012(5): 128-132.
[81] 高宁，华晨，朱胜萱，等．农业城市主义策略体系初探——浅析荷兰《鹿特丹城市农业空间》研究[J]．国际城市规划，2013, 28(1): 74-80.
[82] 孙莉，张玉坤．食物城市主义策略下的当代城市农业规划初探[J]．国际城市规划，2013, 28(5): 94-102.
[83] 倪韬，张玉坤，张睿．城市建筑生产性策略浅析[J]．建筑节能，2015(1): 111-115.
[84] 赵继龙，张玉坤．西方城市农业与城市空间的整合实验[J]．新建筑，2012(4): 29-33.
[85] 金敏求．按生产性建筑与非生产性建筑进行统计分组的初步意见[J]．中国统计，1955(8): 47-48.
[86] 朱以青．基于民众日常生活需求的非物质文化遗产生产性保护——以手工技艺类非物质文化遗产保护为中心[J]．民俗研究，2013(1): 19-24.
[87] 张庆，罗鹏飞．杭州市生产性服务业集聚区的产业特征与规划应对[J]．规划师，2015, 31(5): 18-24.
[88] 高觉民，李晓慧．生产性服务业与制造业的互动机理：理论与实证[J]．中国工业经济，2011(6): 151-160.
[89] 肖德．论斯密关于生产性劳动和非生产性劳动的思想[J]．湖北大学学报（哲学社会科学版），1995(6): 118-120.
[90] 唐任伍，吴文清．论生产性劳动[J]．当代经济研究，1999(9): 10-14.
[91] 米满宁，张振兴，李蔚．国内生产性景观多样性及发展探究[J]．生态经济，2015(5).
[92] 刘琳．论教育的生产性及其对教育发展的意义[J]．宜宾学院学报，2004, 4(2): 110-113.
[93] 林卡，赵怀娟．论生产型社会政策和发展型社会政策的差异和蕴意[J]．社会保障研究，2009(1): 15-26.

[94] 葛雷，董德福. 从“生产性正义”到“消费性正义”——论奥康纳生态学社会主义及其理论空场[J]. 江苏大学学报（社会科学版），2015(1): 46-50.

## 论文集、会议录

[1] Jeb Brugmann. The Productive City——9 Billion People Can Thrive on Earth [C]. Bonn, Germany: ICLEI world congress, 2012.

[2] Parks Tau. Building on a solid foundation towards a productive City of Johannesburg [C]. Bonn, Germany: ICLEI world congress, 2012.

[3] Dieter Läpple. Cities in a competitive economy: a global perspective [C]. Rio de Janeiro: urban age city transformations conference, 20131024.

[4] Dieter Läpple. Beyond the Myth of the Post-Industrial City [C]. Salzburg, Austria.: SCUPAD Congress 2010: Bringing Production Back to the City, 20100506

[5] Rovers R. Urban Harvest, and the hidden building resources [C]. Cape Town: CIB World Building Congress, 2007.

[6] Dan H, Yukun Z, Rui Z. Production analysis of traffic space [C]. Singapore: International Conference on Architecture and Civil Engineering, 2016.

[7] World Economic Forum. Deloitte Touche Tohmatsu (Firm). Manufacturing for growth: strategies for driving growth and employment [C]. Geneva, Switzerland: World Economic Forum, 2013.

[8] FAO. How to feed the world in 2050 [C]//FAO. High level expert forum, Rome: FAO, 2009.

[9] Hans Harms. Two Perspectives (from India and Europe) on Planning for a Carbon Neutral World, Focus on Agriculture [C]. Salzburg: SCUPAD Conference: Planning for a Carbon Neutral World: Challenges for Cities and Regions, 20080515-18.

[10] Von Grebmer K, Ringler C, Rosegrant M W, et al. Global Hunger Index: the challenge of hunger: taming price spikes and excessive food price volatility [C]//Deutsche Welthungerhilfe. International Food Policy Research Institute, and Concern Worldwide, 2011.

[11] Jay Ringenbach, Matthew Valcourt, Wenli Wang. Mapping the Potential For Urban Agriculture in Worceseter: A Land Inventory Assessment [C]. Dublin: 25th Conference on Passive and Low Energy Architecture, 2008, 10, 22-24. https://web.wpi.edu/Pubs/E-project/Available/E-project-042813-132523/unrestricted/IQP_Local_Food_Production_Team.pdf.

[12] Liapis P S. Trends in agricultural trade [C]. Geneva: Joint ICTSD-FAO expert meeting, 2010.

[13] Reeve A, Hargroves C, Desha C, et al. Informing healthy building design with biophilic urbanism design principles: a review and synthesis of current knowledge and research [C]. Brisbane, Australia: Healthy Buildings 2012 -10th International Conference of The International Society of Indoor Air Quality and Climate, 20120708-12.

[14] Students for the Edible Garden Launch.The Project for the Edible Boulevard Garden at the Female College of Engineering – Plan views of the designs [C]. Technical University of Berlin. Berlin : Copenhagen House of Food Urban Agriculture Conference, 201105.

[15] Bohn & ViljoenArchitects. The case for urban agriculture as an essential element of sustainable urban infrastructure [C]. Berlin : Copenhagen House of Food Urban Agriculture Conference, 201105.

[16] Wouter R W A Leduc, Ferry M G Van Kann. Urban Harvesting as planning approach towards productive urban regions [C]. Salzburg, Austria: 42nd Scupad Congress: Bringing Production Back to the City, 2010.

## 学位论文

[1] Nels Nelson. Planning the productive city [D]. Delft: Delft Technical University, 2009.

[2] Borowski D, Poulimeni N, Janssen J. Edible Infrastructures: Emergent Organizational Patterns for the Productive City [D]. London: Architectural Association School of Architecture, 2012.

[3] 孙莉．城市农业用地清查与规划方法研究[D]．天津：天津大学，2015.

[4] 韩丹．基于生产性功能补偿的绿色交通研究 [D]．天津：天津大学，2014.

[5] 倪涛．生产性的城市与建筑农业研究[D]．天津：天津大学，2014.

[6] 王秉天．建筑的生产性变革研究[D]．天津：天津大学，2015.

[7] 肖路．生产性城市理论下碎片化绿地的用地评估及设计——以米兰为例 [D]．天津：天津大学，2015.

[8] 牛晓菲．社区农业与生态住区建设[D]．天津：天津大学，2012.

[9] 季欣．建筑与农业一体化研究[D]．天津：天津大学，2012.

[10] 刘翀．保罗・索勒里的城市生态学（ARCOLOGY）初探[D]．武汉：华中科技大学，2008.

[11] 高宁．基于农业城市主义理论的规划思想与空间模式研究[D]．杭州：浙江大学，2012.

[12] 刘娟娟．我国城市建成区都市农业可行性及策略研究[D]．武汉：华中科技大学，2011.

[13] 王金梅．生产性服务业定义研究[D]．上海：上海社会科学院，2011.

[14] 徐娅琼．农业与城市空间整合模式研究[D]．济南：山东建筑大学，2011.

[15] 张田．城市农业活动与设计策略研究[D]．济南：山东建筑大学，2011.

[16] 孙艺冰．都市农业发展现状与潜力研究[D]．天津：天津大学，2013.

[17] 崔璨．给养城市——可食城市与产出式景观思想策略初探[D]．天津：天津大学，2010.

[18] 刘烨．垂直农业初探[D]．天津：天津大学，2010.

## 报告

[1] FAO (联合国粮农组织Food and Agriculture Organization), WFP. The state of food insecurity in the world 2014: strengthening the enabling environment for food security and nutrition[R]. Rome: FAO, 2014.

[2] Alexandratos N, Bruinsma J. World agriculture towards 2030/2050: the 2012 revision[R]//FAO: ESA Working paper, Rome: FAO, 2012: 12.

[3] FAO. Statistical Yearbook 2013: World Food and Agriculture[R]. Rome: FAO, 2013.

[4] 联合国粮农组织．2014世界森林遗传资源状况综述[R]．Rome: FAO, 2014.

[5] FAO. Food Outlook: Global Market Analysis [R]. Rome: FAO, 2012.

[6] FAO. The state of the world's land and water resources for food and agriculture (SOLAW) – Managing systems at risk [R]. Rome: FAO, 2011.

[7] OECD-FAO（经济合作与粮农组织）. 2014农业展望中文概要[R]. Paris: OECD/FAO, 2014.

[8] OECD-FAO. biofuels[R]//OECD-FAO Agricultural Outlook 2014, Paris: OECD publishing, 2014.

[9] Kharas H. The emerging middle class in developing countries [R]. Paris: OECD Development Center Working Paper, 2010.

[11] UNEP（联合国环境规划署），CBD, COP. Review of Global Assessments of Land and Ecosystem[R]. Republic of Korea: UNEP, 2014.

[11] UNEP. 全球环境展望5：我们未来想要的环境[R]. 内罗毕：UNEP，2012.

[12] UNEP. 2013年年鉴[R]. 内罗毕：UNEP, 2013.

[13] UN-DESA（联合国经济和社会事务部）. Population Division. World Urbanization Prospects: The 2014 Revision, Highlights[R]. United Nations, 2014.

[14] Population Division（联合国人口司）. World Urbanization Prospects: The 2014 Revision [R]. United Nations, 2015.

[15] UNIDO（联合国工业发展组织United Nations Industrial Development Organization）. The Future of Manufacturing: Driving Capabilities, Enabling Investments [R]. Geneva, Switzerland: World Economic Forum, 2014.

[16] International Energy Agency（国际能源署）, Birol F. World energy outlook [R]. Paris: International Energy Agency, 2008.

[17] International Energy Agency. 2015 Key World Energy Statistics [R]. Paris: OECD/IEA, 2016.

[18] World Resources Institute（世界资源研究所）. 生态系统与人类福祉——千年生态评估综合报告[R]. 华盛顿：世界资源研究所，2005.

[19] World Resources Institute. 入不敷出：自然资产与人类福祉[R]. 华盛顿：世界资源研究所，2005.

[20] WWF（世界自然基金会）Z S L, GFN W F N. Living Planet Report 2014: Species and Spaces, People and Places[R]. Gland, Switzerland: WWF, 2014.

[21] WWF，中国环境与发展国际合作委员会. 中国生态足迹报告2012：消费、生产与可持续发展[R]. 瑞士格兰德：WWF，2012.

[22] WWF. annual review 2015[R]. Gland, Switzerland: WWF, 2016.

[23] WWF. 地球生命力报告2014[R]，瑞士格兰德：WWF，2014.

[24] BP能源公司. 2014中国能源统计年鉴[R]. London: British Petroleum, 2014.

[25] BP能源公司. BP世界能源展望（2016中文版）[R]. London: British Petroleum, 2016.

[26] BP能源公司. BP 2035世界能源展望[R]. London: British Petroleum, 2014.

[27] Company B P. BP statistical review of world energy 2016 [R]. London: British Petroleum, 2016.

[28] Hayward T. BP statistical review of world energy 2013 [R]. London: British Petroleum, 2013.

[29] World Economic Forum（世界经济论坛）, Deloitte Touche Tohmatsu Limited. The Future of

Manufacturing Opportunities to drive economic growth[R]. Geneva, Switzerland: World Economic Forum Report, 2012.

[30] World Economic Forum. Outlook on the Logistics & Supply Chain Industry [R]. Geneva, Switzerland: World Economic Forum Report, 2013.

[31] 世界经济论坛. 2015全球议程展望中文摘要[R]. 北京：世界经济论坛，2014.

[32] Dexia. Dexia asset management's sustainability analysis, Food Scarcity-Trends, Challenges, Solutions [R]. Paris: Brussels, 2010.

[33] IFPRI（国际事务政策研究所International Food Policy Research Institute）. 2011年全球粮食政策报告[R]. Paris：IFPRI, 2012.

[34] IFPRI. 2012 global food policy report [R]. Paris：IFPRI, 2013.

[35] IFPRI. Global Hunger Index——The Challenge of Hidden Hunger[R]. Paris: IFPRI, 2014.

[36] IPCC. 政府间气候变化专门委员会（气候专委会）第五次评估报告第一工作组：2013年气候变化：物理科学基础 中文版[R]. Geneva: IPCC, 2014.

[37] IPCC Working Group III. IPCC 5th Assessment Report "Climate Change 2014: Mitigation of of Climate Change" Summary for Policymakers [R]. Geneva: IPCC, 2015.

[38] Managi S, Hibiki A, Tsurumi T. Does trade liberalization reduce pollution emissions [R]. RIETI (The Research Institute of Economy, Trade and Industry) Discussion Paper Series, 2008.

[39] Baste I, Dronin N, Evans T, et al. Global Environment Outlook (GEO-5), summary for policy makers [R]. Nairobi: United Nations Environment Programme (UNEP), 2012.

[40] Marco Scuriatti. Cities are where the Climate Change battle will be won or lost over the next decades [R].WBI Global Dialogues on Climate Change: Scaling up Mitigation Actions in Cities, 2011.

[41] Global Footprint Network（全球生态足迹网络）. 中国生态足迹报告2012——消费、生产与可持续发展[R]. Geneva, Switzerland: Global Footprint Network, 2012.

[42] Baulcombe D, Crute I, Davies B, et al. Reaping the benefits: science and the sustainable intensification of global agriculture [R]. London: The Royal Society, 2009.

[43] Dominique Alba (APUR) et Vincent Fouchier (IAU-IdF). Grand Pari(s) de L'Agglomération Gglomeration Parisienne Éléments pour un débat [R]. Paris: Atelier International du Grand Paris, 2009.

[44] L'équipe de l'Atelier International du Grand Paris. Habiter le Grand Paris Présentation des études du Conseil scientifique de l'AIGP sur le thème: Conférence de presse [R]. Paris: Atelier International du Grand Paris, 2013.

[45] AIGP. Atelier international du Grand Paris calendrier [R]. Paris: Atelier International du Grand Paris, 2012.

[46] Antoine Grumbach & Associés. La métropole du 21e siècle de l'Après-Kyoto [R]. Paris: Le Grand Pari de l'Agglomération Parisienne, 2009.

[47] BRES + Mariolle Ariolle et. chercheurs associés [R]. Paris: Atelier International du Grand Paris, 2013.

[48] Agence Francois Leclercq, Atelier Lion & Associés, Agence Marc Mimram. Habiter Le Grand

Paris du Lointain [R]. Paris: Atelier International du Grand Paris, 2013.

[49] FGP-AGENCE TER. Etude Habiter le Grand Paris Conseil scientifique de [R]. Paris: Atelier International du Grand Paris, 2013.

[50] LIN, Finn Geipel, Giulia Andi. Membre du Conseil scientifique de [R]. Paris: Atelier International du Grand Paris, 2013.

[51] Balmer K, Gill J, Kaplinger H, et al. The diggable city: Making urban agriculture a planning priority [R]. Master of Urban and Regional Planning Workshop Projects, 2005.

[52] èquipe Rogers, Stirk Harbour. du Conseil scientifique de l'Atelier International du Grand Paris Étude réalisée pour l'Atelier International du Grand Paris Commande [R]. Paris: Habiter le Grand Paris, 2013.

[53] èquipe SEURA . Habiter le Grand Paris / AIGP 2 / saison 1 Le logement en Ile-de-France, une "bombe à retardement" [R]. Paris: Atelier International du Grand Paris, 2013.

[54] STUDIO_013. Bernardo Secchi et Paola Viganò, Habiter le Grand Paris l'habitabilité des territoires: cycles de vie, continuité urbaine, métropole horizontale, Membre du Conseil scientifique de l'Atelier International du Grand Paris Étude réalisée pour [R]. Paris: Atelier International du Grand Paris, 2013.

[55] èquipe Studio 09 Bernardo Secchi et Paola Viganò. Le diagnostic prospectif de l'agglomération parisienne Consultation internationale de recherche et développement sur le grand pari de l'agglomération parisienne la ville "por euse [R]. Paris: Atelier International du Grand Paris, 2013.

[56] TVK Trévelo & Viger-Kohler architectes urbanistes. Transitions Habiter les intermédiaires Membres du Conseil scientifique [R]. Paris: Habiter le Grand Paris, Atelier International du Grand Paris, 2013.

[57] LIN, Finn Geipel, Giulia Andi. Membre du Conseil scientifique de l'Atelier International du Grand ParisÉtude réalisée pour [R]. Paris: Habiter le Grand Paris, Atelier International du Grand Paris, 2013.

[58] Antoine Grumbach et Associés – mandataire. Étude réalisée pour. Habiter le Grand Paris [R]. Paris: Atelier International du Grand Paris, 2013.

[59] Chin D, Infasaehng I, Jakus I. Urban farming in Boston: A survey of opportunities [R]. Boston: Tufts University, 2013.

[60] Donovan J, Larsen K and McWhinnie J. Food-sensitive planning and urban design: A conceptual framework for achieving a sustainable and healthy food system [R]. Melbourne: Report commissioned by the National Heart Foundation of Australia (Victorian Division), 2011.

[61] Kelly J F, Mares P, Harrison C, et al. Productive cities: Opportunity in a changing economy [R]. Australian: Grattan Institute, 2013.

[62] Goldstein M, Bellis J, Morse S, et al. Urban agriculture: a sixteen city survey of urban agriculture practices across the country [R]. Atlanta, GA: Survey written and compiled by Turner Environmental Law Clinic at Emory University Law School, 2011.

## 电子文献


[1] 中华人民共和国国务院. 国家新型城镇化规划（2014-2020年）[EB/OL]. 2014. http://www.gov.cn/gongbao/content/2014/content_2644805.htm.

[2] 中华人民共和国国家统计局. 2014年国民经济和社会发展统计公报[EB/OL]. 2015-02-26. http://www.stats.gov.cn/tjsj/zxfb/201502/t20150226_685799.html.

[3] 中华人民共和国国家统计局. 2015年国民经济和社会发展统计公报[EB/OL]. 2016-02-29. http://www.stats.gov.cn/tjsj/zxfb/201602/t20160229_1323991.html.

[4] Dave Manuel U.S. National Debt Clock March 2015 [EB/OL]. 2015-3-17. http://www.davemanuel.com/us-national-debt-clock.php.

[5] FAO, International Institute for Applied Systems Analysis (IIASA). Agro-ecological Zones (AEZ), Summary [DB/OL]. 2015-02-14. http://webarchive.iiasa.ac.at/Research/LUC/GAEZ/sum/summary.htm.

[6] Daniel Townsend. The Post-Industrial Myth [J/OL]. 2008-05-05[2015-3-20].https://robertoigarza.files.wordpress.com/2008/03/art-the-post-industrial-myth-townsend-2008.pdf.

[7] Anna Gasco, Nicolas Rougé. The Productive City, Urban Growth [M/OL]. http://nicolasrouge.com/urbangrowth/pdfs/Part%206.pdf.

[8] Wouter Leduc. Urban Tissue – visualising urban energy demand and supply potential [J/OL]. http://plea-arch.org/ARCHIVE/2008/content/papers/oral/PLEA_FinalPaper_ref_316.pdf.

[9] John Brett, Debbi Main, et al. Farming the city: Urban Agriculture Potential in the Denver Metro-Area[J/OL]. http://www.ucdenver.edu/academics/colleges/Engineering/research/CenterSustainable-UrbanInfrastructure/CSISSustainabilityThemes/Food%20Systems/Pages/Farming-the-City.aspx.

[10] Vlad Dumitrescu. Mapping urban agriculture potential in Rotterdam [J/OL]. 2013-12-19. http://www.cityfarmer.info/2013/12/19/mapping-urban-agriculture-potential-in-rotterdam/.

[11] Megan Horst. A Review of Suitable Urban Agriculture Land Inventories[J/OL]. 2011-02-10. https://planning-org-uploaded-media.s3.amazonaws.com/legacy_resources/resources/ontheradar/food/pdf/horstpaper.pdf.

[12] Prue Campbell. The Future Prospects for Global Arable Land [J/OL]. Global Food and Water Crises Research Programme. 2011-05-19[2015-06-20]. http://www.futuredirections.org.au/publication/the-future-prospects-for-global-arable-land/.

[13] Emilia Istrate, Alan Berube, and Carey Anne Nadeau. Global Metro Monitor 2011: Volatility, Growth and Recovery, metropolitan policy program [R/OL]. Washington: Brooking Institution, 2012-01-18. https://www.brookings.edu/research/global-metromonitor-2011-volatility-growth-and-recovery/.

[14] Ten Scenarios for "Grand Paris" Metropolis Now Up for Public Debate Posted [EB/OL]. 2009-03-13. http://www.bustler.net/index.php/article/ten_scenarios_for_grand_paris_metropolis_now_up_for_public_debate/.

[15] Ron Hera. How The U.S. Will Become A 3rd World Country [DB/OL]. 2011-01-12. http://www.

zerohedge.com/news/guest-post-how-us-will-become-3rd-world-country-part-1.

[16] Jac Smit. Twenty First Century Agriculture EB/OL]. 2014-11-26. http://jacsmit.com/21century.html.

[17] How town planning can integrate urban agriculture in city regeneration [C/OL]. Faculty of Architecture-Politecnico di Torino, 2014-03. http://areeweb.polito.it/erasmus-ip-citygreening/literature.htm.

[18] Rosenfield, Karissa. Floriade 2022 proposal for Almere / MVRDV [EB/OL]. 2012-7-4. http://www.archdaily.com/251515/almere-floriade-2022-mvrdv.

[19] fab10 [R/OL]. https://www.fab10.org; http://fab.city; http://fab.city/whitepaper.pdf; http://blog.fab.city/2016/04/06/fab-city-amsterdam.html; http://fabfoundation.org/what-is-a-fab-lab/.

[20] Capital Growth [EB/OL]. http://www.sustainweb.org/londonfoodlink; http://www.capitalgrowth.org; http://www.foodforlondon.net.

[21] http://www.architectureworkroom.eu/en/work/atelier_productive_bxl/.

[22] http://www.scupad.org/web/content/2010-scupad-congress-program.

[23] https://emurbanism.weblog.tudelft.nl/urban-region-networks-201516-the-productive-city/research-design-studio-a-strategy-for-the-productive-city/.

[24] http://www.dezwartehond.nl/nieuws/daan_zandbelt_ateliermeester_rotterdam_de_productieve_stad_tijdens_iabr_2016&lang=en_US.

[25] Global Footprint Network. Global Footprint Network national footprint account 2016[OL]. [2019-02-14]. http://www.overshootday.org.

[26] https://www.whitehouse.gov/omb/budget/Historicals.

[27] http://www.un.org/climatechange/zh/science-and-solutions/.

[28] http://www.big.dk/.

[29] http://www.archdaily.com/.

[30] http://www.designboom.com/.

[31] http://www.dezeen.com/.

[32] http://www.doepelstrijkers.com/.

[33] http://www.evolo.us/.

[34] http://www.gooood.hk/.

[35] http://www.landscape.cn.

[36] http://www.trendhunter.com/trends/waterfront-building.

[37] https://www.pinterest.com/.

[38] http://www.world-architects.com/.

[39] http://www.ryerson.ca.

[40] http://www.rooftopgardens.alternatives.ca/.

[41] http://www.publicfarm1.org/.

[42] http://www.foodurbanism.org.

[43] http://www.economist.com/node/17647627.

[44] http://www.ecohome.net/.
[45] http://www.dezeen.com.
[46] http://www.cityplanter.co.uk/.
[47] http://www.cityfarmer.info/.
[48] http://www.bipv.ch/.
[49] http://www.architectureandfood.com.
[50] http://www.agropolis-muenchen.de/agropolis_en.html.
[51] http://weburbanist.com/.
[52] http://solar.ofweek.com.
[53] http://research.design.iastate.edu/.
[54] http://RenewableEnergyAccess.com.
[55] http://farmsolar.or.jp.
[56] http://www.urbangardensweb.com/.
[57] http://www.urbangreenbluegrids.com/.